编 委 会

主　　编　张力军

副 主 编　赵华林　刘炳江　任南琪

编　　委　王　勇　黄小赠　吴险峰　张震宇

　　　　　马　放　孙寓姣　邱　珊　庞长泷

技术支持　哈尔滨工业大学　北京师范大学

污染物总量减排技术丛书

城镇分散型水污染物减排实用技术汇编

环境保护部污染物排放总量控制司　组织编写

中国环境科学出版社·北京

图书在版编目（CIP）数据

城镇分散型水污染物减排实用技术汇编/环境保护部污染物排放总量控制司组织编写. —北京：中国环境科学出版社，2009.1

（污染物总量减排技术丛书）

ISBN 978-7-80209-921-0

Ⅰ. 城… Ⅱ. 环… Ⅲ. 水污染—污染物—总排污量控制—中国 Ⅳ. X52

中国版本图书馆 CIP 数据核字（2009）第 004544 号

责任编辑 葛 莉
责任校对 扣志红
封面设计 龙文视觉

出版发行 中国环境科学出版社
（100062 北京崇文区广渠门内大街 16 号）
网 址：http://www.cesp.cn
联系电话：010-67112765（总编室）
发行热线：010-67125803
印 刷 北京东海印刷有限公司
经 销 各地新华书店
版 次 2009 年 1 月第 1 版
印 次 2009 年 1 月第 1 次印刷
开 本 787×1092 1/16
印 张 17
字 数 380 千字
定 价 48.00 元

序

我国用了 30 年时间，走了发达国家上百年的工业化、城镇化道路，总体进入了小康水平，但经济发展也付出了较大的代价。不加快调整结构、转变增长方式，资源支撑不住，环境容纳不下，社会承受不起，经济发展难以为继。党的十七大指出，经济增长的资源环境代价过大是我国社会经济发展的首要问题。《国民经济和社会发展第十一个五年（2006—2010 年）规划纲要》提出 22 项量化指标，其中主要污染物二氧化硫和化学需氧量排放总量在 2005 年的基础上减少 10%，是“十一五”经济社会发展的约束性指标之一。国务院提出要把节能减排作为当前加强宏观调控的重点，作为调整经济结构、转变经济增长方式的突破口和重要抓手。节能减排是中国政府落实科学发展观的重大举措，体现了国家环境保护的政治意志。是实现我国环境保护历史性转变的必举之策，是建设资源节约型、环境友好型社会的必由之路，是深入学习和实践科学发展观的必修之课，是建设生态文明的必然要求。

“十一五”以来，在各地区、各部门的共同努力下，污染减排工作取得了积极进展。2007 年，全国化学需氧量和二氧化硫排放总量分别下降 3.2%和 4.7%，在经济超预期高速增长的情况下，两项主要污染物排放总量出现“拐点”，首次实现了双下降；2008 年上半年同比分别下降 2.48%和 3.96%，稳定了持续下降的趋势。与此同时，2008 年上半年，全国 759 个地表水国控断面水质指标高锰酸盐指数平均浓度较 2005 年下降了 16%；全国 113 个环保重点城市二氧化硫平均浓度较 2005 年下降了 22%，污染减排的效果得到了很好的印证。

但是，我们还要清醒地看到，目前全国地表水污染依然严重。2007 年全国七大水系总体为中度污染，湖泊富营养化问题突出。744 个国控断面中，劣

Ⅴ类断面比例近三分之一，重点流域超过40%的断面水质未达到治理要求，70%江河水系受到污染，75%的湖泊出现富营养化。其中突出的问题是一些中小城市和农村地区污染有加重趋势。突出表现为，广大小城镇和农村地区经济发展总体水平落后、科技水平低，环境基础设施建设滞后，缺乏必要的污水收集、输送和处理设施，大部分污水未经处理直接排入周边水体，对环境造成严重危害，同时也对小城镇和农村地区自身经济发展形成严重制约，已成为新的区域性水环境的重要污染源。可以说，如果广大小城镇和农村地区的污水处理问题不解决，流域水环境质量就不会得到根本改善。科学、有效地解决这个问题，是广大城镇和农村生态环境保护和经济健康发展的迫切需要，是切实落实党的十七届三中全会关于社会主义新农村环境保护工作精神的重要举措，也是当前我国强化水污染物排放总量控制工作的重要内容。

充分依靠科技进步、开展技术攻关，是解决污染物排放总量控制工作关键问题的有力支撑。为方便从事污染减排工作的管理及技术人员的学习和使用，环境保护部污染物排放总量控制司组织收集、整理并编写了《城镇分散型水污染物减排实用技术汇编》。今天，我们欣喜地看到该书顺利出版了，这本书是近年污染治理科学技术最新理论成果与污染物排放总量控制实际工作的有机结合，是推广污染减排关键技术一个好的开端，也是环境保护工作中深入学习和实践科学发展观的具体体现，希望对大家的工作有所裨益。

环境保护部部长 

2008年11月

前 言

小城镇作为我国社会极为重要的组成部分，作为大中城市发展的后盾和支撑，近年来，国家在“十五”、“十一五”期间都把发展小城镇作为首要的任务来实施。特别是在全面建设社会主义新农村的今天，建设小城镇已是重中之重。但是，各地在加快小城镇建设和发展步伐时，由于“重建设，轻保护”等传统发展观念的影响，带来了许多的环境问题，特别是水资源的污染已经非常严重。“十一五”计划中提出了建设资源节约型、环境友好型社会，强化从源头防治污染和保护生态，坚决改变先污染后治理、边治理边污染的状况。所以，在大力发展县域经济、加快小城镇发展的同时，小城镇污水的治理也迫在眉睫。

污水处理厂作为环保项目，是城市的重要基础设施建设之一，具有明显的社会、经济、环境效益。当前我国 95%以上的城镇污水尚未得到处理，因此未来一段时间内，我国将会在小城镇集中建设一大批污水处理厂。对于污水处理规模在 10 000 m^3/d 以上，投资和运行费用能够得到保证的大中城镇污水处理，其工艺技术选择和工程建设，根据国家有关的技术政策及建设标准，要采用成熟可靠的工艺，和技术经济可行的工艺。但对于规模小、投资和运行费用难以得到保障的广大小城镇，需处理的污水量常小于 10 000 m^3/d，通常每日几千立方米甚至几百立方米，选择经济可行的工艺技术时并没有确定的技术政策、规范和标准可以遵循。小城镇污水处理厂规模上和大型污水处理厂相差较大，而且这些小城镇和大中城市经济发展水平、排水体制，基础资料，融资渠道有很大不同。以往建设大型污水处理厂的经验只有借鉴的意义，不可能、也不应该把大中城市的污水处理工艺、技术装备等照抄照搬到小城镇污水处理厂中去，否则目前在大中城市中出现的“建得起，用不起”的局面将会在小城镇更加强烈地表现出来，甚至会演变成“既建不起，更用不起”的局面。

因此，探索适合小城镇能耗低、效率高、投资省、易管理的污水处理工艺势在必行。同时，以较少的投资建设污水处理厂，以较低的运行费用运转污水处理厂，以期达到消除污染、保护环境的目的。

本书在分析现阶段小城镇污水厂建设存在问题的基础上，对适合小城镇污水厂的各种工艺进行了详尽的分析和比较，分析出各工艺的优缺点和适用范围，并以已经建成的污水厂为例分析小城镇在污水处理中的投资运行费用等，以期为以后的小城镇污水厂建设提供指导和帮助。

本书在编写过程中得到了哈尔滨工业大学城市水资源与水环境国家重点实验室和北京师范大学水科学研究院的大力支持，在此表示感谢。

限于编者水平，本书尚存在不足之处，敬请广大读者不吝赐教，批评指正。

目 录

第一部分 小城镇污水处理理论

第二部分 工程实例

第一部分
小城镇污水处理理论

第一章　小城镇污水处理的现存问题

一、我国小城镇概况

小城镇一般是指县城、县城外建制镇的镇政府所在地，具有一定的人口、工业和商业的聚集规模，是当地的政治、经济和文化中心，并有较强的辐射能力。20 世纪 90 年代，蓬勃兴起的小城镇成为中国农村经济飞速增长的特征，加上国家在“十五”期间加快小城镇的规范化建设，由此推动新一轮小城镇发展，将进一步加快我国的城市化进程。目前，我国的建制镇数量由 1995 年的 17 282 个增加到了 2000 年的 19 184 个，人口也有了大幅度的增加，有近 6 000 个小城镇的人口超过 2 万，全国平均每个小城镇镇区人口为 1.63 万人，占全镇人口的 35.5%；镇区常住人口平均为 1 万人，其中非农业人口占 48.8%。建成区平均占地面积为 176 hm^2。县级城镇人口的基本规模为 3 万～10 万人，自来水普及率为 68%。乡镇企业也由 1998 年的 68.6 万个增加到 2000 年的 70.9 万个，增长了 3.3%。发展小城镇是我国城市化过程的必由之路，是具有中国特色的城市化道路的战略性选择。如果按 2010 年中国城市化率达到 50%估算，将会有 4 亿农村剩余劳动力需要转移，如果建设大中城市，需要 100 万人口的大城市 400 个或 50 万人口的中等城市 800 个，这显然是难以达到的。因此，从中国国情出发，重点发展小城镇，让多数人依托乡镇企业或进入小城镇，或是使小城镇发展为中小城市，是中国城市化道路的必然选择，是逐步实现具有中国特色的乡镇城市化的必由之路。到 2010 年，全国建制镇将有 25 000～30 000 个，小城镇人口所占比例达 65%左右。从发展的眼光看，今后我国的大部分人口将生活在小城镇。

二、小城镇污染现状

目前，我国小城镇的排水体制多为合流制，且没有较完善的管道系统，排水系统普及率较低，大部分小城镇污水未经处理就直接排放，给水环境质量造成很大威胁。我国 90%以上小城镇的水体环境均受到不同程度的污染，78%的城镇河段不宜作饮用水源，50%的城镇地下水受到污染，工业较发达的城镇附近的水域污染则更加突出。随着城镇规模的不断扩大，城镇污水的数量和污染程度都越来越大，因此，必须加强小城镇的水污染治理。根据建设部、国家环保总局、科技部 2000 年 5 月颁布的《城市污水处理及防治技术政策》规定，到 2010 年，全国设市城市和建制镇的污水处理率不低于 50%。因此，小城镇污水处理厂将会越来越多，其数量将超过大中型污水处理厂。然而，和大城市相比，小城镇不仅经济实力小、技术和管理水平较低，而且小城镇所处位置的环境容量也较小，因此造成了小城镇污水处理的特殊性，处理工艺是否得当将直接关系到小城镇污水处理厂建设的成败。小城镇的人口规模、自来水普及率和工农业发展的结构水平，决定了小城镇的污水排放量大都在 3 000～30 000 m^3/d 的规模范围内，其中 50%以上是生活污水。工业废水以农产品加工的废水为主，水中基本上不含重金属和有毒有害物质，但氮和磷的含量较高，水量、水质波动较大。大部分小城镇的城镇污水性质相差不大，一般 BOD_5 为 100～150 mg/L，COD 为 250～300 mg/L，SS 为 200 mg/L 左右。

三、我国现有的小城镇污水处理技术

污水处理技术的发展趋势是简易、高效率、低能耗。我国是一个发展中国家，人口众多、生产力落后、经济基础薄弱是我国的实际国情，面对人民群众急需解决的生存压力，各级政府部门不得不把发展经济作为其首要任务。针对目前的实际情况，国家提出了至 2010 年要求设市城市污水处理率不低于 60%，建制镇污水处理率不低于 50%的目标，因此，未来一段时间内我国污水处理事业将是大城市和广大中小城镇并举。由于中小城镇和大城市经济发展水平、排水体制、基础资料、融资渠道等有很大的不同，因此不可能也不应该把大城市的污水治理工艺、技术装备等搬用到中小城镇的污水处理厂中去。

我国 20 世纪 80 年代以前建设的城市污水处理厂大部分采用普通曝气法活性污泥处理工艺，该工艺以去除 BOD 和 SS 为主要目标，对氮磷的去除率非常低。为了适应水环境及排放要求，一些污水处理厂正在进行改造，增加或强化脱氮和除磷功能。AB 法污水处理工艺于 20 世纪 80 年代初开始在我国应用于工程实践。由于该工艺抗冲击负荷能力强、且对 pH 值变化和有毒物质具有明显的缓冲作用，故主要应用于污水浓度高、水质水量变化较大，特别是工业污水所占比例较高的城市污水处理厂。

目前，氧化沟工艺是我国采用较多的污水处理工艺技术之一。应用较多的有卡鲁塞尔和奥贝尔氧化沟，由我国自行设计、全套设备国产化，已有成功实例。DE 型氧化沟和三沟式氧化沟在中高浓度的中小型城市污水处理中也有应用。

多种类型的 SBR 工艺在我国均有应用，如属第二代 SBR 工艺的 ICEAS 工艺，属第三代的 CAST 工艺、UNITANK 工艺等。随着我国对水环境质量要求的提高，修订后的国家《污水综合排放标准》（GB 8978—1996）也越来越严格。特别是对水氮磷要求提高使得新建城市污水处理厂必须考虑氮磷的去除问题。由此开发了改良 A/A/O 工艺和回流污泥反硝化生物除磷工艺，并已开始在实际工程中应用。如泰安污水处理厂、青岛李村河污水处理厂、天津北仓污水处理厂、北京清河污水处理厂等。

本书将介绍我国目前现有的适合于小城镇的生活污水处理技术，并以应用实例为基础，对各种处理技术的经济性和适用性进行论述。

四、小城镇污水处理存在的问题

（一）对污水处理缺乏认识

近年来，小城镇建设取得了长足发展，但主要领导干部在工作中不自觉地表现出一些不正确的思想观念，有的认为以经济建设为中心就是抓工业、抓农业，小城镇建设似乎与环保工作无缘；有的认为抓小城镇建设“形象”工程只是领导必要时出政绩、树形象的需要；有的认为小城镇建设是只投入无产出的福利性事业，只是城建部门的事情，与整个小城镇建设关系不大等。由于以上种种原因，在一定程度上导致了小城镇建设工作的不平衡性。

小城镇建设受城镇规模、产业支撑和经济发展的制约，造成生活建筑与配套的市政公用设施建设严重不足。大多数镇领导对小城镇建设规划的编制与实施认识模糊，不愿意拿钱编制一个可持续发展的规划，尤其是水资源缺乏保护规划，造成污染源排污失控，污水治理严重滞后经济的发展，环境污染形势日益严峻。据调查，大部分的小城镇都没有污水处理设施，有的甚至污水横流，居民生活环境相当恶劣，严重影响了农民入住小城镇的积极性。

许多小城镇建设走依靠增加资源投入来推动经济发展的老路，污水处理设施的建设步伐缓慢，治理力度小，只注重处理设施布局集中与分散的关系，没有注重污水处理的安全性和生态效应。总之，许多乡镇领导对污水处理认识不足，缺乏必要的规划和资金投入，对水环境保护重视不够。

（二）资金缺乏

我国目前污水处理属市政建设项目，大部分依靠国家投资，但由于小城镇较城镇规模较小，基础薄弱，如果靠国家拨款建设，现在国家需建设的项目很多，虽然随着环保力度的加强，国家会逐步加大对污染治理的投资，但只能是有重点的投入，一般小城镇很难争取到这项资金，争取国家投资的机会较小，即使争取到一部分，也是杯水车薪，不能从根本上解决问题，因此小城镇污水处理厂资金筹措比大城市更加困难。

工业废水的治理按照“谁污染、谁治理”的原则由企业负责，其治理资金由企业解决。而小城镇生活污水的治理属市政项目，责无旁贷地应该由政府承担，我国大部分小城镇经济不发达，相当大一部分还处于相对贫困的状态。加上大多数城镇排污收费体制不健全，城建维护税、配套费、排水设施有偿使用费等总量不大，且常规支出占了很大比重，再筹措较多的资金来运行污水处理厂是难上加难；一些急功近利的企业由于资金短缺，只顾生产图发展讲眼前效益，往往顾不得环保污水处理这一头，不要说建设污水处理厂开工无期，就是建成了污水处理厂也无管道与之连接。因此，资金筹措问题是小城镇污水厂能否建设运行的关键，资金问题不解决，任何治理工程都只能是纸上谈兵，充其量也只能是进展到施工图设计而已。

假定一个 2 万人口的小城镇，如果兴建 8 000 t 左右的城镇污水处理厂，根据城市污水处理厂的工程投资估算指标，城市污水处理厂的投资，每立方米的污水处理能力需投资 1 000 元左右（含污泥处理但不含城市配套管网），总投资约 800 万元，污水处理厂投产后的运营资金，处理 1 t 城市污水成本 0.3～0.5 元（不含折旧、摊销和利息支出），则年运行费用约为 115 万元，若加上管网部分投资需要资金筹措量更大，这对于经济不发达的小城镇来说，完全靠地方财政根本无法解决。

根据我们初步估计，要完善全国小城镇下水道及小城镇污水处理设施，至少需要 1 500 亿～2 000 亿元投资。因此，我国小城镇的水污染治理任务仍很艰巨，任重道远，如何解决污水处理厂建设资金的问题，更是当务之急。

（三）污水处理过于简单

在环境保护方面，存在着环境治理状况与城市规模之间的正相关关系。大城市用于环境保护的资金、技术和管理较为先进，小城镇条件相对落后，加之城市基础设施投入的比例更少，环保难度更大，其环境治理面临着严峻的挑战。

我国小城镇污水处理设施落后，污水处理率低，有的地方几乎为零，是造成我国水环境污染的主要原因之一。有的小城镇污水处理厂有钱建得起，却无钱维持正常运行，主要原因是工艺复杂，技术落后，操作运行和管理人员技术和管理水平低，难以掌握和操作技术复杂的处理过程和设备。

落后的污水处理技术造成了小城镇污水厂即使“造得起”，也“运转不起”的不合理现象，不少建成的污水处理厂往往因经费不足而不能正常运转。高昂的建设费用和运行费用是我国绝大部分小城镇的经济发展水平所无法承受的，所以低操作管理需求也是小城镇污水处理厂能够正常稳定运行的必要条件。

因此，我国城镇迫切需要经济、高效、节能、技术先进可靠的城镇污水处理工艺和技术，即所谓的“三低一少”技术。“三低一少”技术是指低建设费用，低运行管理费用，低操作管理需求，二次污染物排放少的新型城镇污水处理技术。

（四）旧的运行模式弊端突出

污水处理厂由政府部门承建、管理的“公共事业”模式，首先是成本居高不下，如我国南方某城镇采用国外的技术、设备价格是国内的 5～6 倍，政府部门各级官员分批出国考察一番就要大笔花费，最后造成污水的运行费用由 0.3 元提高到 0.6 元（污水费用和自来水费用一起征收），加重了企业和居民的包袱，弱化了环境投资，可政府部门还大喊亏损，背上了沉重的负担；另外运行单位由城镇财政拨款，与大多数的事业单位一样，特别容易造成机构的人员臃肿，只拿工资的闲人因各种关系大量涌进，人才进不了，有了人才也没有积极性。

排污企业自身运行管理污水处理的模式也有弊端，在降低成本可以增加收入的观念的驱动下，污水处理设施停机偷排的事件常常发生，废水未达标排放也常见，就算环保部门天天监测监督也难以管理好众多不同的企业。

（五）政策和有关法规不完善

过去我国的环保规定（财综字[1997]111 号）：“开征城市污水处理费后，对向城市污水厂和排水设施排放污水的单位，不再征收排水设施有偿使用费和污水排污费。超标排放污水的，仍依法征收排污费。”我国的城市污水处理费与超标污水排放费用往往由政府两个不同部门征收，“城市污水处理费”多由市政部门和水费一起征收，“一刀切”外排污水，达标和不达标是同一个价，“超标污水排放费”是由环保部门征收，按污水的超标等级和相应的环保法规征收。这两种收费方式和国外发达国家有很大的不同。首先是达标和不达标同样征收污水处理费的方式打击了积极治理污水而达标的单位，其次是超标污水的排污费由环保部门支配（政府财政对环保执法部门无保障机制），较多的小城镇所征收的排污费成了环保执法人员的办公、工资、设备和福利开支的资金来源。另外，也有政府机构截留和挪用排污费的现象。

按理说，污水应达到国家和地区标准后再外排，越是超标的污水治理难度越大，处理超标越高，必定增加相应的污水处理费用，但我国目前所征收的污水处理费是按各单位的用水量计算，还未有与之相应的法规，可对浓度不同的污水征收不同级别的污水处理费。在现行的政策中，超标污水排污费与污水厂的运行毫无关系。如果一个地方的污水处理厂已经把本地区的污水全部处理达标排放，环保部门还要照旧征收各个排污单位的超标污水排放费是极不合理的。因为该区的污水处理厂的污水排放口实际上也是该区的各个排污单位的共同污水排放口，这样双重收费必定加重了企业的负担，打击了企业对集资建立城区污水处理厂的积极性，极大地制约了当地城镇污水处理厂的建设。

五、建设小城镇污水处理厂刻不容缓

随着我国城市化进程的加快，目前我国有近 2 万个小城镇，它们处在城乡融合的交汇点，是一种承上启下，兼有城乡两种特点的城市。乡镇企业和小城镇的崛起，促进了我国城市化的进程，并对我国农村剩余劳动力转移、解决人口结构性矛盾、协调城乡关系、缩小城乡差别、提高农村生活质量、普及现代生活方式以及提高农民素质等起到关键作用。它几乎成为经济发展的测量器，社会结构现代化的指示器。

从区域经济的角度上看，经济比较发达的特大城市和大城市一般是相应区域的经济中心，但小城镇的特殊作用不容忽视。首先，小城镇具有传导作用，小城镇架起经济中心与广大农村之间的桥梁，一方面大城市的先进技术、生产资料、资金以及工业制品通过小城镇向整个区域扩散，带动整个区域经济的发展；另一方面各地的资源也通过小城镇流动到大城市。其次，小城镇具有分流作用，小城镇分担了城市化进程中人口迁移对大城市的压力，小城镇劳动力密集型产业为广大农村剩余劳动力的转移提供了更多的就业岗位。

中小城镇的发展十分迅速，随之而来的环境问题也日益突出。全国建制镇绝大多数都没有污水处理设施。目前，中小城镇的污水排放量占全国污水排放总量的一半以上，随着未来 50 年小城镇建设的快速发展，生活污水和工业废水的排放量将会数倍、甚至十几倍地增加，势必加剧水环境的恶化。中小城镇和大城市在水系上是相通的，而且往往处于大城市的上游，中小城镇的污水治理工作做不好，大城市污水处理率即使达到一个很高的水平，水环境的质量也不会有明显改善。因此，要改善我国水环境被污染和继续恶化的状况，保护我国紧缺的水资源，除了要刻不容缓地对大城市的城市污水进行处理外，中小城镇污水也应该引起足够的重视。小城镇在城镇总数中所占比例大，且位置分散，因此小城镇污水治理是继大中城市污水治理后的一个新的战略目标。有关资料介绍，太湖流域建有不同规模的 7 座集中式城市污水处理厂，而该流域内的小城镇就达 978 个，并且分布范围很广。如果只注重大中城市污水处理工程的建设，而忽视数量多、分布广的小城镇的污水治理，其结果必然使太湖流域污染防治不能达到预期目标。由此可见，小城镇的污染治理关系到我国环境状况和可持续发展的战略目标，关系到我国区域、流域水环境质量的根本改善，小城镇污水处理厂的建设是污染治理的必要途径，是十分重要和必要的，也是非常有前途和极具生命力的，小城镇污水处理厂的建设和有效运行刻不容缓。

第二章 小城镇污水处理发展的政策措施

一、资金筹措与来源

小城镇在缺乏资金的情况下搞污水处理厂建设，它不同于一般的城镇基础设施建设项目。污水处理设施建设的准备，应结合当地的具体情况，组织专门的力量研究制定城镇污水处理设施建设、运营、管理产业化设施方案，落实项目融资及运营管理体制，使污水处理厂建设从一开始就建立在建设资金有来源，运营管理有保障的可靠基础之上。因此，积极探索和采用更为灵活的资金筹集，使其多元化和多样化，联合多方力量解决小城镇污水厂建设资金短缺问题。

（一）依靠政府环保政策的支持

依靠政府环保政策的支持，设计合理的利润空间，利用价值规律吸引社会各方面的资金。在设计利润空间时政府应把每年要拨出一定的专款用于污水处理补贴作为一项重要议题提交当地人代会讨论。调动社会财力，发放建设专项债券。建设污水处理厂，消除水污染也是为人民造福的一项事业，政府一时又拿不出巨大的资金投入到治理项目的建设中去。为了使污染快速得到控制，向公民投放建设专项债券，给公民一定的高于银行存款利息的待遇，使公民的资金投入到基础设施建设，发挥这部分资金的作用，也能为政府解除一些资金筹措的忧虑，又体现了全民的环保意识。

（二）利用国内外贷款

利用国内金融企业贷款的方式现在比较难操作，由于国内金融企业已走向商业化，贷款项目要层层审批，担保条件要求严格。生活污水处理项目是公益事业，本身就是一个微利的行业。这就决定了地方营利企业不愿涉足其内，更不会为其担保，地方政府也不能用行政手段干涉企业行为。所以，靠贷款建设小城镇污水处理厂的可能性很小。

引进国外资金已有一些成功的实例，但国外贷款在选项上一般侧重于重点城市，小城镇很难争取到。同时，国外贷款有相当一部分是环保设备引进，这种贷款利率高、运营成本大，要求必须有一定的规模才可能盈利，才可能取得好的效果，否则建成后可能会是一个负担。所以，国外贷款对小城镇的污水厂建设意义不大。

（三）增收污水治理费、制定合理的水价

首先，要完善和建立一套生活污水排放费收费体系，一般可采用：凡使用自来水公司供水的单位和住宅区，由自来水公司按供水量代收生活污水排放费。凡使用自备井水源的单位和住宅区，由水资源办代收的生活污水排放费扣除代收手续费后，统一上缴地

方财政，再由地方财政按规定划拨给污水处理厂，专款专用。其次，要对现行水价进行调整。水价由自来水费、净水处理成本、水资源费和污水处理成本四部分组成。现行水价中净水处理成本和污水处理成本的构成相反，污水处理成本仅占净水处理成本的26.89%，即便扣除水资源费后净水处理成本也高于污水处理成本，这是很不正常的。只有将水价调整和扩大供水结合起来，树立“喝水须付费、排水也须付费”的观念，实行“污染者付费”的环境政策，制定出一套适时可行的供水及排水价格，将水价调整到一个合理的水平，在经济上保证供水和污水处理的正常运行，才能真正的作好供水和污水处理工作。

（四）BOT 模式与 TOT 模式

BOT 模式是由与项目有关的单位（承建商、运营商、用户）组成的财团成立一个股份组织，对项目的设计、咨询、供货和施工实行一揽子总承包，且在项目竣工后在特许权规定的期限内进行经营，向用户收取费用以回收投资、偿还债务、赚取利润。达到特许权期限后，财团将项目无偿交给主办国或公共部门。

用 BOT 模式组建小城镇污水处理厂可以解决目前所面临的两个重要难题：一是建设资金问题，二是运行管理问题。由于 BOT 模式是专营公司出资建设污水厂，这样从根本上解决了建设资金问题：专营公司从自身利益出发，必然使所建的污水处理厂处于良好的运行状态，这也解决了运行管理问题。由于小城镇污水处理厂的建设规模较小，因此专营公司应从投资、建设以及运营模式等方面着手，建立适合自身特点的 BOT 模式，为彻底改善环境质量奠定基础。

TOT 模式是一种国际上较流行的项目融资方式，指政府部门或国有企业将建设好的项目的一定期限的产权和经营权，有偿转让给投资人，由其进行运营管理；投资人在一个约定的时间内通过经营收回全部投资和得到合理的回报，并在合约期满之后，再交回给政府部门或原单位的一种融资方式。

TOT 模式是将现有已经建成的设施转让给投资者，一般不涉及项目的建设过程，面临的风险和矛盾已大大降低，吸引外资的成功率高，引进的外资或者私人资本用于我国基础设施建设，可以减少政府财政压力，提高污水处理厂设施运营管理效率。

二、相关政策措施

（一）法律、法规

长期以来，我国的水污染防治主要是以健全法制和加强环境道德教育为主，辅以一定的经济处罚。1996 年，全国人大对《水污染防治法》进行了修订，修订后的《水污染防治法》集中体现了我国水污染防治由分散治理为主转向集中控制与分散治理相结合，由末端治理为主转向全过程控制、清洁生产，由单一的浓度控制转向浓度控制与总量控制相结合，由区域管理为主转向区域管理与流域管理相结合的指导思想的转变，为我国进一步加强对水污染防治工作的监督管理和强化执法奠定了坚实的法律基础。

（二）行政政策

1. 达标排放

国务院规定到2000年底，全国所有工业污染源都要做到达标排放，否则就要采取关、停、并、转等措施。对企业治污提出时限要求，并按此进行监督检查，大大提高了企业治污的责任感和紧迫性，也大大增强了地方各级政府的责任感和监督力度，推动了企业的清洁生产和产业结构的调整。

达标排放管理的一个重要考虑因素是各流域水资源利用和水量特点。在国家标准基础上，各地应结合当地社会经济发展和生态环境保护对水资源与水环境质量的要求，考虑水体实际纳污能力，制定具体的分流域甚至分河流的污染排放水质标准。对于社会经济产业结构比较落后，污染严重而且治理难度较大的流域，应分阶段制定达标排放计划，以最终实现水体变清，保障水资源可持续利用。

2. 总量控制

我国的许多河流和湖泊的污染已十分严重，污染物排放量已大大超过水环境的承载能力，而这些地区的经济和人口都还在发展，因此，为实现这些区域环境与经济的协调发展，必须对污染物排放总量进行控制。实施“总量控制”有利于产业结构优化和布局的合理化，有利于推动经济增长方式的转变，有利于促进资源节约、技术进步和治理污染，是实现我国跨世纪环境目标的重要举措。

总量控制要宏观总量控制和微观控制相结合，排污总量控制和河道径流量控制相结合。对于水资源利用过度，河道径流受到过度影响的河流应制定最小基流保护方案。尤其重要的手段是对水利工程的调节和调度，确保河道天然径流过程不受过度的影响，保证一定的坝下泄流量，改变传统的建设一个水库，截断一条河流的错误做法。

（三）水价政策

谈起价格来，老百姓有句通俗话叫“以质论价”，谈起价格的高低来老百姓也有句通俗话叫“物以稀为贵”。水的价格制定也要按照水的质量来定，优质水就得定价高些，矿泉水、纯净水都是按照这个规律定的价，而自来水却不然，从市内河道里取水进入自来水厂进行净化的自来水与从外省市经长途调来的水的价格区别不大，要根据自来水到用户的真正价值来定水的价格。这样也让工厂、企业的领导及居民了解水资源的来之不易，从而也提高节约用水的意识。特别是我国北方城市的淡水资源更为匮乏，南水北调的规划是多年来的愿望，实施起来需付出极大的代价。水的价格也是可观的，无论是哪里来的水都是淡水资源总量的一部分，是越用越少的，而不是取之不尽的。水的价值随着淡水日益减少而更加昂贵起来，这个规律是社会发展的必然，在走向市场经济的今天，政府有关部门也没有必要再向自来水费中补贴了。只有彻底将自来水价格推向市场，才能体现出淡水资源的真正价值来，才能刺激消费者对水的忧患意识和节约用水的实际行动，才能迫使人类产生寻求第二水资源的意愿。

根据工厂、企业、宾馆、饭店等不同行业的特点，制定限量供水的额定指标，居民按照家庭人口的多少定出生活用水额定指标，在此基础上，对自来水用户采取超量加价收费的措施，用经济手段来促进人们对淡水资源匮乏的认识和节约用水的行动，从而逐步使人们认识水资源的本来价值。污水处理费要按照排出废水的水量和水质的实际状况，实行综合指标计费法进行收费，污水处理厂的建设规模及处理工艺的选择是依据污水排放系统的水量与水质而确定的，污水处理厂运行管理成本的组成不仅与各工厂企业排出污水的水量有关，而且与各工厂、企业排出污水的水质有更直接的关系。为此，收取污水处理费不能单纯从排出水量的多少来计费，而且还要综合排出污水中各种污染物的多少一并计费，对排放污水量大而且污染物含量高的工厂、企业的收费单价相对要高些，对排放污水量小而且污染物含量低的工厂、企业的收费单价相对要低些，对宾馆、饭店的收费要高于工厂、企业的收费价格，对居民的收费价格要低于工厂、企业的收费价格。

（四）污水处理和回用相关的优惠政策

1. 污水处理的优惠政策

（1）占地费

小城镇污水治理设施的安装与运行，需要占用一定的土地面积，而占地费用又是一笔不小的资金和投入，因此，应有相关政策予以扶持，这就是，用于安装和运行小城镇污水治理和回用设备及配套设施的占地，应该考虑免征或少征土地占用费。

（2）治理设备销售增值税

小城镇污水治理必须购入一定的设备，而这些设备的销售上要缴纳一定的增值税。出台有针对性的政策，可考虑把部分甚至大部分税额，让利于设备的购买方。只要提供小城镇污水治理与回用设施建设的有关证明及材料，税收部门就可以返还规定范围的税额。

（3）电费价格

污水处理厂是常年运转的单位，污水需要日夜 24 小时均匀地衡量进行处理，污水处理厂又是一个用电大户，电费是污水厂运行费用的主要组成部分，直接影响污水处理厂的成本核算。目前有些省市电业部门提出了“峰、谷、平”的用电收费措施，其目的是鼓励工厂、企业、居民百姓夜间用电，白天少用电，但是污水处理厂应享受用电的优惠政策。由于污水处理厂是为民造福的福利性企业，污水处理厂的成本加大会给工厂、企业、居民造成负担。为了使污水处理厂能够保持正常运行，政府应给予污水处理厂较合理的低价格的电价政策。

（4）拓宽融资渠道

在小城镇污水治理设施建设的资金投入方式上，要有一个宽松的政策，拓宽融资渠道，从专项投资、政府补助、市场补偿逐步转变为社会投资、市场补偿的新型投资体制，BOT 方式是可行的一种运作模式，减轻了政府基础设施的投资压力，促进了环保产业的发展。

2. 中水回用政策

小城镇污水处理的规划和设计，不应仅停留在传统的达标排放的理念上，污水处理厂出水应作为回馈环境的水资源，采用经济合理的深度净化技术措施妥善处置。为使再生水得到充分合理的利用，有关部门应出台明确的优惠政策和必要的强制性政策。

（1）优惠政策

凡是能够利用再生水的工厂、企事业单位和居民都能享受优惠的自来水水价（额定指标内的自来水用水量）。凡积极使用再生水的单位和个人，其原核定的自来水用水指标不予减少。

（2）强制性政策

对能够使用再生水的工厂、企事业单位（再生水水质能达到用水水质标准）而无正当理由却不接受使用再生水的单位，进行教育、协助解决思想技术问题，并采取加倍收取自来水水费的临时措施，使其能尽快接受使用再生水。对仍坚持不使用再生水的要核减其自来水用水指标。

（五）监督管理措施

小城镇污水处理工程的顺利实施，使之能够长期稳定地进行运营，更需要有一套完善的、有效的监督管理措施作保障。在监督管理措施上需加强以下几个方面的工作。

① 小城镇建设必须严格履行“环境影响评价”和“三同时”审批制度。通过这两个制度，对小城镇的规划及污水治理和中水回用设施的配套进行审查。

② 小城镇污水治理设施，必须严格遵照执行 1988 年 5 月 9 日国家环保局发布的《污水处理设施环境保护监督管理办法》的规定。相关人民政府的环境保护行政主管部门对其应纳入日常管理范围，监督管理治理设施的正常运行，定期或不定期进行水质免费监测。

③ 实行小城镇污水治理与回用工程资质许可证制度。只有具备了完善治理与回用操作和管理以及能够遵守有关法律法规的单位，才能够运营生活污水与回用设施。

总之，小城镇污水治理与回用工程，只有在全民努力下，有良好的政策与必要完善的监督管理措施作保障，一定能够和小城镇建设同步健康地向前发展。

三、小结

积极探索和采用更为灵活的资金筹集，拓宽融资渠道，创造合理的利润空间和一个宽松的投资环境，使其多元化和多样化，采用多种筹资方式，联合多方力量解决小城镇污水厂建设资金短缺问题。

完善法律法规及行政政策，制定合理的水价政策，制定一系列污水处理和回用的优惠政策，鼓励中水回用，利于产业结构优化和布局的合理化，推动经济增长方式的转变，为我国小城镇污水处理工程的顺利实施奠定坚实基础，促进小城镇污水处理厂的建设发展。

第三章 小城镇污水处理工艺的选择

当前我国 95%以上城镇污水尚未得到处理，因此未来一段时间内，我国将会在小城镇建设一大批污水处理厂。对于污水处理规模在 1 万 m^3/d 以上、投资和运行费用能够得到保证的城镇污水处理，其工艺技术选择和工程建设，根据国家有关的技术政策及建设标准，采用成熟可靠的工艺，不难确定技术经济可行的工艺技术。但对于规模小、投资和运行费用难以得到保障的广大小城镇，需处理的污水量常小于 1 万 m^3/d，通常每日几千立方米甚至几百立方米，选择经济可行的工艺技术时并没有确定的技术政策、规范和标准可以遵循。小城镇污水处理厂规模上和大型污水处理厂相差较大，而且这些小城镇和大中城市经济发展水平、排水体制，基础条件，融资渠道有很大不同。以往建设大型污水处理厂的经验只有借鉴的意义，不可能也不应该把大中城市的污水处理工艺、技术装备等照抄照搬到小城镇污水处理厂中去，否则目前在大中城市中出现的“建得起，用不起”的局面将会在小城镇更加强烈地表现出来，甚至会演变成“既建不起，更用不起”的局面。

因此探索适合小城镇能耗低、效率高、投资省、易管理的污水处理工艺势在必行，以较少的投资建设污水处理厂，以较低的运行费用运转污水处理厂达到消除污染、保护环境具有重要的战略意义。

一、小城镇排放污水的特点

（一）污水水质

小城镇与城市的城乡关系随着改革开放变得越来越密切，城乡的传统差别开始缩小，地域组织和空间结构出现了农业活动和非农业活动的农工混合、非城非乡的“城乡衔接地带”，这就决定了其污水的主要成分是生活污水和一定量的工业废水，个别畜牧业和水产养殖业发展好的小城镇，污水的主要成分是畜牧和水产养殖物污水和居民生活污水。小城镇的污水水质完全不同于城市污水，各个小城镇之间的污水水质完全不同，没有类比性，不可能像城市污水一样，有一个参考的、类比的水质资料。

小城镇污水的主要成分为生活污水，生活污水量占 50%以上。但小城镇污水量较小，生活污水占的比重较大容易造成污水的时不均匀性，同时也引起水质的波动。加之小城镇的企业生产落后，污水中污染物浓度高，综合因素造成了小城镇的污水污染物含量比城市偏高，有些地区有机物浓度较低，另外氨氮的含量也要稍高一些，尤其是一些小城镇的排水系统不健全，采用明渠排水的较多，致使大量的雨水流入和地下水渗入，也降低了污水中的有机物浓度。

小城镇的污水水质和以下因素密切相关：

（1）小城镇性质

我国大多数小城镇属于综合性城镇，即居住、商贸、工业混杂在一起，以居民生活污水、废水为主，工业废水所占比重不大。当然也有部分小城镇例外，在浙江省就有一些小城镇由于乡镇企业的飞速发展而集中了大批具有地方特色的工业企业。诸如：绍兴县集中了大量印染厂，富阳市集中了大量造纸厂，海宁市制革工业发达而黄岩市（区）的精细化工工业和食品加工业众多。这些小城镇的工业废水量所占比重就相当大。而大部分小城镇的城市污水性质相差不大，一般 BOD_5 为 100～150 mg/L，COD_{Cr} 为 250～300 mg/L，SS 为 200 mg/L 左右。对于那些工业废水量所占比重较大从而影响到城市污水处理效果的小城镇来说，则应根据具体情况采取相应的措施，如将工业废水进行预处理后再进入小城镇污水系统或将工业废水集中进行联片处理等。

（2）小城镇现有的排水系统

不少小城镇的排水系统是雨污合流系统，而且年代已久，质量很差，有的还是砖石渠道，即使是管道也存在不少问题。这样的系统在雨季或在地下水位高的时候，大量雨水和地下水进入，造成污水厂的超负荷运行，也导致雨天大量未经处理的水也排入受纳水体中，而污水的浓度很低。因此，在建设污水处理厂的同时应将原有的排水系统加以完善和改造，如将合流制改成分流制。

很多小城镇居民住宅的粪便污水是通过化粪池直接排入污水管的（生活废水在化粪池中和化粪池出水相混合）。这种生活污水 BOD_5 的质量浓度很低，往往只有 30～40 mg/L，对生化处理不利。所以对原有的化粪池应该去除，在居民住宅内部也不再需要将粪便污水和生活废水分开。采用上述措施就可以使小城镇的城市污水水质保持在正常水平上，从而能保证城市污水处理厂达到较高的处理效率。

（3）气温、水资源以及经济发展水平

气候炎热的地区、水资源丰富的地区及经济发展水平较高的地区，用水量就大，排水量亦大，城市污水浓度相对较低。

（二）污水水量

目前国内的小城镇人口多在几千到 5 万以内，每天水量在几百至几千立方米，在经济发达的沿海地区城镇的规模较大，产业废水量也较多，在经济欠发达地区产业废水主要是农产品加工废水，数量少，主要为生活污水。

小城镇的镇域面积较小，排水干管较短，导致污水水量的日变化系数较大。由于小城镇的非农业人口比重较大，这些人口具有较强的不稳定性和流动性，一年内随生产季节需要（如农忙季节和农闲季节）发生较大的变化，一年内不同时和一日内不同时变化都不相同。

另外由于生活习惯，小城镇污水的排放高、低峰值非常明显，且差值较大，高峰集中在早晨、中午和晚上一段时间内，其他时间尤其是午夜以后，污水量较小，当然这种情况在发达地区要好些，企业数量多，污水排放量没有明显的高低之分，一定程度上缓冲了高、低峰的差值。

二、小城镇污水处理方式

小城镇污水处理有较多的方式可以采用，这里选择几个较可行的方案进行比较。

（一）集中式处理

小城镇围绕在市、县周围，一定意义上已成为他们的卫星城，污水处理解决的方法之一可以将污水集中收集，并入各地区的城市污水厂一起处理。

（1）优点

小城镇污水集中收集并入中心城市污水处理厂进行处理，可以减少污水处理厂（站）的建设数目，大大减小污水厂的投资，且污水厂可形成较大的规模、数量较少，总体上较易管理，运行成本低。而且由于集中管理，可以节省 80%以上人力，电费、药剂费用也可大幅度减少；可以配备少而精的专业管理人员，以确保处理系统的运行稳定，从而保证获得最好的处理效果，取得最好的环境效益，还能提高处理效率。

（2）缺点

小城镇都分散于中心城市周围，与其有一定的距离，小城镇内收集污水较容易，但送到中心城市的距离较长，这样污水输送管网投资巨大，施工难度大，总体投资较多。另外小城镇污水收集于中心城市处理，无形中就将大量水源集中起来，我国缺水地区比较多，如果考虑污水回用到小城镇，其输水管网需要重复建设，投资巨大。

（二）分散式处理

（1）优点

现代小城镇多已经颇具规模，人口多在几千至 5 万以内不等，在发达的沿海地区城镇的规模较大，生活污水量也较多，再加上工业排水，污水总量也较可观，各小城镇如果建立起自己的污水厂，集中收集处理本地区的污水，可以大大减少污水收集管网建设，虽总体上增加了污水厂的数目，缩小了污水厂的规模，但另外可大大减少输水管网投资，就总体投资而言，一般可节约 20%～30%建设资金。

另外随着经济发展，居民生活水平不断提高，生活用水量正快速上升，发达地区小城镇的人均用水量已经不比城市人均用水量少，绿化、道路用水增长量更大。综合起来，小城镇的用水量增长速度很快，在很多地区，环境的污染和水源的缺乏，已使可供饮用和工业给水的水源越来越少，出现了不同程度的缺水状况，供需矛盾比较突出，解决的途径之一就是污水回用。小城镇建设污水厂，为这一方法提供了可行性。小城镇建设污水厂，经一般的二级生化处理后，再辅以沉淀、过滤等三级处理工艺，水质完全可以达到回用水水质指标，需要回用水的用水点一般集中在城镇内，管线比较少，从经济上分析，是完全可行的。

小城镇自己建设污水厂，还可以在一定程度上给当地有关部门积累一定的经验，为以后发展打下一定的基础，也可为其他较晚进行污水处理的小城镇提供借鉴。

（2）缺点

小城镇的数目比较多，自行建设污水厂，不便于各市、县集中管理，日常运行管理难度大，管理水平也有所降低，污水厂的投资总额肯定有所增加。

比较上述两种小城镇污水的处理方案，综合考虑，分散式处理较好，不管从经济效益、社会效益还是长远发展来看，都较为适宜。从我国目前的状况来看，也是采用这种方式为好。

另外，比较靠近各市、县的小城镇，可以综合考虑经济效益、切实的最佳方案。

三、小城镇污水处理工艺选择依据

（一）工艺技术选择的有关问题

小城镇大多数污水量小，水质比较差，而且经济、文化、科技、公共管理发展水平千差万别，其污水处理工艺技术的选用应考虑更为广泛的范围。除大中型城市采用的污水处理工艺可选用外，在各类工业废水处理和生活污水处理工程实践中被验证是实用可靠的工艺技术，都可以在小城镇污水处理中选用。但应该强调的是，对小城镇的污水处理方案必须更加慎重地进行深入的综合比选，坚持按达标稳定性、建设投资和设施运营的经济性、运行管理简单性等技术、经济、管理三方面的指标进行综合比较，结合适当的实际情况和突出问题决定工艺技术的选用，防止先入为主，照抄照搬大城市污水处理的经验。

要求小城镇的污水处理在项目构成、工艺与装备、配套工程、劳动组织与劳动定员等方面可以根据所选的工艺技术特点和污水处理设施运营管理的基本要求，结合当地的实际情况科学合理的设置。对经济条件较好的地区，提倡采用技术现代化的污水处理设施。

（二）工艺技术的选择原则

针对小城镇污水水质、水量变化较大，国家对小城镇污水处理设施建设扶持较少以及小城镇从业人员的技术水平和管理水平较低的实际情况，寻求具有高效、经济、简便的小城镇污水处理适用技术成为当务之急。

由于不同城镇所处理的污水的水量、水质及其变化较大，加之工程所在地点的地质、地貌和用地条件的差异，为了以最小的投资和运行费用达到预期处理效果，对现有较成熟的生活污水处理工艺进行选择是小城镇污水处理厂建设的关键，处理工艺选择是否得当，不仅影响处理厂的处理效果，而且还影响整个处理工程的基建投资多少、运行的可靠程度、运行费用高低、管理操作的复杂程度。因此，必须结合当地的污水量、水质以及温度、气候、气象、地理、经济等实际情况选择适用的处理工艺技术，使出水达到排放标准。

选择原则根据我国小城镇的特点制定，由于我国小城镇有些为地形复杂和污染源分散的山地城镇，有些为地形简单和污染源相对集中的平原城镇，量多面广，污水排放量小，技术、资金缺乏。对此宜采用简易、高效、低能耗的处理工艺，在有限的经济条件下有效地控制水环境污染。我国小城镇污水处理适用工艺技术选择的原则如下：

（1）出水水质稳定、可靠

针对小城镇污水水质水量变化大的特点，选择抗冲击负荷、调节能力强的工艺，要求工艺较成熟可靠，具有完整性的工艺流程、合理、准确的工艺参数，同时出水在去除有机污染物的同时还能部分地脱氮除磷，防止水体的富营养化。

（2）基建投资少

尽量采用经济节能型工艺及设备，减少处理设施的数量；如采用厌氧型工艺、取消初沉池和污泥回流等，或采用适当的处理工艺减少甚至无剩余污泥排放，从而减少运行费用；尽量不选运行费用较高的投药工艺，以克服许多污水厂建得起但运行不起的矛盾。

（3）运行费用低

选择工艺流程短，占地面积少，工艺设备少的工艺，以节省土建费、征地费及设备费，从而减少总投资。

（4）操作管理简便

选择对操作运行人员的水平要求不高的工艺，同时减少运行人员的数量，进一步减少运行费用。

总之，小城镇生活污水处理工艺技术选择考虑建设标准的要求，防止片面强调小城镇的特殊性而因陋就简，给工程造成隐患。在项目构成、工艺与设备、配套工程、劳动组织与定员等方面，可以根据所选的工艺技术特点和污水处理设施营运管理的基本要求，结合当地实际情况科学合理的设置。因地制宜地选择针对性强、技术成熟、投资合理、运行安全可靠、管理简单、维护量低、运行费用省的如土地处理、稳定塘处理及湿地处理的污水自然净化处理和如厌氧生物处理、好氧生物处理、物理化学处理及其组合工艺处理的污水非自然净化处理的各种工艺技术。

（三）工艺技术选择的影响因素

在资金上，由于我国是发展中国家，财力有限，用于基础设施上的资金在大城市和小城镇之间的分配严重不平衡，如近期国家、省、市把投资的重点放在支持城市污水处理厂的建设上，对县及以下建制镇污水处理设施建设扶持较少。另外小城镇有别于大城市的特点是从业人员的技术水平和管理水平较低，这在一定程度上对污水处理厂运行操作的难易程度提出了要求。

1. 工艺选择时考虑的因素

① 水量的不均匀性，昼夜变化大，可能夜间多数时间没水。

② 排放要求，根据具体的受纳水体或回用要求确定出水水质，从而确定处理目标。

③ 管理者素质。

污水处理是技术含量较高的行业，小城镇上劳动力素质较低，信息、交通运输、分析化验能力不能与大城市相比，所选工艺尽量简单，容易维护，可靠程度高。

④ 尽量降低投资和运行费用。小城镇自身的财力较低，建设资金和运行资金少是确保能建起和运行的关键。

⑤ 占地、环保要求低。

小城镇污水厂用地地价便宜、臭味对周围环境影响小，可以减少用地投资。

2. 妥善安排小城镇污水处理的污泥处理与处置

城镇污水处理包括污水处理和污泥处理与处置两部分，各单位对污泥的处理重视不够，污泥处理仍然是个薄弱环节，应给予高度重视。否则，随着小城镇污水处理的普遍上马，有可能会因对污泥处置不当，出现“污泥满地”造成二次污染的现象。由于小城镇污水处理厂相对较小，污泥总量相对不大，从经济上考虑小城镇污水处理应慎重选择妥善处理污泥的技术和剩余污泥的处置方式。应从经济角度考虑，选择污泥产生量尽量少，以及使污泥得以稳定处理的工艺技术方法和工艺运行条件。同时，应对污泥的成分进行系统全面的化验分析，据此，经过科学论证无害化最终处置方式。

3. 恰当选择小城镇污水处理厂的运行控制方式

运行控制方式是指人工和自动控制污水处理运行过程的方式。运行控制方式选择的思路，对小城镇而言一般要考虑以下几点：

① 规模小，设施紧凑，占地面积小，为现场操作提供方便条件。

② 不宜刻意为实现自控而增加投资。

③ 提供简捷可靠的事故处理和安全保障功能。

④ 使系统关键部位的运行状态处于在线监控状态。

⑤ 人工控制和自动控制相结合，在保证系统稳定、可靠运行的前提下，确定系统的自动控制部分的设计方案。

（四）工艺技术筛选步骤

污水处理技术的实用性是指该项技术与其服务对象的匹配性，一个小城镇只有采取与其经济发展水平匹配的技术，才有可能建设起来并在建成后能长期坚持正常运行。评价某一类治理技术对某一类小城镇是否实用可分为四个步骤：1）我国各地区小城镇的特征识别；2）分析、评价和判别各小城镇社会经济发展和基础设施状况；3）各种小城镇生活污水处理技术的性能、费用和运行条件以及适用性分析；4）处理技术实用性筛选，对不同类型的小城镇推荐匹配技术。

1. 各地区小城镇的特征识别

包括以下几方面的内容：

1）小城镇的地理位置；2）小城镇的水污染和治理状况；3）污染物总量控制要求；4）社会经济状况；5）城镇的基础设施。

2. 处理技术的分析

城镇生活污水处理工艺有几十大类，上百种工艺，不同工艺都有其最佳的适用范围。这部分重点工作是分析下述四项内容：

① 生活污水的处理技术的性能；

② 不同处理规模时，治理技术的建设费用和运行费用；

③ 处理技术的运行范围和条件；

④ 处理技术的适用范围和条件。

经济即占地面积少以节省征地费、必要的处理设施少以减少总投资的第一部分费用，从而减少总投资。高效即出水在去除有机污染物的同时还能部分地脱氮除磷，防止水体的富营养化。节能即尽量采用经济节能型设备或减少处理设施的数量，如取消初沉池和污泥回流等，或采用适当的处理工艺减少甚至无剩余污泥排放，从而减少运行费用，以克服我国许多城市建得起污水厂但运行不起的弊端。简便即对操作运行人员的水平要求不高以适应小城镇污水处理厂运行人员特点，同时减少运行人员的数量，这也在一定程度上减少了运行费用。

污水处理工艺的选择是污水处理厂建设的关键，处理工艺选择是否得当，不仅影响处理厂的处理效果，而且还影响整个处理工程的基建投资多少、处理工艺运行的可靠程度、运行费用高低、管理操作的复杂程度。因此，必须结合当地污水的水量、水质以及温度、气候、气象、地理、经济等实际情况选择适宜的处理工艺，使出水符合排放标准。根据小城镇水质、水量的特点，同时考虑到发展趋势，结合小城镇的地理环境即“城乡衔接地带”，附近有可利用的农田，可进行污水灌溉和污泥用作农肥等便利条件，在污水处理工艺的选择上将污水处理与利用相结合，与保护和改善当地的生态环境和水环境相结合，实现小城镇区域性的生态环境和水资源的良性循环。当小城镇有可利用的天然废塘、荒地、洼地时，应充分利用当地小城镇条件，优先考虑采用生态塘处理系统、湿地处理系统等因地制宜的生态处理工艺。当小城镇没有可利用的天然废塘、荒地、洼地等条件时，可推荐选用改良型氧化沟法、A/A/O 法、SBR 法、生物接触氧化工艺等对小城镇污水进行二级处理。

第四章　常用城镇污水处理工艺概述

污水处理技术可分为物理处理、化学处理、生物处理[6-10]。物理处理主要用于那些在性质上或颗粒大小上不利于后续处理过程的物质。污水物理处理法采用的处理方法有筛选、截留、重力分离（包括自然沉淀、自然上浮和气浮等）和离心分离等。相应处理设备有格栅、筛网、滤池、微滤机、沉砂池、沉淀池、除油池、气浮装置以及离心机及旋流分离设备等。污水化学处理通常是在污水的处理过程中投加化学药剂，使之与废水中的有害物质反应，从而达到净化污水的目的。如化学除磷、臭氧消毒等。

生物处理又分人工生物处理和自然生物处理。人工生物处理采取了一定的人工技术措施，创造有利于微生物生长、繁殖的良好环境，加速微生物的增殖及其新陈代谢功能，氧化分解有机物使之转化为稳定的无机物，从而使污水中的污染物得以降解、去除。生物处理根据参与代谢活动微生物的种类，分为好氧生物处理和厌氧生物处理。好氧生物处理又分为活性污泥法和生物膜法。活性污泥法就是水体自然净化的人工强化法，将空气连续输入污水中，经过一段时间后，水中形成繁殖有大量好氧微生物的絮凝体——活性污泥，生活在活性污泥上的微生物以有机物为食料，获得能量并不断生长繁殖，从而使有机物得以去除，污水得到净化。生物膜法使污水连续地经过固体填料，在填料上能够形成泥状的生物膜，在生物膜上繁殖着大量微生物，能够起着与活性污泥同样的净化作用。自然生物处理主要有生物塘处理系统和土地处理系统。传统活性污泥法是污水处理的最早工艺，有机物去除率高，能耗和运行费用低。近年来，由于对自动化程度以及对氮、磷处理要求的提高，出现了许多活性污泥法的变形工艺。

（一）传统 A/A/O 法

A/A/O 系统一般采用推流式活性污泥系统，原污水首先进入厌氧区，兼性厌氧的发酵细菌将废水中的可生物降解的大分子有机物转化为 VFA（挥发性脂肪酸）这一类小分子发酵产物。聚磷菌可将菌体内积贮的聚磷盐分解，所释放的能量可供专性好氧的聚磷菌在厌氧的“压抑”环境下维持生存。另一部分能量还可供聚磷菌主动吸收环境中 VFA 一类小分子有机物，并以 PHB（聚β羟基丁酸颗粒）形式在菌体内贮存起来。随后废水进入缺氧区，反硝化细菌就利用好氧区中经混合液回流而带来的硝酸盐，以及废水中可生物降解有机物进行反硝化，达到同时去碳和脱氮的目的。厌氧区和缺氧区都设有搅拌混合器，以防污泥沉积。接着废水进入曝气的好氧区，聚磷菌除了吸收、利用废水中残剩的可生物降解有机物外，主要是分解体内贮积的 PHB，释放能量可供本身生长繁殖，此外还可主动吸收周围环境中的溶解磷，并以聚磷盐的形式在体内贮积起来。这时排放的废水中的溶解磷浓度已相当低。好氧区中有机物经厌氧区、缺氧区分别被聚磷盐和反硝化细菌利用后，浓度已相当低，这有利于自养的硝化细菌生长繁殖，并将其经硝化作用转化为 NO_3^-。非聚磷的好氧性异养菌，虽然也能存在，但它在厌氧区中受到严重的压抑，在好氧区又得不到充足的营养，因此在与其他微生物的竞争中处于劣势。排放的剩余污泥中，由于含有大量能过量积贮聚磷盐的聚磷菌，污泥中磷含量很高，因此比一般的好氧活性污泥系统大大地提高了磷的去除效果。

本工艺在系统上是最简单的同步除磷脱氮工艺，总水力停留时间小于其他同类工艺，在厌氧（缺氧）、好氧交替运行的条件下可抑制丝状菌繁殖，克服污泥膨胀，SVI 值一般小于 100，有利于处理后污水与污泥的分离，运行中在厌氧和缺氧段内只需轻缓搅拌，运行费用低。由于厌氧、缺氧和好氧三个区严格分开，有利于不同微生物菌群的繁殖生长，因此脱氮除磷效果非常好。目前，该方法在国内外使用较为广泛。但传统 A/A/O（A^2/O）工艺也存在着本身固有的缺点。脱氮和除磷对外部环境条件的要求是相互矛盾的，脱氮要求有机负荷较低，污泥龄较长，而除磷要求有机负荷较高，污泥龄较短，往往很难权衡。另外，回流污泥中含有大量的硝酸盐，回流到厌氧池中会影响厌氧环境，对除磷不利。为了克服传统 A^2/O 工艺的缺点，出现了多种改良型 A^2/O 工艺。

（1）UCT 工艺

UCT 工艺不同之处在于污泥先回流至缺氧池，而不是厌氧池，再将缺氧池部分混合液回流至厌氧池，从而减少了回流污泥中过多的硝酸盐对厌氧放磷的影响。但是 UCT 工艺增加了一次回流，多一次提升，运行费用将有所增加。

（2）MUCT 工艺

为了避免 UCT 工艺因两套内回流交叉而使缺氧段的停留时间不易控制，以及避免溶解氧自好氧段经缺氧段进入厌氧段，干扰磷的释放，产生了 MUCT 工艺（改良性 UCT 工艺）。与 UCT 工艺相比，MUCT 工艺的不同之处在于将缺氧段一分为二，形成两套独立的内回流。

（3）A-A^2/O 工艺

该工艺是在传统 A^2/O 法的厌氧池之前设置回流污泥反硝化池，来自二沉池的回流污泥和 10%左右的进水进入该池（另 90%左右的进水直接进入厌氧池），停留时间为 20～30 min，微生物利用 10%进水中的有机物作碳源进行反硝化，去除回流污泥带入的硝酸盐，消除硝态氮对厌氧池放磷的不利影响，保证除磷效果。该工艺简易运行，在厌氧池中分出一格作回流污泥反硝化池即可。

（二）氧化沟法

氧化沟工艺是 20 世纪 50 年代初期发展起来的一种污水处理工艺形式，因其构造简单、易于维护管理，很快得到广泛应用。到目前为止已发展成为多种形式，原始的氧化沟属延时曝气，主要为了去除 BOD、SS，不设初沉池，污水达到硝化阶段，由于污泥龄长，污泥相应得到好氧处理，泥量少且稳定。氧化沟是用转刷（转碟）表面曝气，设备少且管理简单。原始的氧化沟是间断运转的，60 年代发展为连续运转，增设二沉池工艺，将曝气和沉淀分开，继而演变成多种工艺，比较典型的工艺有：Passveer 单沟型、Orbal 同心圆型、Carrousel（卡鲁塞尔）循环折流型、DE 型双沟式和 T 型三沟式等。这些工艺适用各种规模的污水处理厂。

1. Carrousel 型氧化沟

Carrousel 型氧化沟是 20 世纪 60 年代由荷兰 DHV 公司研制成功的，当时开发这一工艺的主要目的是寻求沟道更深、效率更高和机械性能更好的系统设备，来改善和弥补当时流行的转刷式氧化沟的技术弱点。它是一个多沟串联的系统，进水与活性污泥混合后在沟内作不停地循环流动，Carrousel 氧化沟采用垂直安装的低速表面曝气机，每组沟渠安装一个，均安装在同一端，因此形成了靠近曝气机下游的富氧区和曝气机上游以及外环的低氧区，这不仅有利于生物凝聚，还使活性污泥易于沉淀。立式低速表曝机单机功率大，设备数量少，在不使用任何辅助推进器的情况下氧化沟沟深可达到 5 m 以上，较传统的氧化沟节省占地 10%～30%，工程费用相应减少。由于采用立式低速表曝机有很强的动力调节能力，而且在调节过程中不损失其混合搅拌功能，节能效果明显，一般情况下，表曝机的输出功率可以在 25%～100%的范围内调节，而不影响混合搅拌功能和氧化沟渠道流速。DHV 公司新开发的双叶轮卡鲁塞尔曝气机，上部为曝气叶轮，下部为水下推进叶轮，采用同一电机和减速机驱动，其动力调节范围可达 15%～100%，调节范围较标准表曝机扩大 10%，其传氧效率在标准状态下不低于 2.1 kg/（kW • h）。

传统的 Carrousel 型氧化沟不具备脱氮除磷功能，若在沟内增设缺氧区，则可在单一池内实现部分反硝化作用。若在沟前增设厌氧池，则形成厌氧卡鲁塞尔氧化沟 A/O 工艺，该工艺可提高活性污泥的沉降性能，有效抑制活性污泥膨胀，同时为生物除磷提供了先进行磷的释放，后进行磷的过度吸收的环境条件，可使磷的去除率达到 75%以上，但脱氮效果一般。因此，为实现对氮去除的需要，又出现了卡鲁塞尔 2000、卡鲁塞尔 3000 等更高标准的反硝化脱氮工艺，其突出的优点是可实现硝化液的高回流比，达到较高程度的脱氮率，同时无需任何回流提升动力。

2. Orbal 型氧化沟

Orbal 型氧化沟即“0、1、2”工艺，由外到内分别形成厌氧、缺氧和好氧三个区域，采用转碟曝气。由于从内沟（好氧区）到中沟（缺氧区）之间没有回流设施，所以总的脱氮效率较差。在厌氧区采用表面搅拌设备，不可避免地会带入相当数量的溶解氧，使得除磷效率较差。

3. DE 型氧化沟

DE 型氧化沟为双沟交替工作式氧化沟，由池容完全相同的两个氧化沟组成，两沟串联运行，交替地作为曝气池和沉淀池，不单独设二沉池。为了达到脱氮目的，在 D 型氧化沟的基础上又发展了半交替工作式的 DE 型氧化沟。该沟设有独立的二沉池和回流污泥系统，两沟交替进行硝化和反硝化。D 型氧化沟的缺点主要是曝气设备利用率低、池容积利用率低。

4. T 型三沟式氧化沟

T 型三沟式氧化沟集缺氧、好氧和沉淀于一体，两条边沟交替进行反应和沉淀，无需单独的二沉池和污泥回流，流程简洁，具有生物脱氮功能。由于无专门的厌氧区，因此，生物除磷效果差。而且，由于交替运行，总的容积利用率低，约为 55%，设备总数量多，利用率低。氧化沟池型具有独特之处，兼有完全混合和推流的特性，且不需要混合液回流系统，但氧化沟采用一般机械表面曝气，水深不宜过大，充氧动力效率较低，能耗较高，占地面积较大。

（三）AB 法

水处理中所谓的“AB 法”工艺，简言之就是分作 A 和 B“两阶段曝气”处理工艺，每个阶段都有相互隔离的和独立的曝气过程和泥水分离过程，对于活性污泥的回流，也是相互隔离的，A 段沉淀池所产生的活性污泥回流到 A 段曝气池，B 段沉淀池所分离出来的活性污泥回流到 B 段曝气池内。AB 工艺是吸附-生物降解（Adsorption-Biodegradation）工艺的简称。这项污水生物处理技术是由德国某工业大学卫生工程学院的 Botho Bohnke 教授开发的，主要是为解决传统的二级生物处理系统：即“预处理—初沉池—曝气池—二沉池”早期污水处理工艺存在的去除难降解有机物和脱氮脱除效率低下、投资和运行费用过高等问题，在对于两段活性污泥法和高负荷活性污泥法进行大量研究的基础上，于 20 世纪 70 年代中期开发，80 年代初开始应用于工程实践的一项新型污水生物处理工艺。

1. AB 法工艺的主要特征

① A 段在很高的负荷下运行，其负荷率通常为普通活性污泥法的 50～100 倍，污水停留时间只有 30～40 min，污泥龄仅为 0.3～0.5 d。污泥龄较高，真核生物无法生存，只有某些世代短的原核细菌才能适应生存并得以生长繁殖，A 段对水质、水量、pH 值和有毒物质的冲击负荷有极好的缓冲作用。A 段产生的污泥量较大，约占整个处理系统污泥产量的 80%左右，且剩余污泥中的有机物含量高。

② B 段可在很低的负荷下运行，MLSS 中的 BOD_5 负荷范围一般小于 0.15 kg/（kg·d）水力停留时间为 2～5 h，污泥龄较长，且一般为 15～20 d。在 B 段曝气池中生长的微生物除菌胶团微生物外，有相当数量的高级真核微生物，这些微生物世代期比较长，并适宜在有机物含量比较低的情况下生存和繁殖。

③ A 段与 B 段各自拥有独立的污泥回流系统，相互隔离，保证了各自独立的生物反应过程和不同的微生物生态反应的进行，人为设定了 A 和 B 的分工。

2. AB 法工艺的工作机理

（1）开放式系统原理

AB 法工艺中不设初沉池，从而使污水中的微生物在 A 段得到充分利用，并连续不断地更新，使 A 段形成一个开放性的、不断由原污水中生物补充的生物动态系统。

（2）微生物的生物相及其特性

A 段内微生物活性强、世代期短、具有很强的吸附能力。当 A 段以兼氧的方式运行时，由于供氧较低，高活性微生物为了满足自身代谢能量的要求，被迫对在好氧条件下不易分解的有机物进行初步分解，起到大分子断链的作用，使其转化为较小分子的易降解有机物，从而在后续的 B 段好氧曝气中易于被去除。B 段主要是世代期长的真核微生物，能够保证出水水质。

3. AB 法工艺的优点

具有优良的污染物去除效果，较强的抗冲击负荷能力，良好的脱氮除磷效果，投资及运转费用较低等。

① 对有机底物去除效率高。

② 系统运行稳定。主要表现在：出水水质波动小，有极强的耐冲击负荷能力，有良好的污泥沉降性能。

③ 有较好的脱氮除磷效果。

④ 节能。运行费用低，耗电量低，可回收沼气能源。经试验证明，AB 法工艺较传统的一段法工艺节省运行费用 20%～25%。

4. AB 法工艺的缺点

① A 段在运行中如果控制不好，很容易产生臭气，影响附近的环境卫生，这主要是由于 A 段在超高有机负荷下工作，使 A 段曝气池运行于厌氧工况下，导致产生硫化氢、大粪素等恶臭气体。

② 当对除磷脱氮要求很高时，A 段不宜按 AB 法的原来去除有机物的分配比去除 BOD 55%～60%，因为这样 B 段曝气池的进水含碳有机物含量的碳/氮比偏低，不能有效地脱氮。

③ 污泥产率高，A 段产生的污泥量较大，约占整个处理系统污泥产量的 80%左右，且剩余污泥中的有机物含量高，这给污泥的最终稳定化处置带来较大压力。

（四）序批式活性污泥法

序批式活性污泥法又称间歇式活性污泥法，近几年来，已发展成多种改良型，主要有传统 SBR 法、ICEAS 法、CAST 法、Unitank 法和 MSBR 法。

传统 SBR 法其反应是在同一容器中进行。在同一容器中进水时形成厌氧（此时不曝气）、缺氧，而后停止进水，开始曝气充氧，完成脱氮除磷过程，并在同一容器中沉淀，再通过撇水器出水，完成一个周期。这种方法与以空间进行分割的连续进水系统有所不同，它不需要回流污泥，也无专门的厌氧区、缺氧区、好氧区，而是在同一容器中，分时段进行搅拌、曝气、沉淀，形成厌氧、缺氧、好氧过程。这种方法，总容积利用率低，一般小于 50%，因此适用于中、小型污水处理厂。

ICEAS 法及 CAST 法。ICEAS、CAST 工艺即连续进水、间歇操作运转的活性污泥法。与传统 SBR 法不同之处在于通过设置多座池子使整个过程达到连续进水、连续出水。其进水、反应、沉淀、出水和待机在一座池子中完成，常用四座池子组成一组，轮流运转，间歇处理。ICEAS 法虽有它的优点，可在一组池中完成脱氮、去除 BOD 的全过程，但每座池子都需安装曝气设备、沉淀的滗水器及控制系统，间歇排水，水头损失大，设备的闲置率较高、利用率低，设备投资大，要求自动化程度相当高。

Unitank 工艺，又称单池系统，是 SBR 法的另一种形式，为 20 世纪 80 年代后期比利时的史格斯公司所开发，其专利权归比利时 Wespelear Sehgers 工程公司所有。由三个矩形池组成，三个池水力相通，每个池内均设有供氧设备，在外边两侧矩形池设有固定出水堰和剩余污泥排放口。中间池连续曝气，两侧池间断曝气，交替作为沉淀池和类似三沟曝气池。三个池交替地在缺氧、好氧和沉淀的状态下工作，通过自控程序，控制曝气器运转和改变进水点可使池中发生硝化和反硝化作用，在去除 BOD_5、SS 的同时，达到生物脱氮的目的。其优点是不需回流、无二沉池、布置紧凑、占地面积小。但由于无专门的厌氧区，因此生物除磷效果差。其总的容积利用率为 67%。

MSBR 法是一种改良型序批式活性污泥法，是 20 世纪 80 年代后期发展起来的技术，其专利技术归美国芝加哥附近的 Aqua Aerobic System，Inc 所有。其实质是 A^2/O 系统后接 SBR，是二级厌氧、缺氧和好氧过程，连续进水、连续出水。因此，具有 A^2/O 生物除磷脱氮效果好和 SBR 的一体化、流程简捷、不需二沉池、占地面积小和控制灵活等优点。缺点是需要污泥回流和混合液回流，所需潜污泵较多，总容积利用率仅为 73%，而且其技术不是很成熟。

（五）生物接触氧化法

生物接触氧化处理技术的实质之一是在池内充填滤料，已经充氧的污水浸没全部填料，并以一定的流速流经填料。在填料上布满生物膜，污水与生物膜广泛接触，在生物膜上微生物的新陈代谢的作用下，污水中有机物得到去除，污水得到净化，因此，生物接触氧化处理技术，又称为“淹没式生物滤池”。生物接触氧化处理技术的另一项实质是采用与曝气池相同的曝气方法，向微生物提供其所需要的氧，并起到搅拌与混合作用，因此，这种技术又相当于在曝气池内充填供微生物栖息的填料，故又称为“接触曝气法”。据上所述，生物接触氧化是一种介于活性污泥法与生物滤池两者之间的生物处理技术，也可以说是具有活性污泥处理法特点的生物膜法，兼具两者的优点。

生物接触氧化处理技术，在工艺、功能以及运行等方面具有下列主要特征。

1. 在工艺方面的特征

本工艺使用多种形式的填料，由于曝气，在池内形成液、固、气三相共存体系，有利于氧的转化，溶解氧充沛，适于微生物存活增殖。在生物膜上微生物是丰富的，除细菌和多种种属原生动物和后生动物外，还能够生长氧化能力较强的球衣菌属的丝状菌，而无污泥膨胀之虑。

填料表面全为生物膜所布满，形成了生物膜的主体结构，由于丝状菌的大量滋生，有可能形成一个呈立体结构的密集的生物网，污水在其中通过起到类似过滤的作用，能够有效地提高净化效果。

由于进行曝气，生物膜表面不断地接受曝气吹脱，这样有利于保持生物膜的活性，抑制厌氧膜的增殖，也宜于提高氧的利用率，因此能够保持较高浓度的活性生物量，据实验资料，每平方米填料表面上的活性生物膜量可达 125g，如折算成 MLSS，则达 13 g/L，正因为如此，生物接触氧化技术能够接受较高的有机符合率，处理效率较高，有利于缩小池容，减少占地面积。

2. 在运行方面的特征

对冲击负荷有较强的适应能力，在间歇运行条件下，仍能保持良好的处理效果，对排水不均的企业，更具有实际意义。

操作简单、运行方便、易于维护管理，无需污泥回流，不产生污泥膨胀现象，也不产生滤池蝇。

污泥生成量大，污泥颗粒较大，易于沉淀。

3. 在功能方面的特征

生物接触氧化处理技术具有多种净化功能，除有效地去除有机污染物外，如运行得当还可以用于脱氮，因此可以作为三级处理技术。

生物接触氧化处理技术的主要缺点是：如设计和运行不当填料可能堵塞，此外布水曝气不易均匀，可能在局部出现死角。生物接触氧化是一种于 20 世纪 70 年代初开创的污水处理技术，但是，又是一种具有一定历史渊源的处理技术。远在 20 世纪末就已经有人从事这种技术的研究了，其成果获取了德国的专利。在 20 世纪 20 年代、30 年代也曾有人对其进行过研究，并在实际生产中运用。但这种处理技术快速发展，还是在 70 年代开始的。

近 10～20 年来，生物接触氧化处理技术在一些国家，特别是日本、美国得到了迅速的发展和应用，广泛地用于处理生活污水和食品加工等工业废水，而且还用于处理地表水源水的微污染，日本政府通告将接触氧化技术定为推荐采用的处理工艺，并且公布了构造的准则，推动了这种技术的通用化、规范化和系列化。

我国从 20 世纪 70 年代开始引进生物接触氧化处理技术，也得到了广泛地应用，除生活污水和城市污水外，还应用于石油化工、农药、印染、纺织、轻工造纸、食品加工和发酵酿造等工业废水处理，都取得了良好的处理效果。此外我国污水处理技术人员在新型填料和曝气器的研制方面也取得了明显的成就。

4. 生物接触氧化处理技术的工艺流程

生物接触氧化处理技术的工艺流程，一般可分为：一段处理流程、二段处理流程和多级流程。

原污水经初次沉淀池处理后进入接触氧化池，经接触氧化池的处理后进入二次沉淀池，在二次沉淀池进行泥水分离，从填料上脱落的生物膜，在这里形成污泥排除系统，澄清水则作为处理水排水。接触氧化池的流态为完全混合型，微生物处于对数增殖期和减衰增殖期的前段，生物膜增长较快，有机物降解速率也较高。一段处理流程的生物接触氧化处理技术流程简单，易于维护运行，投资较低。

二段处理流程的每座接触氧化池的流态都属完全混合型，而结合在一起考虑又属于推流式。在一段接触氧化池内 F/M 值应高于 2.1，微生物增殖不受污水中营养物质的含量所制约，处于对数增殖期，BOD_5 负荷率亦高，生物膜增长较快。在二段接触氧化池内 F/M 值一般为 0.5 左右，微生物处于减衰增殖期或内源呼吸期。

（六）BAF 工艺

BAF 工艺，即水解-曝气生物滤池污水处理工艺，是一种新的工艺形式，是将污水处理过程中两个污水处理单元（反应器）组合而成的一种新技术。它与传统的好氧生物处理工艺相比较，具有能耗低、水力停留时间短、污泥产量少等特点。特别是水解反应器具有改善污水可生化性的特点，曝气生物滤池具有处理负荷高、出水水质好的优势，两者的结合，更凸显新工艺技术的优势。

污水先经过粗格栅，去除污水中大块的悬浮物，再流入提升泵房的集水池，由潜污泵提升至旋流沉砂池进水渠上的细格栅，进一步去除细小悬浮物，并经计量后进入旋流沉砂池，以去除污水中的细小砂粒。沉淀下来的砂粒经砂水分离器分离，干砂外运。砂水分离后的污水流入提升泵房集水池。经沉砂池处理后的污水自流入水解酸化池。水解酸化池将截留污水中的大部分悬浮物并将其中的部分有机物进行降解，且可将大分子的有机物水解为小分子的有机物。水解酸化池的出水自流入 C/N 上向流曝气生物滤池进行有机物的降解和硝化处理。C/N 滤池出水进入 N 滤池进行脱氮处理，N 滤池出水进入清水池，至此即可达到排放标准，或排放或回用（若有需要可设消毒池）。

1. 水解工艺

水解工艺属于升流式污泥床反应器技术范畴，水解池按其内介质分区为污泥床区和清水区，待处理污水以及滤池反冲洗时脱落的微生物膜由反应器底部进入池内，并通过布水系统及特殊的池型构造与污泥床快速而均匀的混合。污泥床较厚，类似于过滤层，从而将进水中的颗粒物质与胶体物质迅速截留和吸附。污泥床内含有高浓度的兼性微生物，在池内缺氧条件下，被截留下来的有机物质在大量水解菌作用下，将不溶性有机物水解为溶解性物质，将大分子、难以生物降解的物质转化为易于生物降解的物质（如有机酸类）；同时，生物滤池反冲洗时排出的剩余污泥菌体外多糖黏质层发生水解，使细胞壁打开，使污泥液态化，重新回到污泥处理系统中被好氧菌代谢，达到剩余污泥减容化的目的。由于水解池的污泥龄较长，在污水处理的同时，污泥得以消化。

水解工艺应用于城市污水处理中，具有如下特点：

① 在城市污水处理中，多功能的水解池较功能专一的传统初沉池对各类有机物的去除率高。

② 水解菌世代期短，对污染物的降解过程迅速，将污水中固体、大分子、难以生物降解的有机物质转化为易于生物降解的小分子有机物质，使得在后续的好氧单元可以用较短的时间和较低的电耗完成净化过程，具有效率高、能耗低的特点。

③ 构造简单，便于维护。水解池内不装设填料，不设三相分离器，由于上层污泥床的层流顶托作用，可以依靠水的静压排泥，从而降低造价，便于维护。

④ 在污水处理的同时，也完成了对污泥的稳定化处理，使得污水、污泥处理一元化，简化了流程，节省了投资。

2. 曝气生物滤池工艺

曝气生物滤池是一种膜法生物处理工艺，微生物附着于载体表面，污水在流经载体表面时，通过有机营养物质的吸附、氧向生物膜内部的扩散以及生物膜中所发生的生物氧化等作用，对污染物质进行氧化分解，使污水得以净化。

生物膜的吸附作用主要是由于在生物膜的表面附着一层薄薄的水层，水中的有机物被生物膜所氧化（其浓度要比滤池进水中有机物的浓度低很多），当废水在滤料表面流动时，有机物就会从运动着的废水中转移到附着在生物膜表面的水中去，被生物膜所吸附。空气中的氧通过水层而进入生物膜。生物膜上的微生物在氧的参与作用下对有机物进行分解和机体的新陈代谢，产生了包括二氧化碳等无机物，它们又沿着相反的方向，即从生物膜经过附着水层排到流动着的废水及空气中去。生物滤池中废水的净化过程是很复杂的，它包括废水中复杂的传质过程。生物膜是由微生物细胞组成的复杂混合物的微生态系统，细胞镶嵌在胞外聚合物的基质中，并且附着在固体表面。生物膜发育形成的条件和时间序列大致为：1）存在着可用于聚居的固体表面；2）一种有机分子膜快速形成；3）聚结的细胞松散地附着；4）聚居的细菌牢固地附着；5）微生物群落形成，产生胞外聚合物；6）群落向上和向外扩展，形成规则和不规则结构；7）生物膜成熟，新的菌种进入生物膜并生长，导致了生物膜空间的异相结构；8）生物膜可能被吞噬细菌的原生动物捕食；9）成熟的生物膜可以脱落，使这种循环交替地重复进行；10）形成一种顶级群落。

生物膜形成的关键是在其载体表面的固定。影响微生物在载体，表面附着、生长的因素很多，归纳为三类，即微生物的自身性质（种类、培养条件、浓度、活性等）、载体表面性质（表面亲水性、表面负荷、表面化学组成、表面粗糙度等）以及环境条件（pH、离子强度、水流剪切力、温度等）。对于曝气生物滤池工艺而言，载体即滤料是工艺的核心，对滤料的选择和采用有着非常严格的要求，如机械强度、物理形态、稳定性、比重、亲水性、表面电性、孔隙度、表面粗糙度、价格等。当载体已经通过优化确定后，在微生物调试过程中，主要是为微生物在载体表面的附着、生长、繁殖，提供良好的环境条件。

曝气生物滤池反应器净化有机污染物的过程是由附着生长在载体表面的微生物来完成的，而这些微生物又都生活在各自形成的特定环境中，与环境条件关系极为密切，反应器能否高效运行，取决于影响反应器运行的主要因素，在工程中就是设法为微生物创造适宜的生活环境。影响反应器运行最主要因素包括：进水底物浓度、营养物质、溶解氧、酸碱度、温度、毒性抑制、水力停留时间与负荷率等。

国祯马院环境工程公司近年来对该技术进行了消化吸收，并结合我国的实际情况进行了改进和开发，在国内率先应用于生活污水和工业废水处理工程，已完成了多个示范工程。研制和开发的上向流曝气生物滤池（简称 UBAF）技术是在充分吸取国外曝气生物滤池（BAF）优点的基础上而发展起来的，它的最大特点是使用一种新型的类球形轻质陶粒填料，在其表面及内腔空间生长有微生物膜，污水由下向上流经滤料层时，微生物膜吸收污水中的有机物作为其自身新陈代谢的营养物质，并在滤料层下部实行强制曝气供氧的条件下（气与水为同向、上向流），使废水中的有机物得到好氧降解，并进行硝化作用。曝气生物滤池定期利用处理后的出水对其进行反冲洗，以排除滤料表面增殖的老化微生物膜，保证微生物的活性。曝气生物滤池的生物除磷效果不明显。去除表现为合成微生物机体本身（同化作用除磷），其他基本无生物除磷作用。故设计中一般采用化学除磷。曝气生物滤池工艺化学除磷药剂投加点有两种选择。一是采用高效沉淀预处理工艺，其化学除磷为前置沉淀法，即在高效沉淀池入口处投加化学药剂，经混合、絮凝、沉淀作用，磷的积聚体被分离到沉淀池的污泥中，达到除磷的目的；二是同步沉淀与絮凝过滤，即在曝气生物滤池中投加化学药剂，在滤床填料的作用下诱发了絮凝，沉淀物截留于滤床上，利用滤池本身存在的周期性的反冲洗，将磷排除至系统外，达到污水除磷的目的。

与其他工艺相比较，该工艺技术具有以下的几个优点和特点：

① 较小的池容和占地面积。曝气生物滤池的 BOD_5 容积负荷大，一般去除 BOD_5 可达到 5～6 kg/（m^3 • d），是常规二级生物处理的 6～12 倍，所以它的池容和占地面积较常规二级生物处理工艺要小，同时在滤池后不需设二沉池，节省了占地面积和土建费用。采用曝气生物滤池工艺的城市污水处理厂工艺构筑物占地面积只有氧化沟工艺的 1/5 左右。

② 抗冲击负荷能力强，处理效果稳定，处理出水水质好。由于整个滤池中分布着较高浓度的微生物，反应速率高，而高浓度的微生物以膜状存在于滤池的陶粒表面，其本身就耐水量的冲击，即使滤速增大较多也不会使微生物流失。

③ 对低浓度污水适应性强，不会产生由于营养物过低导致微生物无法培养的情况，且该工艺启动时间相对较短。

④ 氧的利用率高。

⑤ 硝化速率高，效果好，若增加回流等设施，可以实现非常好的脱氮效果。

⑥ 受气候影响相对较小。

⑦ 构筑物模块化，有利于今后的扩建。

⑧ 主要设备和材料均可国内配套生产，不需进口，节省投资。

（七）生态塘处理系统

生态塘是以太阳能为初始能源，通过在塘中种植水生植物，进行水产和水禽养殖，形成人工生态系统。在太阳能（日光辐射提供能量）的推动下，通过生态塘中多条食物链的物质转移、转化和能量的逐级传递、转化，将进入塘内污水中的有机污染物进行降解和转化，最后不仅去除污染物，而且以水生作物、水产的形式作为资源回收，净化的污水也作为再生水资源予以回用，使污水处理与利用结合起来，实现污水处理资源化。生态塘处理系统具有基建投资省，运行费用低，管理维护方便，运行稳定可靠等诸多优点，不足之处就是占地面积大。该处理系统不仅在发展中国家广泛应用，而且在发达国家应用也很普遍。2000 年 10 月建成投产运行的山东省东营市污水处理厂采用的就是生态塘处理系统，其设计处理量为 1 万 m^3/d。但由于氧化塘占地面积大，气温及阳光照射量对净化功能影响较大，冬季的净化效果将显著下降。因此，小型城镇对氧化塘的运用要因地制宜，充分考虑当地的土地条件和环境气候条件，合理地运用氧化塘技术。

作为污水生物处理技术，生物塘具有一系列较为显著优点，其中主要有：

① 能够充分利用地形，工程简单，建设投资省。建设生物塘，可以利用农业开发利用价值不高的废河道、沼泽地、峡谷等地段，因此能够起到整治国土、绿化、美化环境的作用。在建设上也具有周期短，易于施工的优点。

② 能够实现污水资源化，使污水处理与利用相结合。生物塘处理后的污水，一般能够达到农业灌溉的水质标准，可用于农业灌溉，充分利用污水的水肥资源。生物塘内能够形成藻菌、水生植物、浮游生物、底栖动物以及虾、鱼、水禽等多级食物链，组成复合的生态系统。将污水中的有机污染物来饲养鱼、水禽等，提供给人们食用的水产品。利用生物塘处理污水环境效益、社会效益、经济效益是十分明显的。

③ 污水处理能耗少，维护方便，成本低廉。生物塘依靠自然功能处理污水，能耗低，

便于维护，运行费用低廉。

但是，生物塘也具有一些难以解决的弊端，其中主要有下列各项：

① 占地面积大，没有空闲的土地不宜采用。

② 污水净化效果在很大程度上受季节、气温、光照等自然因素的控制，在全年范围内，不够稳定。

③ 防渗处理不当，地下水可能遭到污染，应认真对待。

④ 易于散发臭气和滋生蚊蝇等。

（八）人工湿地处理系统

人工湿地为工程筑造的湿地，筑有围堤，为保证污水有良好的水力流态和较大体积的利用率，采用适宜的形状和尺寸，及进水、出水和布水系统，并种植芦苇等植物。

它主要通过土壤、微生物、植物所组成的系统对废水完成一系列净化过程，既达到废水处理的目的，又可利用废水中的营养物质从事水产农业。人工湿地运行简单，处理效果良好，不仅能去除 COD_{Cr}、BOD_5 等有机物，而且能除磷脱氮和去除重金属等。人工湿地适用于小城镇的主要优势在于以下几方面：

① 基建投资省，单位投资一般为 600～800 元/m^3。

② 操作简单、维持技术低、能耗低，运行成本约为 0.20 元/m^3。

③ 出水水质良好，抗冲击力强，增加绿地面积，改善和美化生态环境。

④ 单位处理水量的占地面积为 1.20～2.80 m^2/m^3，比较适用于农业区、用地不紧张的小城镇。

天然湿地中生活着丰富的动植物、微生物种群，不仅在蓄洪防旱、调节气候、控制土壤侵蚀、疏淤造路等方面起着极其重要的作用，而且有降解环境污染的功能，因此又被称做“自然之肾”。既然这样，我们是否可用天然湿地来处理污水呢？答案是否定的。原因是人无法有效地控制这一过程，一旦失控，就会对脆弱的湿地生态系统造成毁灭性打击。同时，这一恶果将通过复杂的相互作用关系对整个地区生态产生难以预料的影响。

但我们完全可以通过研究湿地降解作用的原理，模拟天然湿地的功能。1974 年前西德首先建成了人工湿地系统（Artificial Wetland Treatment Systems）污水处理工程，目前，欧洲已有数以百计的人工湿地系统投入使用。人工湿地以土壤和砾石等混合的填料床为基底，表面种植芦苇、大米草、菖蒲等湿生植物。其成熟后，填料表面及植物根系中生长了大量的微生物，形成稳定的群落，构成“生物膜”（与生物学定义的生物膜非同一概念）。当废水流经时，固态悬浮物被填料及根系阻挡截留，有机质则通过“生物膜”的吸附及同化、异化作用得以去除。同时，植物、微生物也可依赖固定下来的养分生长。最后通过更换填料和收割植物将污染物从系统中去除。收获的一些植物本身也具有一定的经济价值。

第二部分
工 程 实 例

第五章　A^2/O 工艺

一、技术原理

A^2/O 或称 A-A-O（Anaerobic-Anoxic-Oxic）工艺，即厌氧—缺氧—好氧工艺，是目前应用较为广泛的一种污水处理工艺，20 世纪 70 年代由美国 Air Products and Chemicals Inc. 公司开发的专利技术，是在缺氧—好氧（An-O）法脱氮工艺和单厌氧—好氧（A/O）法除磷工艺的基础上开发的一种能够同步脱氮除磷的污水处理工艺。

A^2/O 工艺采用三段式反应器，它是传统活性污泥工艺、生物硝化及反硝化工艺及生物除磷工艺的结合，见图（彩）5-1。在厌氧段，回流污泥中的聚磷菌释放磷，并吸收低级脂肪酸等易降解的有机物，同时部分有机物进行氨化；在缺氧段，反硝化细菌利用污水中的有机物作为碳源，将内回流混合液带入的 NO_3^-−N 和 NO_2^-−N 通过反硝化作用转为氮气，从而达到脱氮的目的，并使 BOD 继续下降；而在好氧段主要是去除 BOD、硝化和吸收磷，在充足供氧条件下，有机物进一步氧化分解，氨氮被硝化菌转化为 NO_3^-−N，而在厌氧池中充分释磷的聚磷菌则可以在好氧池中过量吸收磷，形成高磷污泥，通过剩余污泥排出以达到除磷的目的。A^2/O 工艺脱氮的作用，是通过增设混合液内回流，将好氧段硝化作用后产生的硝酸盐回流至缺氧段进行反硝化达到的。A^2/O 工艺在去除有机污染物的同时，能够实现脱氮除磷效果，其在系统上可以说是最简单的同步脱氮除磷工艺，总水力停留时间少于其他同类工艺，且反应流程上厌氧、缺氧、好氧交替运行，不利于丝状菌生长，污泥膨胀较少发生，生物除磷过程运行中无需投药，运行费用低，且污泥中含磷浓度高，具有较高的肥效，是实现污水回用和资源化的有效途径。

二、工艺类型

传统的 A^2/O 工艺难以同时获得高效的脱氮除磷效果，当脱氮效果好时，除磷效果较差，反之亦然。这是因为硝化反应要求较低的有机物负荷和高的回流污泥比，但高的回流比将大量 NO_3^-带回厌氧池，反硝化的进行影响聚磷菌对磷的释放，因为聚磷菌生长要求高有机物负荷，低污泥龄和低的污泥回流比，并在要在低 NO_3^-浓度的厌氧条件下，聚磷菌才能充分释放磷，为在好氧池中过量吸收磷提供条件。为了克服 A^2/O 工艺自身存在的不足，消除脱氮与除磷的相互干扰，提高脱氮除磷效率，出现了许多 A^2/O 工艺的改良和变型工艺，如改进型 A^2/O 工艺、倒置 A^2/O 工艺、UCT 工艺、MUCT 工艺、VIP 工艺、OWASA 工艺等。

（一）改进型 A^2/O 工艺

针对厌氧段的硝酸盐问题，可将回流污泥分两点回流到厌氧池和缺氧池，减少加入到厌氧段的回流污泥量，从而减少进入厌氧段的硝酸盐和溶解氧，以利于聚磷菌在厌氧池中的繁殖和充分释磷，见图（彩）5-2。一般认为厌氧段污泥的回流比达到 10%，即可达到除磷的效果。其余大部分污泥回流至缺氧段，以利于 NO_3^--N 在缺氧池进行反硝化，减少因 NO_3^-的反硝化作用对聚磷菌的抑制。总污泥回流比一般为 60%～100%，实际工艺中可以采用能够自行内回流的环状沟槽式的缺氧、好氧组合池，以避免内回流量大带来的动力能耗大等问题。

（二）倒置 A^2/O 工艺

倒置 A^2/O 工艺，即缺氧/厌氧/好氧的工艺流程，把常规 A^2/O 脱氮除磷系统的厌氧、缺氧环境倒置过来，可得到更好的脱氮除磷效果，见图（彩）5-3。其原因在于：缺氧区位于厌氧区之前，回流污泥中硝酸盐在这里消耗殆尽，厌氧区 ORP 较低，有利于微生物形成更强的吸磷动力，微生物厌氧释磷后直接进入好氧环境更加充分吸磷。可以通过采用较高的污泥回流比，回流比可达 100%～200%，而取消了内循环，使倒置 A^2/O 工艺在流程上更为简捷，且总回流率小于传统的 A^2/O 工艺。同时取消了内循环，所有参与回流的污泥都经历了完整的释磷、吸磷过程，故在除磷方面具有群体效应优势。缺氧池位于厌氧池前，允许反硝化菌优先获得碳源，因而也加强了系统的脱氮能力。另外，还可以采用分点进水形式，即将污水按一定比例分别进入缺氧段和厌氧段，以及利用污泥发酵产生的易降解有机物（VFA）补充到缺氧段的方法，保证生物脱氮和生物除磷所需碳源，以提高脱氮除磷效率。

（三）UCT 工艺

UCT 工艺，是南非开普敦大学（University of Cape Town，简称 UCT）基于 A^2/O 工艺开发的一种脱氮除磷工艺。其与传统的 A^2/O 工艺主要有两点不同，一是沉淀池污泥回流到缺氧池而不是回流到厌氧池，回流污泥带入的 NO_3^--N 在缺氧段被反硝化脱氮，可以防止硝酸盐氮破坏厌氧池的厌氧状态而影响系统的除磷率；二是增加了从缺氧池到厌氧池的混合液内回流，由缺氧池向厌氧池回流的混合液中含有较多的溶解性 BOD，而硝酸盐很少，为厌氧段内的发酵吸收提供了最优的条件，见图（彩）5-4。该工艺对氮和磷的去除率都在 70%以上。

（四）MUCT 工艺

MUCT 是 UCT 工艺的改良，设置两个独立的缺氧区，第一缺氧反应池接纳回流污泥，然后由该反应池将混合液回流至厌氧池；硝化混合液回流到第二个缺氧池，使大部分 NO_3^- 回流至第二缺氧池进行反硝化，见图（彩）5-5。改造后的 UCT 工艺基本，最大限度地消除了向厌氧段回流液中的硝酸盐量对聚磷菌所产生的不利影响，并可增大内回流比，提高脱氮率，保证污泥具有良好的沉淀性能。但由于增加了回流系统，使运行费和工程造价升高。

（五）VIP 工艺

VIP 是弗吉尼亚首创污水厂（Virginia Initiative Plant）的缩写，是由美国弗吉尼亚州 Hampton Roads 公共卫生区与 CHZM HILL 公司开发的专利工艺。VIP 工艺与 A^2/O 和 UCT 法的不同在于回流系统的用法。回流污泥和硝化混合液回流至缺氧区的进口，而缺氧区末端的混合液回流至厌氧区始端，见图（彩）5-6。该工艺反应池采用分格方式，每个区段至少由两个完全混合式反应格（池）串联，能够形成有机物的梯度分布，充分发挥了聚磷菌的作用，提高了厌氧释磷和好氧吸磷的速度。因而比单个体积的完全混合式反应池具有更高的除磷效果。缺氧池的分格使大部分反硝化反应发生在前几格，有助于反硝化完全，缺氧池的最后一格硝酸盐量极少，基本上没有硝酸盐通过缺氧池的回流液进入厌氧池，保证了厌氧池严格的厌氧。

（六）Johannesburg 工艺

本工艺源自南非约翰内斯堡（Johannesburg），其设计思路与 UCT 和 MUCT 工艺相同，主要目的是尽量减少硝酸盐进入厌氧区，以保证生物除磷的效率。其工艺特点是，回流污泥先送入一缺氧区，该区有足够的停留时间去还原混合液中的硝酸盐，然后再送入厌氧区，见图（彩）5-7。在这一缺氧区中，硝酸盐的还原是靠混合液的内源呼吸率驱动的，其停留时间取决于混合液浓度、温度和回流污泥中的硝酸盐浓度。其厌氧区混合液污泥浓度一般较 UCT 工艺高，厌氧区停留时间为 1 h。

三、处理效果

A^2/O 工艺利用厌氧、缺氧、好氧的交替运行，实现了污水在去除有机物的同时达到去除氮、磷的目标，同时厌氧池设在好氧池之前，可起到生物选择器的作用，有利于抑制丝状菌的膨胀，改善活性污泥的沉降性能，使出水稳定，抗冲击复合能力较强，并能减轻好氧池负荷。该工艺对有机物去除率与普通活性污泥法基本相同，对于一般城市生活污水 BOD_5 去除率为 85%～95%，其污泥（MLSS）中 BOD_5 负荷一般为 0.1～0.2 kg/（kg • d），总停留时间（HRT）为 6～12 h，其中厌氧区为 0.5～1.5 h，缺氧区为 0.5～1 h，好氧区为 4～8 h，MLSS 为 3 000～4 000 mg/L，污泥回流比（RAS）为 25%～100%。A^2/O 工艺对于总氮去除率一般为 60%～80%，一般理论认为该工艺的脱氮效果受内回流量的控制，因此在现有 A^2O 工艺设计中往往设计了内回流比为 100%～400%的回流装置以保证脱氮效果。而该工艺磷的去除率 50%～75%，剩余污泥中磷的含量在 2.5%以上，A^2/O 除磷工艺是通过排除富含磷的剩余污泥实现的，因此其除磷效果与排放的剩余污泥量直接相关，较短的污泥龄有利于提高除磷率，A^2/O 工艺的污泥龄（SRT）一般为 5～25 d，见表 5-1。

表 5-1 A²/O 及其变型工艺典型设计参数

工艺	SRT/d	MLSS/(mg/L)	HRT/h			RAS/%	内循环量/%
			厌氧区	缺氧区	好氧区		
A²/O	5～25	3 000～4 000	0.5～1.5	0.5～1	4～8	25～100	100～400
UCT	10～25	3 000～4 000	1～2	2～4	4～12	80～100	200～400（缺氧） 100～300（好氧）
VIP	5～10	2 000～4 000	1～2	1～2	4～6	80～100	100～200（缺氧） 100～300（好氧）

四、适用范围

A²/O 及其变型工艺是目前生物法脱氮除磷的主流系统，其通过厌氧、缺氧、好氧的交替运行，能够在去除有机物的同时，达到同步脱氮除磷的目的，适用于对氮磷排放要求较高的处理系统，目前已广泛应用于国内许多家污水处理厂。其处理规模从小型的家庭一体化处理系统，到服务百万人口的超大型污水处理厂，几乎可以应用到任何规模的污水处理系统。A²/O 工艺具有较强的抗冲击负荷能力，不仅能够处理普通生活污水，也可用于含有较多有机工业废水的城市污水，在纺织、印染、焦化等工业废水的处理中也有应用，而对于 UCT、MUCT 和 VIP 工艺，一般适用于浓度较低的污水。另外，A²/O 工艺所产生的污泥一般含磷可达 2%～3%，具有较高肥效，可使污泥得到资源化利用。

此外，A²/O 工艺还可以用于对传统的活性污泥法的改造。由于长期以来，我国城市污水的处理目标主要以 COD、BOD、SS 为目标，而忽视了对氮、磷的控制。目前，我国许多污水处理厂采用的传统活性污泥法对氮、磷的去除能力不足，已经难以符合新的排放标准的要求。而 A²/O 工艺可以利用原有的传统活性污泥法的反应池，在尽量减少改造工程的情况下，对原有工艺进行改造增加脱氮除磷的功能。

五、工程实例

（一）江门市文昌沙水质净化厂工程

1. 工程背景

江门市文昌沙水质净化厂位于广东省中南部、珠江三角洲西南部、西江下游，北依肇庆、佛山，东与中山、珠海为邻，西与阳江接壤，南临南海，是广东省著名的侨乡。为保护环境，改善城市居民生活环境，改善投资环境，促进江门市经济的进一步发展，市政府特建文昌沙水质净化厂，工程于 2001 年 10 月建成运行，占地面积 8.87 hm²，其中首期工程处理能力为 5 万 m³/d；二期工程为 20 万 m³/d，服务范围包括旧城区、白沙工业区及部分礼乐地区，面积约 20.25 km²，首期工程总投资 2 亿元人民币。

根据进水水质和处理程度的要求，本工程污水处理工艺应除能有效地去除含碳有机物外，还应具有稳定、良好的脱氮除磷效果。传统活性污泥法虽然能有效去除 BOD，但脱氮除磷效果较差，不能满足本工程的要求。A^2/O 工艺技术成熟，脱氮除磷效果较好，出水稳定，产泥量少，经工艺及技术经济比较，本工程采用 A^2/O 工艺，氧化沟池型。该工程设计出水达到《城镇污水处理厂污染物排放标准》（GB 18918—2002）一级 B 标准，其设计进、出水水质见表 5-2。

表 5-2 设计进、出水水质指标

单位：mg/L

项目	COD_{Cr}	BOD_5	SS	TP	TN
设计进水水质	250	150	200	4	30
设计出水水质	60	20	20	1.5	15

2. 工艺流程

该厂采用污水处理工艺流程为 A^2/O 工艺，即厌氧－缺氧－好氧生物脱氮除磷处理流程，该工艺流程的实现主要是通过主体构筑物——氧化沟来完成。在工艺上氧化沟分为三段：厌氧段、缺氧段、好氧段。当生活污水经过粗格栅、细格栅、曝气沉砂池的初步物理处理后，进入氧化沟进行二级生物处理。在厌氧段，回流的活性污泥中的聚磷菌将自带的磷进行释放，使得污水中的磷的浓度升高，污水中的溶解性有机物被生物细胞吸收，使得污水中的 BOD 质量浓度下降，该段的溶解氧质量浓度控制在ρ（DO）≤0.2 mg/L；在缺氧段，反硝化菌利用污水中的有机物碳源将回流混合液带入的大量 NO_3^--N 和 NO_2^--N 还原为 N_2 释放至空气，使得 NO_3^--N 浓度大幅度下降，而磷的含量变化很小，与此同时，反硝化菌的代谢活动使得污水中的 BOD 进一步下降，该段的溶解氧质量浓度控制在ρ（DO）≤0.5 mg/L；在好氧段，污水中的有机物被微生物生化降解，从而 BOD 继续下降，污水中的有机氮被氨化继而硝化，使得 NH_3-N 浓度显著下降，此时，磷随着聚磷菌变本加厉的过量摄取，其浓度以较快的速度下降，而最终以剩余污泥的形式排出系统，该段的溶解氧质量浓度控制在ρ（DO）≤2.0～3.0 mg/L。该工程生物处理池是 A^2/O 池，采用 A^2/O 微孔氧化沟，池深，充氧动力效率比普通曝气高，能降低能耗。鼓风机采用高速单级离心式鼓风机，根据好氧区中的溶解氧浓度的变化自动调节附风机导叶的角度，从而调节供气量，在保证处理效率的前提下，使供气量最少，节省能耗。污泥脱水机采用离心式脱水机，药耗低，减少了药剂的费用。整个污水处理厂采用 PLC 控制管理系统，可设定调节运转中的台数或运行时间，进行在线或现场操作，这不仅可改善厂内部的管理，而且可使整个污水处理系统在最经济的状态下运行，使运行费用最低。整体工艺流程见图 5-8。

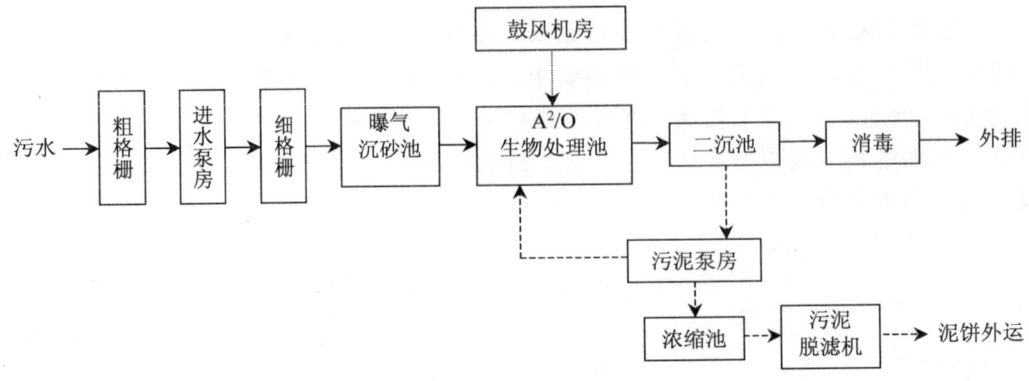

图 5-8 江门市文昌沙水质净化厂工艺流程

本工程污泥回流采用连续回流运行方式，回流污泥分为两个点加入：厌氧段和缺氧段，减少加入到厌氧段的回流污泥量，从而减少进入厌氧段的硝酸盐与溶解氧，根据进水量的大小，总的污泥回流比为 60%～100%，回流到厌氧段的回流污泥比为 10%，即可满足除磷的需要，而其余的回流污泥则回流到缺氧段来保证脱氮的需要，见图（彩）5-9。

3. 主要参数

首期工程主要生产构筑物有：粗格栅、进水泵房、细格栅、曝气沉砂池、生物处理池、鼓风机房、二沉池、污泥泵房、污泥浓缩池、脱水机房等。

（1）粗格栅

本工程粗格栅采用 2 台 MABAREX 进口的悬链式粗格栅，宽 1.3 m，格栅间隙 50 mm，栅条宽度 10 mm，过栅流速 0.78 m/s。

（2）进水泵房

采用美国 AUROMA 泵 4 台，两台大泵（一用一备）和两台小泵，水泵性能为：$Q_{大}$=1 900 m^3/h，$H_{大}$=12～13 m，$N_{大}$= 110 kW；$Q_{大}$= 1 100 m^3/h，$H_{小}$= 12～13 m，$N_{小}$= 50 kW。

（3）细格栅

本工程细格栅间与曝气沉砂池合建，细格栅采用 2 台进口的 DEGREMONT 弧形自动细格栅，格栅宽 1.6 m，旋转半径 2.0 m，栅条间隙 10 mm，栅条宽 10 mm，栅前有效水深 1.25 m，过栅流速 0.6～0.95 m/s；曝气沉砂池分为两格，每格宽 4.0 m（一用一备），水力停留时间 3.46～5.52 min，污水中曝气量为 0.10～0.16 m^3/m^3，气源来自鼓风机房，所需供氧量 5.6～6.9 m^3/min。

（4）生物处理池

生物处理池是本污水处理厂内的主体构筑物，本工程采用 A^2/O 微孔曝气氧化沟池型，混合液内回流采用低扬程螺旋泵来实现。主要设计参数为：

① A^2/O 微孔曝气氧化沟两座，设计流量：单座为 2.5 万 m^3/d，两座合为一组。设计参数：Q=50 000 m^3/d，t =12℃（最低月平均水温），MLSS 中 BOD_5 负荷：0.17 kg/（kg • d）；NH_3–N 负荷：0.045 kg/（kg • d）；NO_3^-–N 负荷：0.065 kg/（kg • d）；SRT：19.6 d；MLSS：2.4 g/L，两座氧化沟间设污水、污泥混合井，并在厌氧区、缺氧区分别设置进水孔口，根

据进水浓度，适时采取多点进水。

② 厌氧区有效容积 1 570 m^3，有效水深 6.1 m，中设一道导流墙，厌氧区设四台水下推进器（N = 2.2 kW），名义水力停留时间 1.5 h。

③ 缺氧区有效容积 2 310 m^3，有效水深 6.05 m，中设一道导流墙，缺氧区设四台水下推进器（N = 2.2 kW 和 N =5.0 kW 各两台），名义水力停留时间 2.2 h。

④ 好氧区有效容积 6 580 m^3，有效水深 6.0 m，采用 Carrousel 氧化沟形式，设三道隔墙，分为四个廊道，每个廊道的起端均设一台水下推进器（N = 10 kW），推动混合液的循环流动，名义水力停留时间 6.3 h。

⑤ 好氧区需氧量 6 425 kg/d，采用国外进口的管膜式微孔曝气器充氧（每个长度 750 mm，每个出气量 6 m^3/h，氧利用率 22%），需供氧量 44 975 kg/d，需供气量 149 917 m^3/d，安装微孔曝气头 1 040 个。曝气气源来自鼓风机房。

⑥ 在好氧区与缺氧区相邻处设一台大流量低扬程潜水螺旋桨泵（Q=1 042 m^3/h，H = 1.0 m，N=13 kW），用于混合液内回流，并设一套可调节堰门，根据缺氧区溶解氧和出水水质适时调节内回流的流量。

（5）鼓风机房

鼓风机房设两台进口高速单级离心鼓风机（HV-TVRBO），一备一用，鼓风机性能为：单机风量：5 670～12 600 m^3/h，入口压力：1.007 bar（1bar=10^5Pa），出口压力：1.699 bar，转速：14 345 r/min，配套电机：315 kW；单机风量：2 970～6600 m^3/h，入口压力：1.007bar，出口压力：1.699 bar，转速：18 260 r/min，配套电机：160 kW。根据好氧区中段和末段的 DO，通过调节鼓风机进出口导流叶片的角度，控制鼓风机的出风量，从而达到控制好氧区 DO 的要求。

（6）二沉池

采用 2 座中心进水、周边出水的辐射流式二次沉淀池。池直径 46 m，设计水力表面负荷：0.785 m^3/（m^2·h），固体表面负荷：135 kg/（m^2·d），池边水深 4.0 m，有效水深 2.4 m，水力停留时间 3 h，贮泥时间 2 h。两座二沉池共用一座结合井（配水、集泥、出水），该井自里向外依次为：配水井、集泥出水井，结合井直径 16 m，高 5.55 m，来自氧化沟的泥水混合液经中心配水井均匀配至二沉池。每座二沉池设一台周边驱动的刮吸泥机，利用虹吸排泥，沉淀污泥由中心排泥管自流入集泥井，沉淀池出水采用环形集水渠，单面堰出水，经排水钢管排入出水井。

（7）污泥泵房

污泥泵房设回流污泥泵、剩余污泥泵及污水泵，均采用潜水排污泵，分别用于回流污泥至氧化沟的厌氧区，提升剩余污泥至浓缩池以及将浓缩池的上清液、脱水车间残液等厂内污水提升至细格栅。污泥最大回流比为 100%，最大回流量为 2 083.3 m^3/h，泵房设三台潜污泵，二大一小（其中一台大泵备用），泵性能为：Q =2 088 m^3/h，H =6.5 m，N= 60 kW；Q =1 044 m^3/h，H =6.5 m，N =27 kW。剩余污泥量 7 800 kg/d，按含水率 99.2%，计为 975 m^3/d，设剩余污泥泵 2 台，性能为：Q = 82.8 m^3/h，H =9.0 m，N = 3.0 kW。厂内污水最大时流量为 47 m^3/h，设污水泵 2 台（一用一备），性能为：Q = 100 m^3/h，H = 7.0 m，N = 2.5 kW。

（8）浓缩池

设 2 座浓缩池，池直径 18 m，实际固通量 30.6 kg/（m^2·d），有效水深 4 m，浓缩时间 12.4 h，浓缩池上设连续转动的浓缩刮泥机：$D = 18$ m，$N = 1.5$ kW，$v = 1.5$ m/min。浓缩池上清液含磷量较高，不宜直接回到污水处理系统，采用投加碱式氯化铝（PAC），经化学沉淀后，上清液排至厂区污水泵房。

（9）脱水机房

脱水机房设 2 台进口 AifalavalNX4500 型离心式脱水机（一备一用），脱水能力 = 22 m^3/h，配电功率 55 kW（实耗 27 kW）；本期需脱水污泥 7 800 kg/d，按含水率 97%，计为 260 m^3/d。配套辅助设备：污泥切割机 2 台，Q =35 m^3/h，N =7.5 kW；偏心螺杆污泥泵 2 台（ALLWEILER），Q = 30 m^3/h，H = 15 m，N = 5.5 kW；絮凝剂制配药系统 1 套（TOMAL）。

4. 处理效果

该厂自 2001 年 10 月试运行至今，运行情况良好，至 2006 年底，实际处理生活污水量 8 120 万 m^3，处理出水达标率在 98%以上。表 5-3、表 5-4 分别为 2006 年 7 月、2007 年 2 月该厂的污水处理运行结果。从实际运行可以看出，该厂 COD_{Cr} 的去除效果较好，出水甚至可以达到一级 A 排放标准，从季节上来看，由于冬天（进水水量少）的进水浓度比夏天（进水水量大）的进水浓度要高，所以，夏天 COD_{Cr} 的去除效果优于冬天的去除效果，而对于 BOD_5、TN 的处理效果，则明显为夏天的处理效果好于冬天的处理效果；从上两表的数据反映，冬、夏两季对于 NH_3-N、TP 的去除率相差不大，出水指标均达到一级 B 排放标准。

经过几年的实际运行表明，该工程的 A^2/O 工艺对生活污水中的污染物有很高的去除率，系统的抗冲击负荷能力较强，即在进水浓度波动较大的情况下，对污水的处理效果稳定，同时具有明显的脱氮除磷的效果。实践表明，江门市文昌沙水质净化厂采用 A^2/O 工艺处理城市污水取得了满意的效果，其稳定的出水水质大大地改善了江门市蓬江河的水环境，同时也为 A^2/O 工艺污水处理工程的设计、运行管理积累了宝贵的经验。

表 5-3　2006 年 7 月污水处理厂运行结果　　单位：mg/L

序号	COD_{Cr}		BOD_5		SS		TP		NH_3-N		TN	
	进水	出水	进水	出水	进水	出水	进水	出水	进水	出水	进水	出水
1	88	14	31.1	2.9	47	4	2.32	0.13	17.4	0.2	21.2	0.13
2	101	9	35	3.2	53	14	2.39	0.42	20.6	0.22	24.4	0.42
3	123	19	35.7	18	75	3	2.63	0.17	18.7	0.24	29.3	0.17
4	232	9	37.3	1.3	66	4	3.52	0.64	26.1	0.18	30.3	0.64
5	172	7	46.4	1.4	78	1	3.21	0.81	25.2	0.22	32	0.81
6	195	11	68.2	18	39	3	4.39	0.88	25.9	0.28	29.5	0.88
7	143	10	71.3	3.2	59	3	2.89	0.12	20.2	0.21	26.8	0.12
8	145	17	50.3	4.0	60	9	2.66	1.01	15.5	0.32	20.1	1.01
9	106	11	48	1.4	88	5	2.24	0.8	14.9	0.22	18.8	0.8
10	167	14.4	43	2.1	101	7	2.58	0.64	17.5	0.34	17.5	9.85
11	63	14	38	1.5	56	6	1.45	0.25	6.55	0.46	11.6	0.25
12	36	15	17.2	1.1	40	4	1.98	0.67	8.53	0.12	11.5	0.67

表 5-4　2007 年 2 月污水处理厂运行结果　　单位：mg/L

序号	COD_{Cr}		BOD_5		SS		TP		NH_3-N		TN	
	进水	出水	进水	出水	进水	出水	进水	出水	进水	出水	进水	出水
1	244	12	149	9.13	99	10	4.45	1.17	34.3	0.94	37.9	17.3
2	422	33	138	10.9	99	16	4.15	1.2	31.4	0.94	37	16.4
3	264	41.2	167	12.6	98	9	4.53	0.8	32.7	2.16	38.2	15.2
4	296	45.2	144	8.3	93	5	4.81	0.79	33.7	1.95	41.5	15.2
5	338	5	176	9.5	107	10	4.36	0.74	32.7	1.06	38.3	14.9
6	363	14	138	10.8	122	9	4.8	0.67	33.8	1.95	39.6	16.7
7	383	28	140	10.2	108	9	4.23	0.78	33.6	0.95	39.3	14.8
8	285	30	152	9.4	99	8	4.9	0.68	33.7	1.85	30.5	7.94
9	374	28	148	1.8	138	8	5.09	0.63	33.2	1.17	38.1	13.2
10	501	49	156	18.0	160	6	8.2	1.16	34.2	0.69	39.2	13.6
11	609	20	174	18.5	126	12	4.41	1.28	31.9	0.94	33.7	13.4
12	468	20	139	11.2	140	12	4.02	0.54	34.4	1.24	38.9	15.1

（二）保定市鲁岗污水处理厂

1. 工程背景

为保护华北明珠——白洋淀，保定市于 1996 年 9 月建成并投入运行了鲁岗污水处理厂，其设计处理能力为 8 万 m^3/d（最大可处理 10 万 m^3/d），主要接受保定市西干道和北干道两个系统的城市污水，服务面积 2 800 hm^2，服务人口 24 万，采用 A^2/O 生物除磷脱氮工艺，处理净化后的出水近期用于农灌和补给护城河，改善城市景观，最终进入白洋淀，远期目标为工业回用。

2. 工艺流程

鲁岗污水处理厂采用 A^2/O 工艺，污水进入处理系统后先经过以及处理去除颗粒悬浮物、杂质和部分有机污染物后，由一沉池进出二级生物处理系统。污水进入 A^2/O 生物除磷脱氮处理系统，分别经厌氧、缺氧、好氧历程后，进入沉淀分离系统，二沉池出水达标后排放，剩余污泥进入污泥处理系统。鲁岗污水处理厂主体工艺流程如图 5-10 所示。

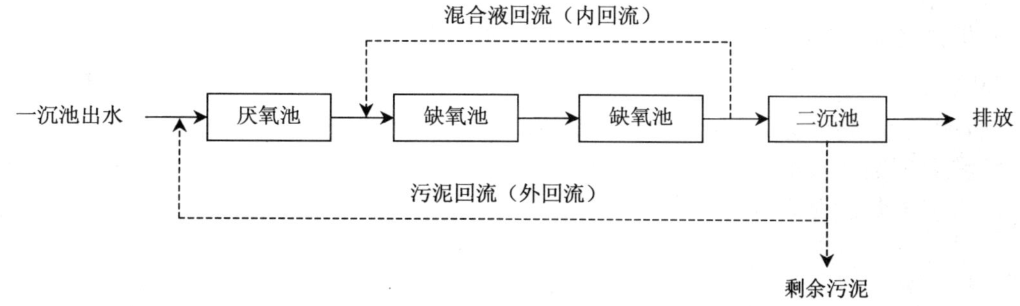

图 5-10　鲁岗污水处理厂 A^2/O 工艺流程

3. 主要参数

鲁岗污水处理厂 A^2/O 工艺处理系统，主要设计工艺参数为：

设计流量为连续最大 8.5 h 流量，即流量 Q =3 833 m^3/h；

污泥龄：SRT = 16.7 d；

污泥（MLSS）的 BOD_5 负荷：F/M = 0.15 kg/（kg • d）；

污泥质量浓度：ρ（MLSS）= 3 500 mg/L；

溶解氧：厌氧段 0.3～0.5 mg/L；缺氧段 0.7 mg/L；好氧段 2.0 mg/L 以上；

停留时间：厌氧段 1.1 h；缺氧段 2.2 h；好氧段 5.2 h；

污泥产率：C= 0.14 kg/kg；

污泥指数：SVI = 80～100 mL/g；

污泥回流比：R = 50%～100%；

混合液回流比：r = 200%；

池数：n =2，每池有效体积为 15 600 m^3；

检测仪表分布情况：厌氧段，2 台氧化还原电位仪；缺氧段，2 台溶解氧仪；好氧段，2 台悬浮物浓度仪，2 台溶解氧仪。

鲁岗污水处理厂自 1996 年 9 月运行以来，在进水量和 BOD_5 均未达到设计值（8 万 m^3/d 和 160 mg/L），且进水量波动较大（1 100～3 400 m^3/h）的情况下，处理效果较好，但除磷效果不稳定，对此以除磷为主，对构筑物及工艺运行进行了一系列的调整，如：

① 一沉池单池运行，破坏其沉淀效果，提高一沉池出水 BOD_5；

② 一沉池偏池运行，让一池进水停留时间长些，使其污泥产生初步发酵；

③ 在保证一沉池排泥管道不堵的情况下，延长排泥间隔时间，使污泥发酵；

④ 关闭部分缺氧段曝气阀，增加厌氧段容积，提高污水在厌氧段的停留时间；

⑤ 在保证出水 NH_3–N 达标的情况下，交替减小部分好氧池气量，使之变成缺氧池，进行反硝化，即采用准 Phoredox 工艺运行；

⑥ 曝气池单池运行，MLSS 保持两池运行时数值，使 F/M 提高一倍；

⑦ 曝气池偏池运行，观察停留时间对磷释放吸收的影响；

⑧ 为增大剩余污泥的排放量，新增了一套排泥管。

除了以上调整外，该厂还加强了对一沉池出水水质及曝气池厌氧段、缺氧段、好氧段的 BOD_5、TN、TP、NH_3^-–N 的化验，见表 5-5，尤其是对厌氧段、好氧段的 TP 的化验，分析是否存在磷的释放和吸收，同时通过厌氧段的 ORP（氧化还原电位）值的变化及 NO_3^-–N 的浓度来调整外回流比，使厌氧池处于厌氧环境，但在进水 BOD_5 的质量浓度ρ(BOD_5)≤90 mg/L 时，无论怎样调整工艺都很难使出水连续稳定地低于 1.0 mg/L。生物除磷工艺运行较稳定的 1999 年 1 月（双曝气池运行）和 1999 年 4 月（单曝气池运行）的工艺参数见表 5-6。

表 5-5 一沉池出水水质

项目	1999 年 1 月（双池运行）	1999 年 4 月（单池运行）
BOD_5/（mg/L）	88.6	94
TN/（mg/L）	28.9	26.3
TP/（mg/L）	4.9	3.7
BOD_5/TN	3.1	3.5
BOD_5/TP	18.0	25.0

表 5-6 曝气池主要运行参数

项目		1999 年 1 月（双池运行）	1999 年 4 月（单池运行）
流量/（m^3/h）		2 795（平均值）1 258～3 410	2 410（平均值）1 196～3 390
pH		7.9（平均值）7.2～8.9	7.9（平均值）7.7～8.3
温度/℃		14.5（平均值）13.6～16.1	17.8（平均值）16.7～19.1
MLSS/（mg/L）		2 549～4 946	2 200～3 200
F/M/[kg/（kg·d）]		0.06～0.08	0.12～0.18
SV/%		22～37	26～35
SVI/（mL/g）		64～98	110～127
污泥龄/d		6.4～12.3	5.5～11.7
内回流/%		200	200
外回流/%		30～45	46～52
总停留时间/h		11	5
氧化还原电位/mV		–290～–455	–280～–491
溶解氧/（mg/L）	厌氧		
	缺氧	0.3～0.8	0～0.5
	好氧	1.2～3.3	1.4～2.6

4. 处理效果

鲁岗污水处理厂除磷脱氮工艺自 1996 年 9 月运行以来，工艺运行较为稳定。在进水量和 BOD_5 均未达到设计值（8 万 m^3/d 和 160 mg/L），且进水量波动较大（1 100～3 400 m^3/h）的情况下，处理效果较好，主要水质指标 SS、COD_{Cr}、BOD_5 及 NH_3-N 均达到 GB 8978—1996 中的一级标准。但除磷效果不稳定，出水总磷在 0.17～2.00 mg/L 之间变化。生物除磷工艺运行较稳定的 1999 年 1 月（双曝气池运行）和 1999 年 4 月（单曝气池运行）的处理效果见表 5-7。

表 5-7 主要水质指标去除情况

项目		1999 年 1 月（双池运行）	1999 年 4 月（单池运行）
BOD_5/（mg/L）	进水	143.7	138.6
	出水	13.7	18.1
	去除率/%	90.5	86.9
COD/（mg/L）	进水	347	363.6
	出水	35.1	47.3
	去除率/%	89.9	87
SS/（mg/L）	进水	226.6	159.2
	出水	13.8	16.2
	去除率/%	93.9	89.8
TP/（mg/L）	进水	4.9	4.57
	出水	0.68	0.96
	去除率/%	86.1	79
TN/（mg/L）	进水	28.6	30.5
	出水	23.8	24
	去除率/%	16.8	21.3

对除磷状况的分析及讨论：该厂运行以来，针对生物除磷做了大量的工作，且始终作为重点工作来开展，以上所举的数据是工艺运行中较好的情况，通过对此进行分析，总结工艺调整的经验及工艺参数控制范围，具有一定的指导作用。

① 由于进水量波动较大，破坏厌氧、好氧段的磷释放和吸收条件，致使出水总磷变化较大，出水总磷常在 0.2～1.0 mg/L；有时大于 1.0 mg/L；

② 当进水 BOD_5 偏低时，即 BOD_5/TN 小于 5 时，反硝化减弱，此时工艺以除磷为主，脱氮为次，F/M 虽然较低，但通过调整回流比及污泥龄也能达到满意的除磷效果；

③ 实践表明，当水量超过 6.0 万 m^3/d，可双曝气池运行；当低于 6.0 万 m^3/d 时，可单曝气池运行，保持双池运行的 MLSS 浓度，提高污泥负荷，即能达到除磷效果，又能降低能耗；

④ 要想得到良好的除磷效果，污泥龄应低于 12 d（比设计值低），否则除磷效果不稳定；

⑤ 在保证二沉池污泥不发生上浮的情况下，尽量降低污泥回流比，实践表明除磷效果好时，回流比应在 50%以下；

⑥ 通过对厌氧池、好氧池进行监测，当明显存在磷的释放和吸收时，厌氧池的硝酸盐在 0.5 mg/L 以下；

⑦ 出水氨氮下降时，TP 值上升，脱氮与除磷之间存在矛盾，运行中应兼顾两个指标，即努力控制硝化和反硝化以降低回流污泥中 NO_3^--N 对生物除磷的影响；

⑧ 在实际工艺运行中，当磷释放量大时，氧化还原电位值突然下降，好氧池磷的吸收就好，在日常工作中可通过氧化还原电位值的变化来初步判断运行状况。

此外，生物除磷脱氧工艺实际运行管理中，也总结出了对设计的要求，如：在设有初次沉淀池的 A^2/O 工艺中，应考虑超越初沉淀的工艺措施；为提高系统的反硝化能力，可考虑增加初沉出水直接进入缺氧池的工艺措施；厌氧、缺氧、好氧三段容积考虑可调，好氧段与缺氧段相连接的前段应设搅拌器，以防将其改为缺氧段停止曝气时污泥产生沉降。

（三）重庆市武隆县羊角镇污水处理厂

1. 工程背景

三峡库区水环境质量是三峡工程水利枢纽建设和安全运行的重要保证。随着三峡库区的建成，水流流速变缓，水体自净能力下降，但由于三峡移民迁建和城市化水平的不断提高，污染负荷却不断增加。国家从三峡库区的长远发展考虑，对库区水体水质提出了较高的要求。随着三峡工程一期蓄水的完成，对库区小城镇污水的处理已迫在眉睫、刻不容缓。原国家计委和国家环保总局要求加快对库区治污工程的建设进度，规定库区的迁移安置区、县和重要小城镇必须在库区形成前对所排放的污水进行二级处理。

由于库区小城镇污水具有水量较小，来水不均匀的特点。如仍按常规城市污水处理厂的设计来进行，必然会造成人力、物力、财力上的浪费，乃至整个项目的不可行。为此原国家计委国资评审中心颁布了《三峡库区小城镇污水处理厂标准化设计纲要》。该纲要针对三峡库区的实际情况并结合三峡工程的需要对污水处理的工艺流程、实行的排放标准、主要生化处理构造物的工艺参数进行了明确的规定。对该地区的污水处理厂的设计具有极大的指导意义。

武隆县羊角镇污水处理厂，位于武隆县羊角镇隶属重庆市，紧临乌江，现有人口约 0.67 万人，城镇人均住宅面积目前 15 m^2，城区面积约 1.5 km^2，目前羊角镇的豆腐干、老醋等食品工业比较发达。污水处理厂设计规模按近期水量确定为 5 000 m^3/d。由于羊角地处山区，用地较紧张，且根据该地区的经济情况要求污水处理厂建成后运行费用要尽量降低，因此选用能耗较小且占地较少的 A^2/O 脱氮除磷工艺。

2. 工艺流程

原污水由厂外进入厂区的粗格栅井，经粗格栅进入调节池，再经调节池中的潜污泵提升至细格栅井。经漩流沉砂池进入 A^2/O 反应池（厌氧池、缺氧池及好氧池）。厌氧池的主要作用是强化生物对磷的去除。生物除磷是通过聚磷菌在不同的环境条件下，由于细胞内部发生的物质能量转换，导致聚磷菌细胞内部含磷量发生差异而产生。由于聚磷菌在好氧条件下，对磷的过量吸收，并随剩余污泥排出系统，从而实现污水的生物除磷。缺氧池的主要作用是脱氮，硝态氮是通过内循环由好氧池送来的，在缺氧池内通过反硝化作用转变为 N_2 释放。混合液从缺氧反应器进入好氧池，即曝气池，这一反应器单元是多功能的，去除 BOD、硝化和吸收磷都在本反应器内进行。这三项反应都是重要的，混合液中含有 NO_3^--N，污泥中含有过剩的磷，而废水中的 BOD（或 COD）则得到去除。部分混合液从好氧池末端回流到缺氧反应器，其余部分进入沉淀池，进行泥水分离，经沉淀池后出水达标排放。沉淀池排出的污泥进入污泥泵池，部分经污泥回流泵回流至厌氧池及缺氧池，其余含磷污泥作为剩余污泥排放达到除磷的目的。其整体工艺流程见图 5-11。

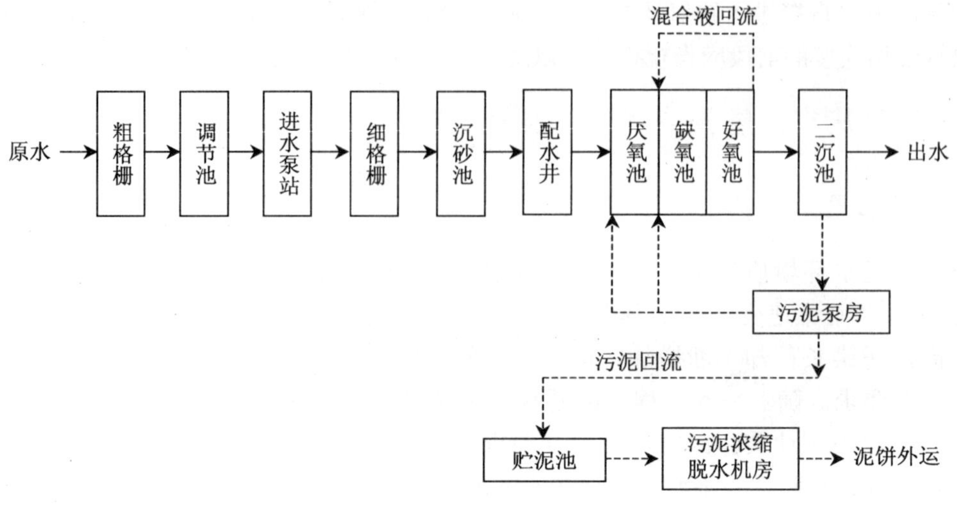

图 5-11 A^2/O 工艺流程

3. 主要参数

原国家计委国资评审中心颁布的《三峡库区小城镇污水处理厂标准化设计纲要》，对三峡库区污水处理的工艺流程、实行的排放标准、主要生化处理构造物的工艺参数进行了明确的规定。纲要要求排放标准执行《污水综合排放标准》（GB 8978—1996）国家一级排放标准，其主要参数见表 5-8。

表 5-8 国家一级排放标准主要参数 单位：mg/L

项目	COD_{Cr}	BOD_5	SS	NH_3-N	磷酸盐（以 P 计）
参数值	60	20	20	15	0.5

纲要对构筑物设计参数的规定如下：

（1）预处理部分

① 宜设置调节池（加水下搅拌器、清淤及排空措施），分为两格，停留时间建议采用 6 h。

② 进水泵房宜采用潜水泵，2 用 1 备。进水格栅应与管网内格栅一并考虑，粗格栅间隙为 20 mm，细格栅间隙为 5 mm。

③ 沉砂池宜采用漩流沉砂池，气提排砂，设砂水分离器。

（2）生化处理部分

① 处理工艺：原则选用氧化沟工艺和 A^2/O 工艺，为达到除磷要求，氧化沟工艺需设厌氧池。

② 污水处理厂宜分为两个系列，生化池进水宜设置进水分配井。

③ 产泥量，去除 1kg BOD_5 产生 0.9～1.1 kg 污泥（DS）。

④ 回流污泥入口与进水口尽量设置在一起。

⑤ 回流污泥流量 50%～100%，实现可调节。A^2/O 工艺中污泥内回流比 100%～200%。

建议回流污泥可部分回流至缺氧池。

⑥ 厌氧池停留时间 1 h，池内需设置搅拌器。

⑦ 好氧污泥龄为 13 d，MLSS 质量浓度为 3 g/L，供氧量（O_2/BOD_5）AOR=1.7 kg/kg，采用表面曝气装置。

⑧ 二沉池采用圆形池（带刮泥机），表面负荷 0.6 m^3/（m^2・h）（平均流量），尽量降低水力表面负荷值。并设置刮除浮渣装置。

（3）污泥处理部分

① 剩余污泥脱水采用一班工作制，要考虑剩余污泥部分暂存在沉淀池内的影响。设置贮泥池（如采用板框压滤机时应有污泥调质功能）。

② 脱水机宜采用板框压滤机或带式脱水机（浓缩压滤一体机）。

③ 需设污泥堆置棚。

（4）其他

① 预留出水消毒设施空间。

② 污水厂应设置合适的计量装置。

③ 总平面布置中，应尽量将主体构筑物的生化池、沉淀池、污泥回流泵池集成，减少占地，降低投资。采用氧化沟时对池型设计要尽量优化水力条件。

武隆县羊角镇污水处理厂选用 A^2/O 脱氮除磷工艺，其各主要构筑物的设计参数如下：

（1）进水粗格栅井

在污水进入处设置粗格栅井，粗格栅间隙为 20 mm，以去除体积较大的悬浮物。旋转式格栅除污机宽度 700 mm。

（2）调节池

调节池停留时间 6 h，用以调节来水的水量和水质的不均匀。调节池有效容积 1 250 m^3（分两格）。内设搅拌机 2 台，单台功率 2.2 kW；提升潜污泵 3 台，2 用 1 备，单台功率 7.5 kW。

（3）细格栅井

设细格栅井一座，由两条渠道构成。其中 1 条安装细格栅，1 条作为超越渠。设旋转式格栅机 1 台，栅宽 500 mm，格栅间隙 5 mm。

（4）漩流沉砂池

直径 1.83 m 漩流沉砂池 2 座，均为成套定型产品。

（5）厌氧池

该工程厌氧池水力停留时间为 1 h，为使进入厌氧池的污水与回流的污泥混合均匀，在厌氧池中设潜水搅拌机 2 台，单台功率 1.5 kW。设厌氧池 1 座（分 2 格），有效容积 210 m^3。

（6）缺氧池

内循环的混合液回流量为 200%，在缺氧池中设潜水搅拌机 2 台，单台功率 1.5 kW。设缺氧池 1 座（分 2 格），有效容积 625 m^3。缺氧池水力停留时间 3 h。

（7）好氧池

该工程采用复叶推流式液下曝气机 4 台（单台功率 11 kW），该机是复叶推流式节能曝气机的又一机型，其电机和充氧部分均在液下，且缩短了传动轴，提高了电机效率，降低了噪声。运行时，电机带动复叶轮将空气吸入紊流室，通过与水强烈剪切混合，使氧分子从气相迅速充分地扩散到液相中去，实现了最佳气水合成，提高了充氧效率。好氧池及缺氧池的总容积按下列参数计算确定：

泥龄：SRT= 13d；

水力停留时间：HRT= 13.5h；

污泥（MLSS）BOD_5负荷：F/M= 0.07 kg/kg；

温度：T = 15℃；

悬浮固体质量浓度：ρ（MLSS）= 3 000 mg/L；

产泥率（DS/BOD_5）：1.0 kg/kg；

污泥回流比：R_{msx} = 100%；

经计算确定，好氧池的有效容积 2 190 m^3。同时在好氧池设内回流潜污泵 4 台，2 用 2 备，单台功率 15 kW。

（8）二沉池

钢筋混凝土圆形沉淀池 2 座，为中间进水，周边出水的辐式沉淀池。池深 3.0 m，直径 15 m，表面负荷 0.6 m^3/（m^2 • h）。每池设一周边传动刮泥机，功率 1.1 kW。

（9）回流及剩余污泥泵房

泵房为半地下式钢筋混凝结构，平面尺寸：$L\times B\times H$ = 6.0 m×2.5 m×3.0 m。内设回流污泥潜污泵 3 台（2 用 1 备），单台功率 7.5 kW，回流比 100%；设剩余污泥提升潜污泵 2 台（1 用 1 备），单台功率 0.75 kW。

（10）贮泥池

半地下式钢筋混凝圆形水池 1 座，直径 6.0 m，有效水深 3.0 m。

（11）污泥浓缩及脱水机房

为地面式砖混结构，平面尺寸 $L\times B$ = 10 m×6 m。内设浓缩机 1 台，功率 1.5 kW；污泥脱水机 1 台，带宽 0.5 m，功率 1.1 kW；螺旋输送机 1 台，功率 1.5 kW；加药装置 1 套，功率 1.5 kW；加药泵 1 台，功率 2.0 kW；空压机 1 台，功率 3.0 kW。

4. 处理效果

武隆县羊角镇污水处理厂出水水质要求达到《三峡库区小城镇污水处理厂标准化设计纲要》的要求，即三峡库区小城镇污水处理厂污水排放执行《污水综合排放标准》（GB 8978—1996）一级标准，其设计进、出水水质情况见表 5-9。

表 5-9　武隆县羊角镇污水处理厂设计进、出水水质

项　目	进水	出水	去除率/%
BOD_5/（mg/L）	250	20	92.0
COD_{Cr}/（mg/L）	350	60	82.9
SS/（mg/L）	220	20	90.9
NH_3-N/（mg/L）	25	15	40.0

《污水综合排放标准》（GB 8978—1996）一级标准要求出水磷酸盐不大于 0.5 mg/L，根据污泥进水水质，磷为 3 mg/L，仅靠二级生物污水处理的除磷工艺还不能满足这个要

求。必须采用生物除磷和化学除磷相结合的方法才能达到出水磷酸盐不大于 0.5 mg/L 的要求。即在二沉池前投加化学药剂，在二沉池中形成不溶性磷酸盐沉淀物，随剩余污泥排出，达到除磷的目的，这是目前使用较多，效果显著的除磷工艺。但考虑到目前三峡库区小城镇的经济状况，并结合《三峡库区小城镇污水处理厂标准化设计纲要》，暂未考虑化学除磷及消毒设施，仅考虑预留将来实施的工艺。

（四）江苏省江阴市经济开发区污水处理厂

1. 工程背景

江苏省江阴市经济开发区污水处理厂，近期处理能力为 1×10^4 m^3/d，远期处理能力为 10×10^4 m^3/d。一期工程主要接纳江阴经济开发区西区内的工业废水，水量约为 5 950 m^3/d，另有生活污水约 2 000 m^3/d，共 7 950 m^3/d，采用完全混合-循环式推流环型 A^2/O 工艺。其设计进、出水水质指标如表 5-10 所示，其中进水是各企业预处理出水，满足《污水综合排放标准》（GB 8978—1996）中的三级标准，设计出水水质需满足 GB 8978—1996 一级排放标准。

表 5-10　江阴市经济开发区污水处理厂设计进、出水水质指标

项目	COD/（mg/L）	BOD_5/（mg/L）	pH	色度/倍	SS/（mg/L）	NH_4^+-N/（mg/L）	磷酸盐（以 P 计）/（mg/L）
进水	500	150	6～9	80	150	35	2
出水	100	20	6～9	15	20	15	0.5

2. 工艺流程

结合开发区水质水量特点，工程采用以完全混合-循环式推流环型 A^2/O 工艺为主体的工艺流程。污水经格栅、调节池、混凝沉淀池预处理系统后，顺序流经厌氧池、缺氧池、好氧池、二沉池，在缺氧池中进行反硝化，在好氧池中除碳并进行硝化反应。由于开发区污水水质的不确定性，当进水 SS 较低时污水可超越混凝沉淀池直接进入生化处理系统，这样可降低运行成本，同时可减少污泥的产生量。考虑到系统运行安全性与稳定性，拟配置粉末活性炭投加系统作为备用措施，当进水水质较复杂、可生化性较差或进水水质不稳定或不正常时与 PACT 工艺相结合以确保污水处理达标排放。其整体的工艺流程见图 5-12。

A^2/O 主体工艺采用三环嵌套型式，池体平面布置如图 5-13 所示。污水由内环进入，依次流经中环和外环，在流程及运行参数的控制上与传统的脱氮除磷 A^2/O 工艺相同，在水流流态上与氧化沟工艺类似，但是与两种工艺又有所区别。厌氧段为完全混合段，进水迅速均化；缺氧段和好氧段为循环式推流段，进水被循环水体稀释；出水排放至二沉池。

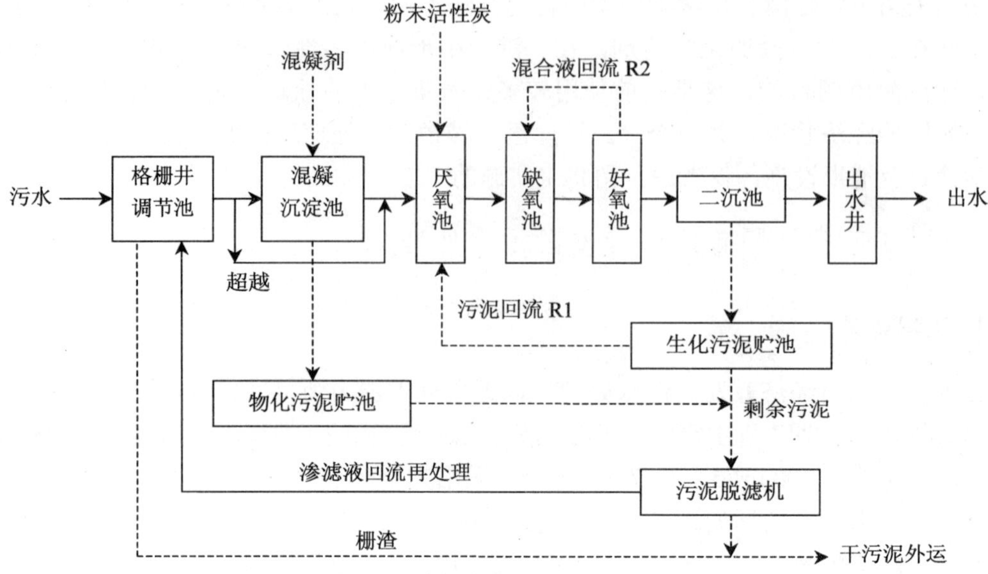

图 5-12 江阴市经济开发区污水处理厂工艺流程

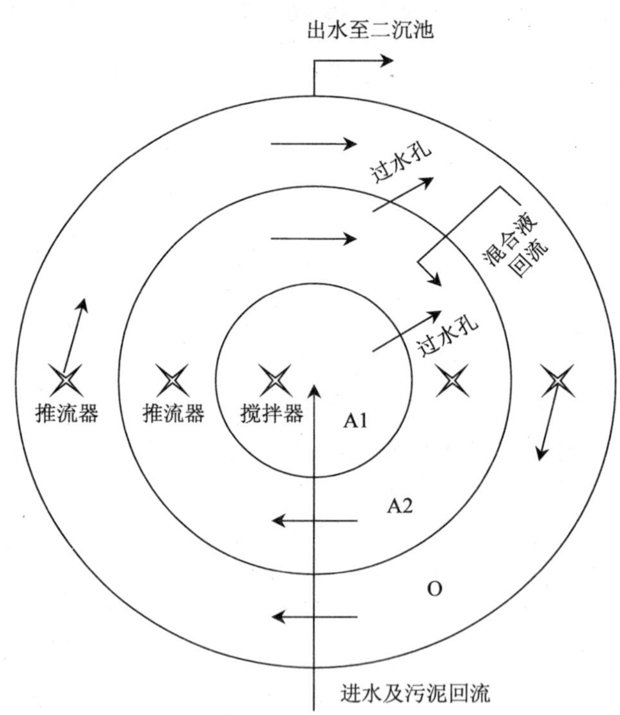

图 5-13 环型 A^2/O 工艺池体平面示意图

3. 主要参数

江阴市经济开发区污水处理厂主要构筑物及设备参数如下：

（1）预处理系统

预处理系统由格栅/调节池、混凝系统组成。

调节池有效容积约 3 300 m^3，有效水深为 5.5 m，表面积约为 600 m^2，水力停留时间为 8 h。

混凝采用管道混合器水力混合方式，设隔板反应池，反应时间为 30 min，反应池有效容积为 200 m^3，有效水深为 4.00 m，则池体总表面积约 50 m^2；采用平流式沉淀池，表面负荷为 1.20 m^3/（m^2•h），有效沉淀时间为 2 h。采用两组合建方式，每组池体总长为 44.60 m，宽为 7.0 m，总高为 4.30 m。采用机械刮泥、重力排泥。

（2）生化反应池

生化反应池采用完全混合-循环式推流环型 A^2/O 工艺，容积 BOD_5 负荷为 0.20 kg/（m^3•d），水力停留时间约 24 h。

生化池有效容积约 1×10^4 m^3，取有效水深为 5.00 m，超高为 0.50 m，则池总高为 5.50 m，池体总表面积约 2 000 m^2；池分两组并联运行，按功能分区，容积比例按厌氧段∶缺氧段∶好氧段=1∶2∶4 布置。

好氧池内布设微孔曝气管，需空气量约为 60 m^3/min；在缺、好氧池内辅以大叶轮低速液下推进器推流搅拌。

混合液回流采用单台功率为 2.5 kW、流量为 200～500 m^3/h、扬程为 5～10 kPa 的穿墙泵 4 套（每组 2 套）；配备粉末活性炭投加系统 1 套，采用湿式投加方式，投加点位于厌氧段进水口处。

（3）二沉池及出水井

二沉池采用圆形辐流式沉淀池，中心进水、周边出水，表面负荷为 0.80 m^3/（m^2•h），有效沉淀时间约 2.5 h，直径为 20 m，总高度约 3.50 m，两组并联运行，每组沉淀池配备 1 台周边传动桥式刮泥机。

（4）生化、物化污泥贮池

生化污泥贮池用于安装污泥泵，将生化污泥输送至生化处理系统，使生化池维持有足够的微生物浓度；同时兼作污泥处置系统中的调蓄池，将剩余污泥输送至污泥脱水机房处理，两套生化处理系统共用 1 座污泥贮池，其有效容积为 100 m^3，有效水深为 2.50 m，按剩余污泥有效贮泥时间大于 4 h 设计；池底布设穿孔曝气管线用以搅拌，避免悬浮污泥于池底淤积并维持污泥处于好氧状态，风源取自鼓风机房，需空气量约 1.00 m^3/min。

物化污泥贮池用于污泥处置，同时设置混凝剂投加系统，其有效容积为 50 m^3，其他设计参数与生化污泥贮池相同。

4. 处理效果

该污水处理厂一期工程施工完毕后，进入调试阶段。调试期间，开发区内部分工厂废水尚未接入管网，因此进水水量仅为 300 m^3/d 左右，远低于设计水量，针对此情况，采用污泥接种的方式进行初期培养，由同类污水处理厂提供 50～80 t 干污泥。调试中运行方式为生化池间歇进水和间歇曝气，观察生物相、pH 值、COD、氨氮等分析项目及曝气池溶解氧、污泥沉降等指标，并及时进行调节。

调试期间进水水质和设计水质有较大差别，主要表现在进水有机物及氨氮浓度偏低，因此污泥培养周期较长，工艺运行稳定后，出水满足《污水综合排放标准》（GB 8978—1996）一级排放标准。调试期间进、出水水质情况见表 5-11。

表 5-11 调试期间进、出水水质指标

项目	COD/（mg/L）	pH	SS/（mg/L）	NH_4^+-N/（mg/L）	磷酸盐/（mg/L）
进水	150	6～9	80	15	3
出水	40	6～9	20	6	0.5

目前该污水处理厂运行正常后，进水水质会逐渐达到或接近设计水质，在污泥培养成熟及水质、水量稳定的情况下，对有机物、氮及磷有较好的去除效果，出水水质均能达到规定的排放标准。

（五）上海奉贤南桥污水处理厂改造工程

1．工程背景

上海市奉贤区南桥污水处理厂于 1990 年建成并投入运行，是由政府财政投资建设的事业单位，位于奉贤区南桥镇解放东路 54 号，主要担负南桥、江海两镇生活污水和工业废水的收集处理，服务人口约 7 万人，其中，生活污水占总污水量的 90%左右，工业废水为 10%。南桥污水处理厂厂区面积为 2.3 hm^2，外设提升泵站 5 座，厂外排水收集系统实行雨污分流制，厂内处理系统有 2 组，每组规模为 5 000 m^3/d，总规模 1 万 m^3/d，总投资 2 500 万元[15]。

南桥污水处理厂原先采用传统活性污泥法工艺，对 COD、BOD 和 SS 等常规指标均有良好的去除效果，但是不具备除磷脱氮功能。按照《城镇污水处理厂污染物排放标准》（GB 18918—2002）关于“2003 年前建设的污水处理厂必须于 2006 年 1 月 1 日起执行新标准”的有关规定，奉贤区排水运行管理中心于 2005 年 3 月着手对南桥污水处理厂进行工艺改造。由于原厂构筑物布置紧凑，占地面积较少，为了增加脱氮除磷功能，改造要求在不增设构筑物的前提下，将原传统活性污泥法改造为倒置投料 A^2/O 工艺，工程于 2005 年 10 月建成并正式投入运行，经过 3 个月的试运行，出水水质稳定，达标排放。其设计进、出水水质见表 5-12。

表 5-12 工艺改造设计进、出水水质 单位：mg/L

项目	BOD_5	COD_{Cr}	SS	NH_3-N	TP
设计进水	229	562	280	46.2	9.2
设计出水	30	100	30	15（25）	3

2．工艺流程

上海市奉贤区南桥污水处理厂原二级处理工艺采用传统活性污泥法。一级处理由沉砂池和平流式沉淀池组成，二级处理由曝气池和二次沉淀池组成，采用空气曝气活性污泥法。污泥处理采用中温厌氧消化工艺，初沉污泥和剩余污泥经重力浓缩送入消化池，经消化的污泥脱水后形成泥饼外运。

其原工艺流程是，镇区的居民及公共场所产生的污水经污水管道输送至南桥污水处理厂内。格栅是污水进厂处理的第一站，它将污水中的大块污物进行拦截，起到保护水泵的作用。污水经提升泵站的污水泵提升至沉砂池，经过沉砂池后，比重较大的无机颗粒如砂子、煤渣、果核等就能从污水里分离出来，而污水流向初沉池。污水在初沉池中去除油脂和漂浮物以及污水中可沉降的颗粒后，进入二级处理的核心——曝气池。曝气池采用传统活性污泥工艺，曝气方式为鼓风曝气。经生化处理后的泥、水混合液在二沉池进行分离，经二沉池泥水分离后的出水进入接触池进行消毒，最终达标后排入浦南运河内。二沉池沉淀污泥经重力浓缩后，部分回流曝气池，剩余污泥进入污泥处理系统，污泥经浓缩、消化、脱水后形成泥饼外运。

改造工程主要是要求在不增设构筑物的前提下，增加脱氮除磷功能。根据南桥污水处理厂的实际情况，新工艺采用投料倒置 A^2/O，生化反应池采用缺氧—厌氧—好氧的工艺布置形式。改造工程主要是将曝气池前面的原有初沉池作为缺氧/厌氧池，与好氧池（原曝气池）串联组成 A^2/O 工艺生物脱氮除磷系统。并在好氧段后部投加悬浮填料来增加生物浓度，在好氧和低有机物的环境条件下可以富集大量硝化菌，以提高消化效果。

南桥污水处理厂改造后，形成倒置式 A^2/O 工艺处理系统。由于缺氧段前置，反硝化菌优先利用进水有机物为碳源进行反硝化，完成脱氮要求，从而消除了硝酸盐对厌氧段的影响。聚磷菌在厌氧段可吸收去除一部分有机物，同时释放出大量磷，然后混合液进入好氧段。在好氧状态下完成有机物的降解，硝化和吸磷过程，使污水中的磷得到去除，同时由于好氧池后部投加悬浮填料，使污泥浓度提高并且能够大量富集硝化菌，从而解决了长泥龄的硝化菌和短泥龄的聚磷菌的泥龄矛盾。污水处理厂通过工艺改造，大大提高了处理能力，尤其是脱氮除磷能力。改造后的整体工艺流程见图 5-14。

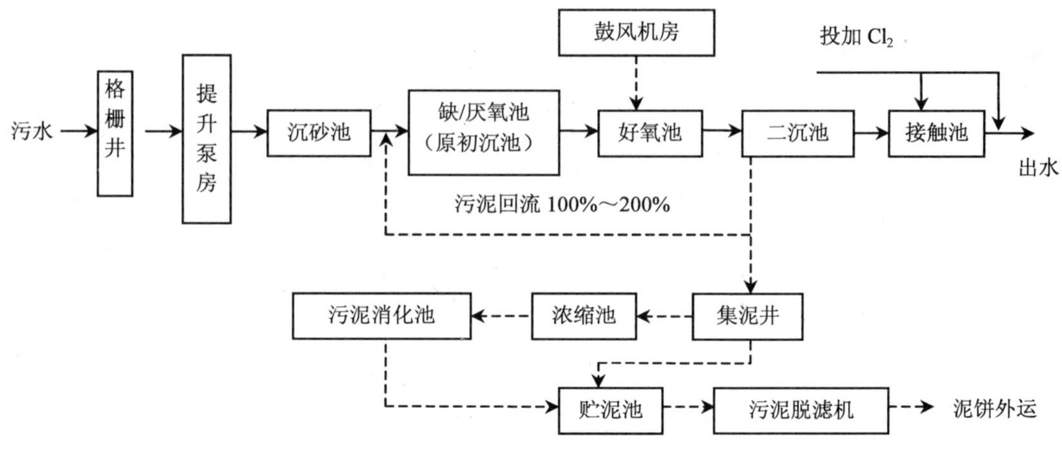

图 5-14　改造后工艺流程

3. 主要参数

南桥污水处理厂处理系统有 2 组，每组规模为 5 000 m^3/d，总规模 1 万 m^3/d。改造后的生物反应池是由 2 部分组成，第 1 部分是将原初沉池改造成缺氧/厌氧池，总容积为 1 197 m^3，停留时间为 5.7 h；第 2 部分是好氧池（原曝气池），共分 4 格，总容积为 2 500 m^3，停留时间为 6.1 h。其他工艺设计参数为：MLSS 为 3 500 mg/L，污泥（MLSS）

BOD_5负荷值为 0.114 kg/（kg·d），填料投配率为 20%。

南桥污水处理厂改造工程运行后，通过实际运行总结出的最佳运行参数为：MLSS 为 5.0～6.5 g/L，污泥（MLSS）BOD_5负荷值为 0.03～0.08 kg/（kg·d），SV 为 75%～90%，SVI 为 140～160 mL/g，泥龄为 18～30 d，好氧池 DO 值一般控制在 2.0～3.0 mg/L。

4．处理效果

南桥污水处理厂改造工程于 2005 年 10 月投入运行，经过 3 个月的试运行后，工艺出水水质稳定，出水 TP 浓度较低，NH_3-N 初期较高，以后渐趋稳定，投入实际运行后，南桥污水处理厂进水浓度偏高，改造后工艺对 COD、BOD_5、SS 的处理效果未受到影响，而主要关注的 NH_3-N 和 TP 指标明显得到改善。2006 年 1—8 月间随着水温由 12℃逐渐升高到 28℃，以及反应池内填料上生物膜的逐渐成熟，工艺对 NH_3-N 的去除率由运行初期的 45.3%提高至 95.6%。而工艺对 TP 的去除率在改造后始终保持在 90%左右，优于设计要求。2006 年 1—8 月进、出水水质监测数据列于表 5-13。

表 5-13 2006 年 1—8 月进、出水水质统计

项目		1 月	2 月	3 月	4 月	5 月	6 月	7 月	8 月	平均值
BOD_5/（mg/L）	进水	204	172	226	255	228	217	183	148	204
	出水	10	10	12	14	11	12	12	11	12
	去除率/%	95.2	94.1	94.6	94.4	95	94.6	93.3	92.5	94.3
COD_{Cr}/（mg/L）	进水	432	411	585	589	471	462	384	342	460
	出水	34	30	40	56	38	37	35	32	38
	去除率/%	92.2	92.7	93.2	90.5	91.8	92	90.8	90.8	91.8
SS/（mg/L）	进水	175	169	154	156	127	136	116	112	143
	出水	12	12	13	14	11	12	12	12	12
	去除率/%	93.1	92.7	91.4	91.4	91.5	91	90.1	89.7	91.5
NH_3-N/（mg/L）	进水	39.4	44.7	53.5	49.9	44.8	42.5	36.1	35.3	43.3
	出水	21.5	19.6	11.2	8.3	11	16.7	5.6	1.6	11.9
	去除率/%	45.3	56.2	79.1	83.3	75.4	60.7	84.5	95.6	72.5
TP/（mg/L）	进水	4.4	5.2	6.4	5.6	5	5.7	4	3.8	5
	出水	0.5	0.5	0.3	0.9	0.6	0.6	0.5	0.7	0.6
	去除率/%	89.3	91.4	94.7	84.7	87.8	89.1	88.1	80.4	88.6

工艺运行数据表明，1—2 月水温较低对 NH_3-N 的去除造成一定的影响，因而在 2006 年 3 月时及时调整工艺运行参数，将反应池污泥质量浓度提高到了 6 000 mg/L 以上，从而提高了 NH_3-N 去除率。1—3 月期间，水温并未发生明显变化，但出水 NH_3-N 在进水浓度不断增加的情况下逐渐下降。一方面是由于填料上生物膜的不断成熟；另一方面根据运行的经验发现，提高污泥浓度，延长泥龄是提高 NH_3-N 去除率的有效方法。根据实际运行情况，冬季低温条件下，控制污泥浓度在 6 000～6 500 mg/L，泥龄延长至 30 d 左右，可以有效地提高工艺对 NH_3-N 的去除率。

根据南桥污水处理厂的实际情况，改造中取消原有初沉池，虽然增加了进入生物反应池的污染物，但明显增加了反应池的停留时间，创造了脱氮除磷所必需的缺氧和厌氧区，

获得了较好的处理效果。由于好氧池停留时间较短，在温度较低的情况下，将对 NH_3-N 的去除造成一定影响。投加悬浮填料后，提高了曝气池的充氧效果，而且生物膜能够有效地富集硝化菌，有助于强化工艺在低温条件下的硝化效果。在冬季运行时，通过提高活性污泥浓度，增加泥龄，有利于提高 NH_3-N 去除率。由于控制较高的活性污泥浓度，好氧池的硝化、反硝化作用比较明显，有利于降低工艺出水的 TN 浓度，而且减少了由回流污泥带回到反硝化池的 NO_3^--N，保证了厌氧释磷的环境，有助于提高脱氮除磷的效果。通过污水处理工艺改造，各项指标都能达到《城镇污水处理厂污染物排放标准》要求。整个工艺的 BOD_5 的去除率能达到 90%，氨氮的去除率能达到 80%，磷的去除率为 70%。改造后的南桥污水处理厂将发挥出更大的社会、环境和经济效益。

（六）上海松江污水处理厂三期工程

1．工程背景

上海松江污水处理厂一期工程于 1985 年建成投产，设计规模 2.7 万 m^3/d，采用常规活性污泥法，出水达到当时《上海市污水综合排放标准》中的二级标准，无脱氮要求，尾水经 4 km 管道排入黄浦江上游米市渡河段。二期工程于 2000 年 4 月建成投产，采用 A/O 脱氮工艺，处理规模 5 万 m^3/d。出水达到《上海市污水综合排放标准》（DB 31/199—1997）一级标准，无除磷要求，尾水通过一期已建管道排出。

2002 年，松江污水处理厂对一期工程的处理工艺进行了改造，改为具有脱氮功能的 A/O 工艺，与二期工程的出水要求相同。经技术核定，处理规模由原来的 2.7 万 m^3/d 减至 1.8 万 m^3/d。至此，松江污水处理厂一、二期工程的处理总规模达到 6.8 万 m^3/d，达到脱氮的目标，仍无除磷要求。

2005 年，污水处理厂服务范围内产生的污水量已达 11.8 万 m^3/d，虽然受收集管网的限制，但实际进厂的污水量仍达 6.3 万 m^3/d，已接近设计规模。污水处理厂一、二期工程建有污泥厌氧消化处理设施，按满负荷运行计算，每天产生的沼气量按标准立方米计约为 3 100 m^3/d。沼气未能进行能源的综合利用，而是通过燃烧塔燃烧后排放。

因工程服务范围内污水量逐年增加，随着收集系统的不断完善，水量已超出原有设计规模，实施污水处理厂三期工程已刻不容缓。同时，考虑到新的排放标准——《城镇污水处理厂污染物排放标准》（GB 18918—2002）的实施，要求一、二期工程的改造与三期扩建工程同步进行。新建三期工程，规模为 7 万 m^3/d，采用倒置 A^2/O 工艺+高效纤维滤池深度处理，扩建后污水处理厂总设计规模为 13.8 万 m^3/d，出水执行（GB 18918—2002）一级 A 标准。松江污水处理厂达标改造工程及新建三期工程的设计进、出水水质如表 5-14 所示[16]。

松江污水处理厂服务范围包括松江中心城区和松江大学城，厂区和尾水排放点都位于黄浦江上游水源保护区，因此改造工程必须满足以下要求：

① 出水水质：松江污水处理厂一、二期工程尾水排入黄浦江水源保护区，执行（GB 18918—2002）中的一级 A 标准。

② 污泥处理处置要求：对一、二、三期工程污泥实现减量化、稳定化、无害化和资源化利用。

表 5-14 上海松江污水处理厂三期工程及一、二期达标改造工程设计进、出水水质

指标	COD_{Cr}/（mg/L）	BOD_5/（mg/L）	SS/（mg/L）	动植物油/（mg/L）	石油类/（mg/L）	LAS/（mg/L）
进水	500	220	300	2.5～1	1	0.5
出水	≤50	≤10	≤10	≤1	≤1	≤0.5
指标	TN/（mg/L）	NH_3-N/（mg/L）	TP/（mg/L）	色度/（倍）	pH	粪大肠菌群数/（个/L）
进水	50	30	6	250	6～9	10^6
出水	≤15	≤5（8）	≤0.5	≤30	6～9	≤10^3

③ 废气排放标准：本工程除臭执行新标准中厂界（防护带边缘）废气排放最高允许浓度二级标准。

④ 对原有设备的改造：污水处理厂已运行 20 余年，在本次改造中还需对原有设备进行评估，采用“利用、更换、补缺”的原则，对部分机械设备、电气和自控设备、在线监测设备等进行改造或更新。

2．工艺流程

由于工程用地范围有限，为使一、二期工程出水达到新标准一级 A 标准，工程设计采用高效纤维滤池对终沉池出水作进一步处理。因高效纤维滤池过滤水头达 2.5 m，若利用二期出水泵房将水送至滤池，需另建 1 座出水泵房进行二次提升。因此改造工程拟废弃二期出水泵房，另建新的出水泵房。另外，一、二期工程出水 TP 为 3～4 mg/L，大于新标准规定的限值，而原有 A/O 池已无改造余地，故高效纤维滤池投药量需考虑化学除磷。一、二期工程后续处理工艺流程见图 5-15。

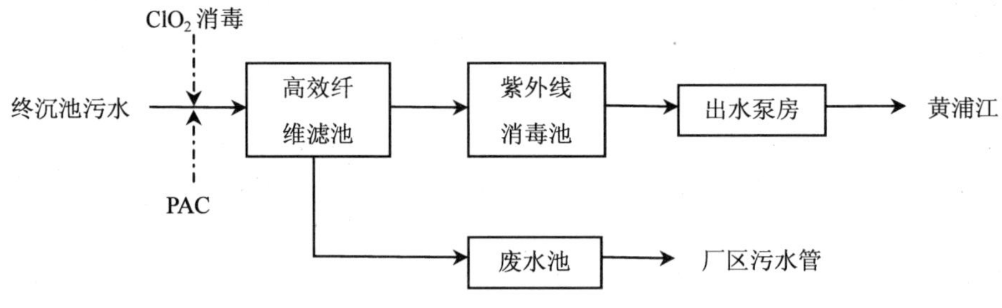

图 5-15 一、二期工程后续处理工艺流程

松江污水处理厂三期扩建工程污水处理厂部分工程内容为：新建三期工程，规模为 7 万 m^3/d，污水处理采用倒置 A^2/O 工艺，深度处理采用高效纤维滤池；污泥处理采用机械浓缩脱水，利用一、二期工程消化池产生的沼气对其进行半干化，然后再进行好氧堆肥。一、二期工程尾水达标后仍由原米市渡排放口排放，三期工程尾水排至洞泾港。三期工程的工艺流程见图 5-16。

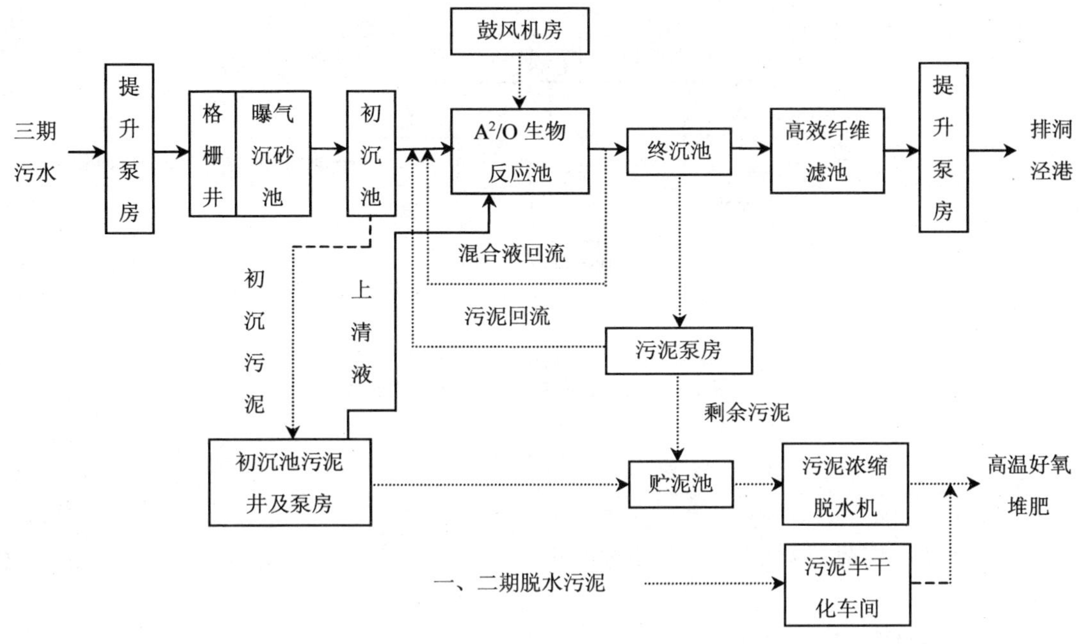

图 5-16　三期工程污水及污泥处理工艺流程

该工程服务范围内的污水以生活污水为主，工业废水所占比例不到 20%。根据上海市城市排水监测站的检测结果，污泥的各项指标均符合《农用污泥中污染物控制标准》（GB 4284—84）或新标准的要求。污水处理厂三期扩建工程中，将一、二期厌氧消化后的脱水污泥与三期的脱水污泥一起进行无害化和资源化处置。设计先采用污泥半干化工艺将污泥含水率从 80%降低到 65%，然后进行高温好氧堆肥。堆肥产物经过筛分等简单制肥工序加工后包装，产品可以作为有机肥销售。污泥半干化工艺流程见图 5-17，高温好氧堆肥工艺流程见图 5-18。

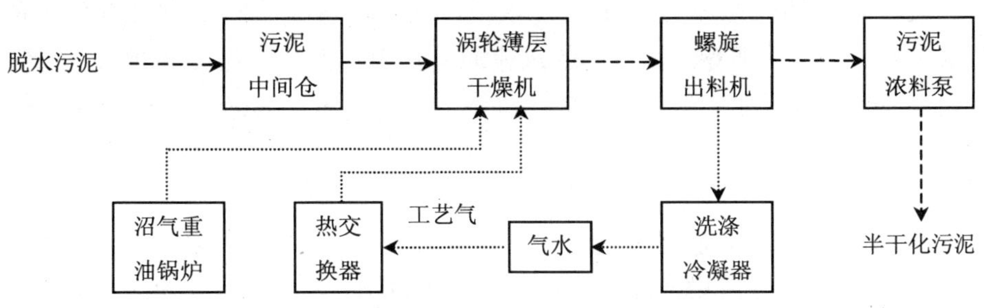

图 5-17　污泥半干化工艺流程

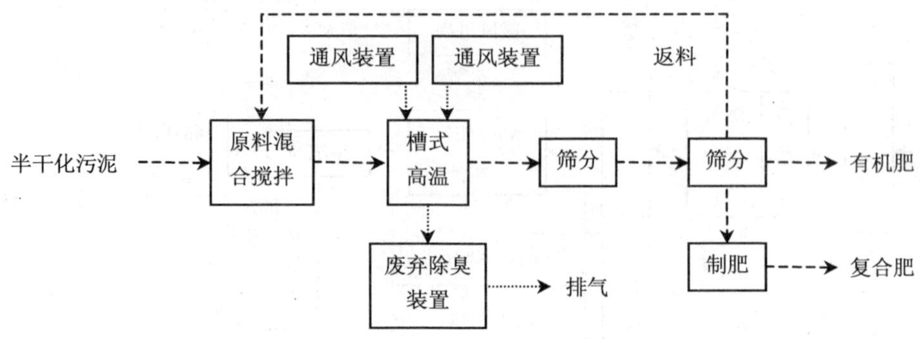

图 5-18 污泥高温好氧堆肥工艺流程

3. 主要参数

上海松江污水处理厂一、二期达标改造工程及三期扩建工程，主要新建构筑物设计参数为：

（1）高效纤维滤池

为便于全厂深度处理的统一管理，节省滤池占地面积，减少反冲洗水泵、风机等设备数量，一、二、三期的终沉池出水集中后统一进入高效纤维滤池进行过滤。滤池设计水量为 13.8 万 m^3/d，滤速 21～27 m/h，空气冲洗强度 216 m^3/（m^2・h），水反冲强度 28.8 m^3/（m^2・h）[8 L/（m^2・s）]。滤池分为 12 格，双排布置，单格面积为 24. 2m^2，采用纤维滤料，反冲洗方式为气水反冲洗，布水布气系统采用 ABS 长柄滤头。反冲水由冲洗水泵提供，反冲气源由鼓风机提供。

（2）废水池

滤池经过一段时间运行后，污泥会沉积在滤料上，增加滤池运行的水头损失，当水头损失超过预定值时，需进行反冲洗，去除附着在滤料上的污泥。滤池可按顺序分格进行反冲洗，以减少反冲洗水量对污水处理水量波动造成的影响。水反冲洗强度为 28. 8 m^3/（m^2・h），反冲洗时间为 20～30 min，每次反冲洗产生最大的废水量约为 330 m^3。因反冲洗瞬时水量较大，厂区现有污水管道的过流能力有限，因此设置 1 座废水池调节反冲洗废水量。废水池采用方形池，由 3 格组成，每格平面尺寸为 6.8 m×7 m，总容积为 350 m^3，每格下设储泥斗。

（3）出水泵房

一、二、三期工程出水泵房合建，一、二期工程尾水排入黄浦江米市渡口，三期工程尾水排入洞泾港。泵房内设潜水泵。本工程优先开启排向洞泾港的潜水泵，以最大限度地保护黄浦江上游水源。

（4）加氯及加药间

为防止滤池堵塞，处理水在进入滤池前需进行消毒，采用 ClO_2 作为消毒剂。此外，一、二期工程无生物除磷功能，需进行化学除磷；三期工程虽已按生物脱氮除磷设计，但考虑到进水水质的变化等因素，为保证出水水质，也应设置投加除磷剂的加药系统作为保障措施。消毒和加药设备合建，因场地紧张，利用一期工程已废弃的进水泵房，将下部沉井结构回填，上部原有建筑拆除后重建。

加氯加药间一、二、三期合建，建筑面积约 166 m^2，加氯间内设 5 m^3 盐酸储罐和 5 m^3 氯酸钠储罐各 1 只，ClO_2 发生器 2 台（1 用 1 备，P= 9 kW/台，每台 ClO_2 制备能力为 20 kg/h）。加药间内设不锈钢料仓系统 2 套，用于投加 PAC 干粉。同时配置 PAC 制备单元 2 套（P=5 kW/套），溶液投加单元 8 套（P=0.37 kW/套），采用直接加干粉至絮凝剂制备装置，稀释至 12%后投加。

（5）调节池

一、二期消化污泥上清液、脱水滤液及三期污泥浓缩脱水滤液由专门管道收集输送至调节池。调节池利用一期格栅井，并按调节要求进行改造，内设 2 台潜水泵，将污水提升至水力循环澄清池进行除磷处理。

（6）其他

松江污水处理厂一、二期改造工程水处理部分还有大量的原有设施改造整修工程，主要包括粗格栅更换，增加螺旋栅渣输送器及料斗；细格栅更换，增加螺旋栅渣输送器及料斗；二期初沉池刮泥机整修、出水槽改造；二期曝气池布气管和曝气头改造；二期终沉池增设絮凝区及刮泥机整修等。

（7）半干化间

利用一、二期污泥厌氧消化产生的沼气为能源，对一、二期消化脱水污泥进行半干化。满负荷运行可产生的沼气量为 3 100 m^3/d，沼气热值为 20.4 MJ/m^3。根据热平衡计算，用足现有的沼气量，可将一、二期污泥半干化至含水率为 61%，半干化后污泥量为 24.47 m^3/d。设半干化间 1 座，采用轻钢夹芯彩板结构。半干化厂房内安装的主要设备有：污泥中间仓、单螺杆泵、涡轮干燥机、螺旋出料机、洗涤冷凝器等，配备运送工程翻斗车 2 辆。

（8）导热油炉间

导热油在涡轮干燥机的外套内循环，以热传导方式进行换热，同时流经热交换器对工艺气体进行加热。松江污水处理厂使用污泥厌氧消化产生的沼气作为燃料，导热油炉选用燃气式，根据热量计算，选用立式燃气加热炉，功率为 850 kW。

（9）混合间

该工程一、二期污泥半干化后含水率为 61%，污泥量为 24.47m^3/d。三期干污泥量为 14 406 kg/d，污泥经过机械浓缩脱水后含水率为 80%，脱水污泥量为 72.03 m^3/d。按设计比例添加返料 64.56 t/d，秸秆粉 8.49 t/d，VT 菌液 0.34 t/d 后，混合物料的体积为 254 m^3/d，含水率为 57%。设计中考虑到运行初期没有足够的干物料和运行过程中可能出现的污泥含水率超过设计值，为此配置了粉煤灰储仓，作为调整工艺的措施。混合间采用轻钢夹芯彩板结构，并安装污泥储仓、粉煤灰储仓、配料机、混合搅拌机等设备。

（10）发酵间

发酵间为三连栋阳光棚结构，设有 6 个发酵槽，尺寸为 47m×6m×1.8m。安装有布料皮带机、全自动推进翻堆机、移行机等主要设备。

（11）二次发酵间

在二次发酵间中由装载机进行堆肥的堆垛、翻堆等操作，最后装卸到出料地斗中。二次发酵间采用轻钢夹芯彩板结构，安装有由装载机进行堆肥的堆垛、翻堆等设备，配备装载机 2 辆。

（12）筛分间

发酵物料经过皮带输送机进入滚筒筛分级，筛上物运送返回到混合间配料，筛下颗粒部分直接包装，筛下粉状部分由运输车运送。筛分间采用轻钢夹芯彩板结构，安装有上料皮带输送机、滚筒筛、返料螺旋输送机、斗式提升机、定量包装秤等设备。

（13）仓储间

用于储存辅料、VT 微生物菌剂。仓储间采用轻钢夹芯彩板结构，安装有辅料螺旋输送机等设备，配备运送工程翻斗车 1 辆。

（14）出水仪表屋

为保证出水达标，在出水区设置出水仪表分析屋，在线监测尾水的 pH、温度、NH_3-N、SS、余氯、TP、TN 及 COD_{Cr}。

4．处理效果

随着我国对环保管理力度的加强，特别是水体富营养化的控制要求越来越高，对原有污水处理厂进行升级改造势在必行。上海松江污水处理厂一、二期改造工程费约 1 791 万元，三期扩建及与一、二期合建部分（包括高效纤维滤池、出水泵房等）工程费约 18 220 万元，改造后单位水处理成本约 0.46 元/t。工程在充分利用原有设施的基础上进行达标改造，不仅出水全面达到《城镇污水处理厂污染物排放标准》（GB 18918—2002）一级 A 排放标准，且实现了污泥的资源化利用，有效地改善了污水处理厂对周边环境的影响。

（七）广东东莞市东胜玩具厂生活污水处理站

1．工程背景

东莞市东胜玩具厂，1998 年建成一处理污水量为 1 000 m^3/d 的生活污水处理站。污水站采用两组并列的传统活性污泥法处理工艺，原水主要为厂区内的生活污水，进水及出水水质状况如表 5-15 所示。污水站出水 COD、BOD_5、SS 均能达到国家及地方规定的排放要求，但是氮、磷排放超标。由于传统活性污泥法对氮磷的处理效果难以达到现行标准的要求，厂方决定对污水处理站进行改造，使其成为具有脱氮、除磷能力的倒置 A^2/O 工艺处理系统[17]。

表 5-15　东莞市东胜玩具厂污水站进水及出水水质　　单位：mg/L

项目	COD	BOD_5	SS	NH_3-N	TN	PO_4^{3-}-P	TP
进水	320	180	210	30	40	2.2	6.4
出水	60	20	15	17	32	1.6	4.0

2．工艺流程

该污水站由于仅处理厂区内的生活污水，且日处理水量较小，故原处理系统没有设沉砂池和初沉池，污水经格栅进入调节池后直接用水泵提升至曝气池中进行生化反应以降解水中的有机污染物。原处理系统工艺流程如图 5-19 所示。

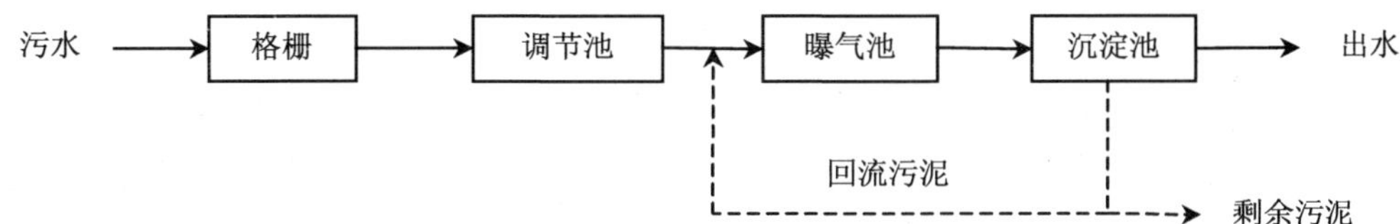

图 5-19 原处理系统工艺流程

根据该污水站的实际情况及厂方要求，改造工程主要考虑在保证出水水质完全达标的同时，尽量减少投资及节约用地。最终改造工程采用倒置 A^2/O 法对原有构筑物进行改造，将原曝气池分隔为三段，即缺氧段、厌氧段、好氧段，拆除原曝气池中位于缺氧段和厌氧段的曝气系统，而保留好氧段的曝气系统，形成倒置 A^2/O 生物反应池。改造后处理系统工艺流程如图 5-20 所示。

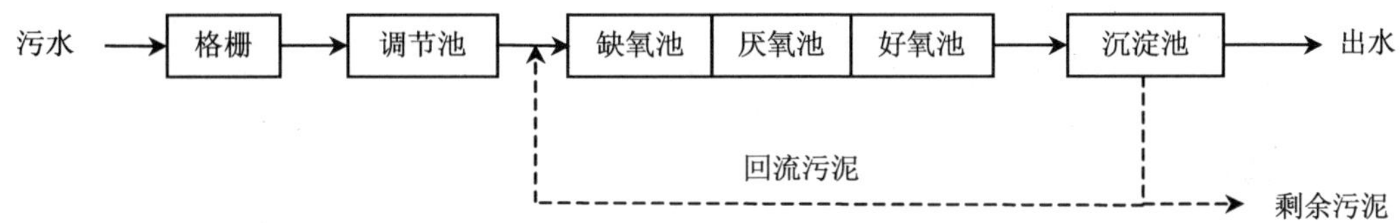

图 5-20 改造后处理系统工艺流程

3. 主要参数

原污水站工艺改造主要是对原 1、2 号曝气池进行改建，具体措施如下：

① 将曝气池沿池长用隔墙分隔为三段：缺氧段长 4.1 m、厌氧段长 4.1 m、好氧段长 8.5 m；

② 将原 1、2 号曝气池位于改造后的缺氧段和厌氧段的曝气系统拆除，位于好氧段的曝气系统保留；

③ 在缺氧段、厌氧段增设功率为 1 kW 的潜水搅拌器进行搅拌；

④ 原工艺污泥回泥采用两套独立系统，即 1、2 号沉淀池分别采用两台 Q=24.3 m^3/h 的污泥泵（一用一备），改造后两套系统各增加一台相同型号的污泥泵，改为二用一备。

改造后污水站的主要工艺设计参数见表 5-16。

表 5-16 东莞市东胜玩具厂污水站新工艺主要设计参数

项目	数据
进水 BOD_5/TN	≥3
污泥（MLSS）BOD_5 负荷/[kg/（kg·d）]	≤0.15
污泥浓度/（mg/L）	5 000～7 000
污泥龄/d	15～20
污泥回流比/h	150～200
溶解氧浓度/（mg/L）	缺氧池≤0.5；厌氧池≤0.2；好氧池≥2
水力停留时间/h	10
各段停留时间比例（缺氧∶厌氧∶好氧）	1∶1∶2

4. 处理效果

该污水站改造完成后，经近半年的调试，出水的各项指标均已达到国家规定的相关标准的要求，具体数据见表 5-17。倒置 A^2/O 脱氮除磷工艺不仅处理效果达到国家标准的要求，而且由于它与常规的 A^2/O 工艺相比具有流程短、构筑物较少、回流系统简单等特点，所以在初期投资、占地面积、维护管理及运行成本上也优于常规的 A^2/O 工艺，特别是对传统活性污泥法污水处理厂脱氮除磷功能改造，具有较强的推广作用。

表 5-17 东莞市东胜玩具厂改建后污水站进水及出水水质 单位：mg/L

项目	COD	BOD_5	SS	NH_3-N	TN	PO_4^{3-}-P	TP
进水	310	160	160	26	35	2.1	5.4
出水	60	20	15	7	10	0.4	1.0

（八）泰安市污水处理厂

1. 工程背景

泰安市污水处理厂是利用奥地利政府贷款与国内资金配套建设项目，工程于 1990 年开工建设，于 1993 年 5 月正式投入运行，由中国市政工程华北设计研究院设计，处理规模为 5 万 m^3/d，采用 $A+A^2/O$ 工艺[18]。其设计进、出水水质见表 5-18。

表 5-18 泰安市污水处理厂设计进、出水水质 单位：mg/L

项目	COD	BOD_5	SS	NH_3-N	TN	TP
进水	500	225	200	40	45	7
出水	80	20	20	5	10	1

2. 工艺流程

$A+A^2/O$ 工艺是在 AB 工艺的基础上对 B 段进行改进而成。A 段通过生物吸附絮凝作用大幅度去除污染物质，特别是对 SS 的去除率较高，为高负荷段；A^2/O 段由厌氧池、缺氧池、好氧池组成，可实现脱氮除磷。其整体工艺流程见图 5-21。

自 1993 年投产以来，进水水质与设计值有很大出入，BOD_5 值偏低，SS 值偏高，COD 值时常超出设计值，水质不稳定，且泥沙含量多。鉴于此，对工艺的运行作了调整，原则是：当进水负荷高时开 A 段，按 $A+A^2/O$ 工艺运行；进水负荷低时则超越 A 段，按 A^2/O 工艺运行；当出水 NO_3^--N 高时开 A^2/O 段的内回流，低时则停开内回流。

3. 主要参数

泰安市污水处理厂 A 段曝气池及 A^2/O 段生物池的设计参数见表 5-19。

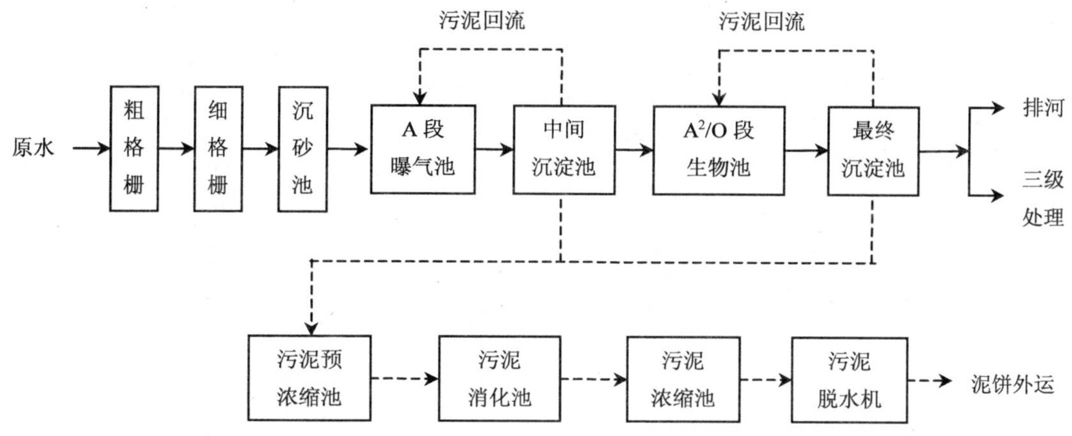

图 5-21 泰安市污水处理厂 A +A^2/O 工艺流程

表 5-19 生物池设计参数

参数	A 段曝气池	A^2/O 段生物池
水力停留时间/h	0.35	9.14（调节池：0.51；厌氧池：1.21；缺氧池：3.26；好氧池：4.16）
污泥（MLSS）BOD_5负荷/[kg/（kg・d）]	4.7	0.1
MLSS/（g/L）	2.0	3.3
泥龄/d	0.28	18

4．处理效果

（1）对 COD、SS 的去除效果

由于进水 SS 值偏高，设备正常时一般开 A 段按 A +A^2/O 工艺运行，2000 年下半年 A 段因大修而按 A^2/O 工艺运行。两种运行方式对 COD、SS 的去除效果见表 5-20。实际运行结果显示，两工艺对 COD 的去除效果相近，但 A+A^2/O 对 SS 的去除率更高，表明 A 段对 SS 的去除贡献较大，对 COD 则影响较小。2002 年 COD 去除率略有降低可能是由于设备老化所致。

（2）内回流对氮、磷去除效果的影响

选取 1999 年开内回流的 8、9 两月份与停内回流的 10、11 两月份的监测数据作对照，结果如表 5-21 所示。对于 NH_3-N、TN 的去除而言，开内回流时的效果明显优于停内回流时的，而对 TP 的去除则相反。经分析其原因是，停内回流则缺氧池变成厌氧池，使厌氧时间延长，部分有机物发生了水解，使易降解有机物增多，聚磷菌放磷、吸磷能力提高，因而 TP 去除率增加；开内回流时 NH_3-N 硝化机会增加，反应生成的 NO_3^--N、NO_2^--N 回流进入缺氧区后进行反硝化，转化成氮气逸出，对总氮的去除率相应增加。

表 5-20 A +A^2/O 与 A^2/O 工艺去除 COD、SS 的效果对比

项目		COD/（mg/L）			SS/（mg/L）		
		进水	出水	去除率/%	进水	出水	去除率/%
2000 年（A^2/O 工艺）	7 月	323	27.4	91.5	211	22	89.6
	8 月	267	41	85	154	19	87.7
	9 月	600	46	92.3	540	42.4	92.2
	10 月	400	54	86.3	339	37	89.1
	11 月	532	54.8	92.2	384	26	93.2
	12 月	670	41.2	93.5	443	25	94.3
	平均	465	41.8	91	345	28.5	91.7
2002 年（A+A^2/O 工艺）	7 月	377	42.5	88.9	311	22	92.9
	8 月	244	44.7	81.6	208	24	88.5
	9 月	354	66.6	81.2	226	18.1	92
	10 月	917	63.1	93.1	599	20	96.7
	11 月	557	55.6	90	518	16	96.9
	12 月	656	61	90.7	515	18	96.5
	平均	518	55.4	89.3	396	19.7	95

表 5-21 开、停内回流的除污效果对比

项目		8 月	9 月	10 月	11 月
NH_3-N/（mg/L）	进水	13.9	15.5	18.6	19.4
	出水	8.03	3.77	14.5	18.5
	去除率/%	42.2	75.7	22	4.6
TN/（mg/L）	进水	28.7	26.5	24.9	22.6
	出水	15.5	14.3	21.5	18.9
	去除率/%	46	46	13.6	16.4
TP/（mg/L）	进水	5.24	3.02	7.66	5.45
	出水	2.21	1.92	1.1	0.97
	去除率/%	57.8	36.4	85	82.2
NO_3^--N/（mg/L）	进水	4.27	5.86	2.04	2.75
	出水	5.25	8.75	4.8	0.41
	去除率/%				85

（3）对 TN、TP 的去除效果

自运行以来，TN、TP 的去除情况不是很好（表 2-22）。进水 BOD_5 值偏低而 SS 值偏高，对 TN 的去除率较低，对 TP 的去除率尚可。经分析其原因是：①进水碳源不足。总进水 BOD_5/TN、BOD_5/TP 的值略高于脱氮、除磷的最低限值（BOD_5/TN = 3～5、BOD_5/TP =20），同时经过 A 段处理后，BOD_5 被去除了约 40%，这使得进入 A^2/O 段的碳源不能同时满足除磷、脱氮的需要。碳源至关重要，2001 年进水 BOD_5 值最高，对 TN、TP 的去除率也最高；2003 年进水 BOD_5 值最低，对 TN、TP 的去除率也最低。②曝气不均、气量不足。进水 SS 及泥沙含量高，曝气阻力大，加上 2000 年后曝气设备已老化、损坏，使得曝气不均、不足，导致有机物降解不彻底，有机氮氨化及氨氮硝化程度降低，TN 去

除率自然下降。

TP 去除率高于 TN 去除率，一方面与日常开内回流少有关；另一方面与排泥量大有关，因进水 SS 一直很高，使系统的产泥量较大，为维持曝气池中的 MLSS 在一定水平，需加大排泥量，这使得泥龄相对变短，对除磷有利，硝化能力却大大下降。少开内回流主要是考虑到：《污水综合排放标准》（GB 8978—1996）对出水磷含量要求较严而对氮含量要求较松，可节约运行费用，降低成本。

表 5-22 A +A^2/O 工艺对 TN、TP 的去除效果

项目		2000 年	2001 年	2002 年	2003 年	2004 年
进水 BOD_5/（mg/L）		148	183	142	129	135
进水 SS/（mg/L）		314	347	335	320	243
TN/（mg/L）	进水	38.7	45.8	45.6	40.9	44
	出水	26.6	29.4	34.7	30.4	30
	去除率/%	31.3	35	23.9	25	32
TP/（mg/L）	进水	5.77	7.1	6.5	7.7	6.3
	出水	1.53	1.3	1.5	2.6	1.2
	去除率/%	73.5	80	76.9	66	77
BOD_5/TN		3.8	3.9	3.1	3.1	3
BOD_5/TP		25	25	21	16	21

总结：泰安市污水处理厂多年运行情况显示，该污水处理厂进水 BOD_5 值较低而 SS 值较高，如运行 A 段则可使 SS 值大幅降低，但也会带来 A^2/O 段脱氮除磷碳源不足的问题。A + A^2/O 工艺对 COD、SS 有较高的去除率。A^2/O 段不进行内回流可大大提高对 TP 的去除率，且降低了运行成本。因此在出水氮达标的情况下，可不开内回流。

（九）深圳市坂雪岗污水处理厂

1. 工程背景

深圳市坂雪岗污水处理厂位于深圳市北部，是 2001 年深圳市第一个采用 BOT 方式建设的污水处理厂，工程占地面积 2.97 hm^2，主要接纳处理坂田、雪象、岗头片区的生活污水和工业废水。工程设计规模 8 万 m^3/d，一期规模 4 万 m^3/d，由于坂雪岗污水处理厂服务区域内工业废水的特征，造成原水 TN 和 TP 较高，TP 有时甚至高达 6～7 mg/L，因此除磷脱氮成为选择工艺时首要考虑的问题，故该厂采用 UCT 除磷脱氮工艺，强化脱氮除磷效果[19]。

2. 工艺流程

污水首先经粗格栅，去除大颗粒悬浮物和杂质后，进入提升泵房，经一次提升之后，重力自流后续构筑物，先经过细格栅，再进入涡流式沉砂池，去除颗粒物质，之后污水进入 UCT 主体生物处理系统，分别经厌氧、缺氧、好氧历程后，进入沉淀分离系统，沉淀池出水消毒后外排，剩余污泥排入储泥池，经污泥池浓缩后，由压滤机脱水外运。整

体工艺流程见图 5-22。

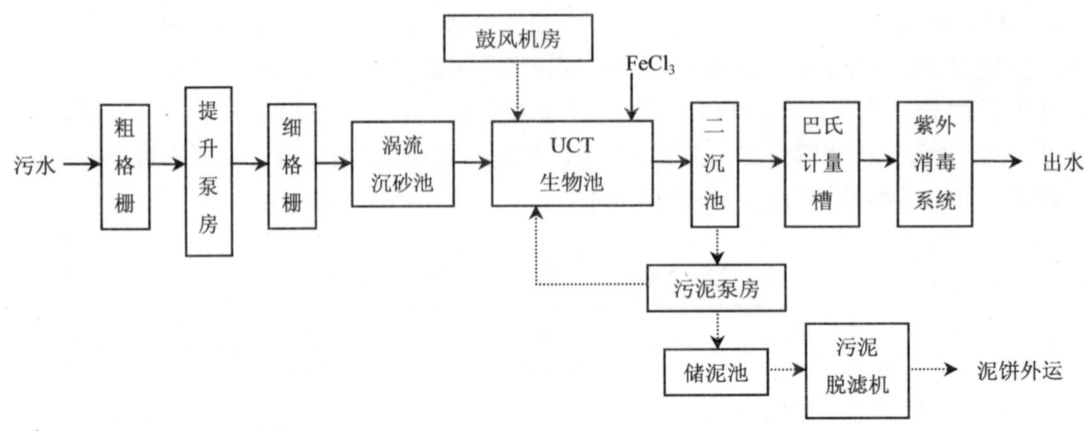

图 5-22 深圳市坂雪岗污水处理厂工艺流程

该工程采用 A^2/O 的改进工艺——UCT 工艺，与之相比不同之处在于：①污泥直接回流至缺氧池，而不回至厌氧池；②缺氧池部分混合液回流至厌氧池，增加一个内回流。UCT 工艺包括两个混合液内回流，一个污泥外回流，这种工艺旨在减少进入厌氧池的回流液带入过多的 NO_3^--N 的数量，从而削弱 NO_3^--N 对厌氧释放磷的影响，保证了除磷效果。在本工程中，进水方式有一定的改进，即：80%的污水进入厌氧池，20%的污水进入缺氧池。进水通过前面的配水井分别进入厌氧池和缺氧池，达到碳源的合理分配，提高了除磷脱氮效果。污水处理厂的工艺流程见图 5-23。

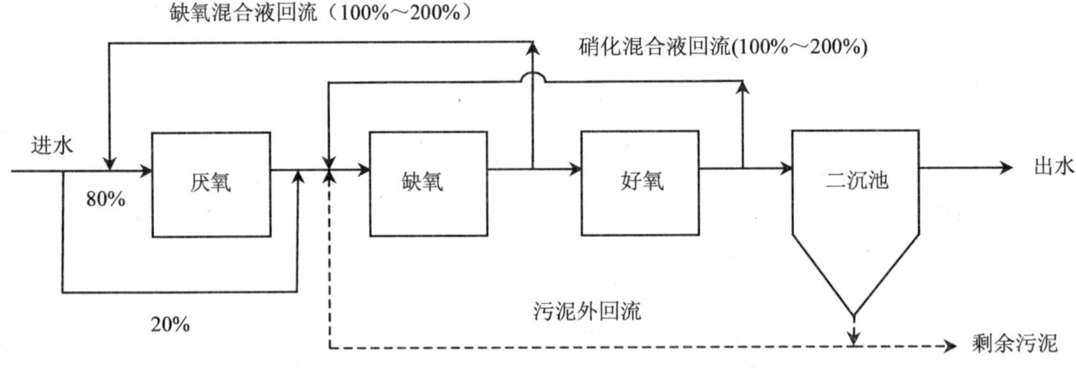

图 5-23 深圳市坂雪岗污水处理厂 UCT 工艺流程

3. 主要参数

本工程主要构筑物有：粗格栅、进水泵房、细格栅、涡流沉砂池、生物处理池、鼓风机房、二沉池、消毒池、污泥泵房、浓缩脱水机房等。构筑物设计参数如下：

（1）粗格栅

本工程粗格栅采用国产钢丝绳格栅除污机，2 台，宽 1.2m，格栅间隙 20 mm，栅条宽 10 mm，过栅流速 0.8 m/s。

（2）进水泵房

采用德国 KSB 泵 3 台，2 用 1 备，1 台采用变频，Q = 1 167 m^3 /h，H = 10. 5 m，N = 55 kW。

（3）细格栅

细格栅与涡流沉砂池合建，采用进口沃特林克阶梯格栅，2 座，渠宽 1.2 m，栅条间隙 5 mm。过栅流速 0. 8 m/s，配用电机 1. 1 kW。

（4）沉砂池

采用涡流（比氏）沉砂池，2 座，每座直径 3.6m，池深 2.17 m，砂斗直径 1.52 m，砂斗深 2.03 m，搅拌机采用进口，提砂方式为气提。

（5）UCT 生物处理池

生物处理池是污水处理厂内的主体处理构筑物，根据工艺方案的选择，结合布置成两点进水改良 UCT 工艺、两点进泥改良 A^2/O 工艺、常规 A^2/O 工艺、常规 A/O 工艺 4 种方式运行。池型好氧区采用传统的推流式矩形池型，采用微孔曝气，设有单独的厌氧区（包括一个预缺氧区），与好氧区、缺氧区分开。混合液内回流采用低扬程螺旋桨泵来实现。

主要设计参数如下：

① 生物处理池 2 座。单座尺寸：41.8 m×36.2 m×7 m；总设计流量 4 万 m^3/d，单池流量 2 万 m^3/d，设计水温 15～30℃。

② 污泥（MLSS）BOD_5 负荷：0. 113 kg/（kg·d)；容积 BOD_5 负荷：0.339 kg/(m^3·d)；MLSS：3g/L；MLVSS：2.25 g/L。

③ 总 HRT：9.2 h；SRT：6.63 d。

④ 预缺氧区 HRT 0.6 h，单座有效容积 500 m^3；厌氧区 HRT 1.2 h，单座有效容积 1 000 m^3；缺氧区 HRT 1.8 h；单座有效容积 1 500 m^3。好氧区 HRT 5.6 h，单座有效容积 4 667 m^3。

⑤ $V_{(预缺氧区+厌氧区)}$ ：$V_{缺氧区}$ ：$V_{好氧区}$ = 1 ：1 ：3. 1，好氧区有效水深 6 m。

⑥ MLSS 缺氧区反硝化（NO_3–N）速率：0. 1 g/（g·d）；好氧区硝化速率：0. 038 g/（g·d）。

⑦ 供气总量：180 m^3/h；气水比：6.48 ：1。

⑧ 预缺氧区设 1 台潜水搅拌器，功率 3 kW；厌氧区内设 2 台潜水搅拌器，单台功率 3 kW；缺氧区内设 3 台潜水搅拌器，单台功率 3 kW。

⑨ 好氧池曝气器进口橡胶膜盘式微孔曝气器，单个直径 192 mm，出气量 2 m^3/h。曝气器共 5 400 个。

⑩ 好氧池至缺氧池的混合液内回流比取 200%，在每座好氧池与缺氧池之间墙壁上安装 2 台淹没式回流泵，单台流量 1 667 m^3/h，扬程 1 m。

⑪ 污泥回流管来自污泥泵房，分别在厌氧池与缺氧池池壁上开孔，通过变频泵调节回流量，便于改变为 A^2/O 与 A/O 工艺的灵活运行。

（6）二沉池

采用 2 座周边进水、周边出水辐流式沉淀池。每座池内径 34 m，池深 4.3 m。平均表面负荷 1 m^3/（m^2·h）。沉淀池出水采用环形集水槽，单侧溢流堰出水，最大堰上负荷为 2.9 L/（s·m）。每座沉淀池内设 1 台中心传动管式吸泥机，采用美国 USFLL TER 的产品。

吸泥机桥架上还附带有刮除表面浮渣的刮板，随着桥的移动，将池表面浮渣刮至排渣斗内。每座池底部设 1 根吸泥管，将吸泥机的污泥接出，通过套筒阀排至中心集泥井。

（7）鼓风机房

设计总供气量：10 800 m^3/h，供气压力：68 kPa。选用进口高速单级离心鼓风机（丹麦 HVOTVRBO 产品），3 台（2 用 1 备），单台风量为 90 m^3/min，压差 68 kPa，转速 3 000 r/min，配套电机功率 160 kW。

根据好氧池 DO 控制电动调节阀，通过总风管的压力传感控制机组开停及调节风量。鼓风机的出风量可通过调节进出口导流叶片角度进行调节。

（8）污泥浓缩、脱水机房

脱水机房平面尺寸 11.4 m×22.38 m，室外安装两个污泥斗，单斗有效容积 30 m^3，可储存两天脱水污泥。每天需处理脱水污泥 743 m^3/d，含水率 99.3%。选用进口离心浓缩脱水机 2 台（Aifalaval，1 用 1 备），处理能力 35 m^3/h，运行时间每天 24 h，配用电机功率 55 kW。

配套辅助设备包括：污泥切割机 2 台，流量 8～40 m^3/h，电机功率 5.5 kW；污泥进料泵 2 台，流量 8～40 m^3/h，扬程 0.2 MPa，电机功率 7. 5 kW；絮凝剂制配系统 1 套。

（9）加药系统

考虑到进水 TP 较高，而且污水处理厂初期污水 BOD_5 较低，所以设计考虑了预留化学辅助除磷措施，投加药剂为固态 $FeCl_3$，投加量约为 25 mg/L。投加方式采用湿式，设隔膜计量泵 2 台，1 用 1 备，Q= 400 L/h，H = 0.3 MPa，N = 0.55 kW。隔膜泵压力原液与厂区自用水混合后，以浓度约 5%投加。

4．处理效果

深圳市坂雪岗污水处理厂建成后，采用深圳市罗芳污水处理厂污泥经过培养驯化后的活性污泥进行原水启动运转，运转两个月后达到设计进水水量和出水国家排放标准，经过两年多的稳定运行，各设备运转正常，出水水质远好于设计标准，基本达到了《城镇污水处理厂污染物排放标准》（GB 18918—2002）一级 A 标准，见表 5-23。实际运行中，采用 2 台鼓风机运转（1 台备用），夏季单台设备空气量为 70～80 m^3/min，冬季为 50～60 m^3/min，鼓风机风量根据曝气池中溶解氧量来调节。污泥排放量约为 20 t/d，含水率 80%左右，SRT 为 8～9 d。

表 5-23 污水处理厂进出水水质

项目	BOD_5	COD_{Cr}	SS	NH_3-N	TN	TP
设计进水/（mg/L）	130	290	180	25	35	4.5
设计出水/（mg/L）	20	60	20	10		1
实际出水/（mg/L）	5～8	16～26	5～15	2～5		0.3～0.8
（GB 18918—2002）一级 A 标准/（mg/L）	10	50	10	5（8）	15	1

第六章 氧化沟工艺

一、技术原理

氧化沟（Oxidation Ditch，OD）又称为连续循环曝气池（Continuous Loop Reactor）是 20 世纪 50 年代由荷兰的帕斯韦尔（Pasveer）博士首先开发的一种污水处理技术，是活性污泥法的一种变形工艺，见图（彩）6-1。

不同于传统的活性污泥曝气池，氧化沟曝气池呈封闭的环状沟渠型，平面上通常为椭圆形或圆形，端面形状多为矩形或梯形，是一种首尾相连的循环流曝气沟渠，总长可达几十米甚至几百米，水深则取决所采用的曝气设备，自 2 m 至 6 m。曝气设备是氧化沟的主要装置，其作用是向混合液供氧并推动水流作循环流动，防止活性污泥沉淀及使反应混合液的混合。一般采用转刷等表面曝气设备，混合液在曝气器的推动下作水平流动，平均流速一般大于 0.3 m/s，使活性污泥保持悬浮状态。流态上介于完全混合与推流之间，混合液通常在 5～15 min 内可完成一个循环，沟内水量通常可将进水流量稀释 20～30 倍，可以认为氧化沟内混合液的水质是几近一致的，但又具有推流式的特征，由于其独特的水流状态，曝气装置下游，DO 浓度逐渐下降，可在沟内形成富氧区和缺氧区，可进行硝化和反硝化过程，实现脱氮效果。其整个污水处理过程如进水、曝气、沉淀、污泥稳定和出水等全部集中在氧化沟内完成，最早的氧化沟不需另设二次沉淀池和污泥回流设备，通常采用延时曝气，连续进出水，污泥在曝气净化的同时得到稳定，不需设置初沉池和污泥消化池，处理设施大大简化。

二、工艺类型

1954 年第一座间歇运行式氧化沟污水处理厂在荷兰建成，由于其结构简单，处理效果好（BOD 去除率可达 97%），从而引起了世界各国广泛的兴趣和关注。20 世纪 60 年代之后，氧化沟工艺在欧洲、北美、南非、大洋洲等地得到了迅速的推广和应用。目前，欧洲已有的氧化沟污水处理厂超过 2 000 多座，北美超过 800 座。在我国，氧化沟技术的研究和工程实践始于 20 世纪 70 年代末，由于其出水水质好、运行稳定、管理方便并可同时实现脱氮除磷等技术特点，目前已经广泛地应用于生活污水和工业污水的治理，全国各地已建成了上百家不同规模、不同型式的氧化沟污水处理厂。至今，氧化沟技术的发展已历经了半个多世纪，在构造形式、曝气方式、运行方式等方面不断创新，出现了种类繁多、各具特色的氧化沟。目前应用较为广泛的氧化沟类型包括：Pasveer 氧化沟、Carrousel 氧化沟、三沟式氧化沟（T 型氧化沟）、DE 型氧化沟、Orbal 氧化沟和一体化氧化沟。

（一）Carrousel 氧化沟

单沟式环形氧化沟，特点是在沟渠的一端设置垂直轴的表面曝气机，沟渠一般为廊道式，由于表面曝气机有较大的提升作用，使得氧化沟的水深可达 4.5 m 以上，需设沉淀池和回流装置。目前已发展出三代，第一代为普通 Carrousel 氧化沟工艺，以去除 BOD 为主要目的，同时兼顾一定的脱氮除磷效果，硝化和反硝化作用也在同一池内发生。第二代为 Carrousel 2000 氧化沟工艺，是在普通 Carrousel 氧化沟前增加了一个厌氧区和缺氧区，以提高脱氮除磷效果为主要目的。第三代为 Carrousel 3000 氧化沟工艺，这是一种深型的氧化沟工艺，池深可达 7.5～8 m，大大减少了占地面积，同时相比 Carrousel 2000，氧化沟前加了一个生物选择区。Carrousel 氧化沟和其他氧化沟工艺相比，占地面积少，土建费用低，节能效果显著，管理维护简单。其 BOD 去除率高达 95%～99%，脱氮率可达 90%以上，除磷率在 50%以上。所以，在所有的氧化沟处理工艺中它的应用最广泛，见图（彩）6-2，图 6-3，图（彩）6-4，图（彩）6-5。

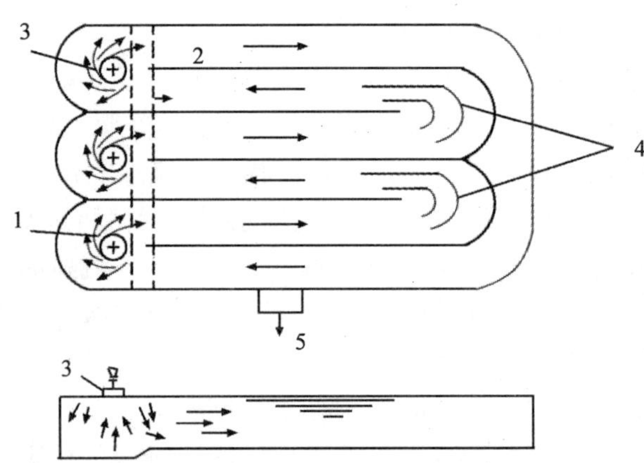

1—来自经过预处理的污水（或不经预处理）；2—氧化沟；3—表面机械曝气器；
4—导流隔墙；5—处理水去往二次沉淀池

图 6-3 Carrousel 氧化沟示意图

（二）Orbal 型氧化沟

Orbal 氧化沟为一种多渠道的氧化沟，见图（彩）6-6，一般由 3 条同心的沟渠组成，沟渠呈圆形和椭圆形，进水先引入最外侧的沟渠，在不断循环同时，依次引入下一沟渠，最后从中心沟渠排出，这相当于一系列完全混合反应池串联在一起，每个沟渠表现出单个反应器的性质，兼有完全混合式与推流式的特点。Orbal 氧化沟的外、中、内三层沟渠，分别占总容积的 60%～70%、20%～30%和 10%左右，其独特之处是三沟溶解氧呈 0 mg/L，1 mg/L，2 mg/L 的大梯度分布，既有利于提高充氧效果，又创造了极好的脱氮条件，使该工艺具有脱氮除磷功能。该工艺需要设立独立的沉淀池，且占地面积稍偏大。

（三）交替式氧化沟

交替式氧化沟是由丹麦 Kruger 公司创建，该工艺的特点是造价低，易于维护，有二池交替 D 型氧化沟、DE 型氧化沟和三池交替（T 型）运行的氧化沟。

D 型氧化沟，由容积相同的 A，B 两池组成，串联运行，交替地作为曝气池和沉淀池，以去除 BOD 为主，在氧化沟前后分别增设厌氧池和沉淀池，可实现同时脱氮除磷。但其设备利用率较低，制约了其发展。

DE 型氧化沟也为双沟交替系统，但其是通过配水井对水流流向的切换，堰门的起闭以及曝气转刷的调速，在双沟中创造交替的硝化、反硝化条件，以达到脱氮的目的。另外其不同之处在于 DE 型氧化沟系统是二沉池与氧化沟分建，有独立的污泥回流系统。

T 型氧化沟（三沟式氧化沟），见图 6-7，应用较广，由三个氧化沟组建在一起作为一个单元运行，三个氧化沟之间相互双双连通，两侧氧化沟交替作曝气池和沉淀池，中间池一直为曝气池。三池交替式运行，提高了处理效率，同时可使脱氮除磷可在同一反应器中完成。该工艺可以取得优异的 BOD 去除和脱氮效果，无需设污泥回流装置，大大节省运行费用。但其容积利用率较低，占地面积远大于其他氧化沟工艺，且存在的污泥迁移现象等问题。

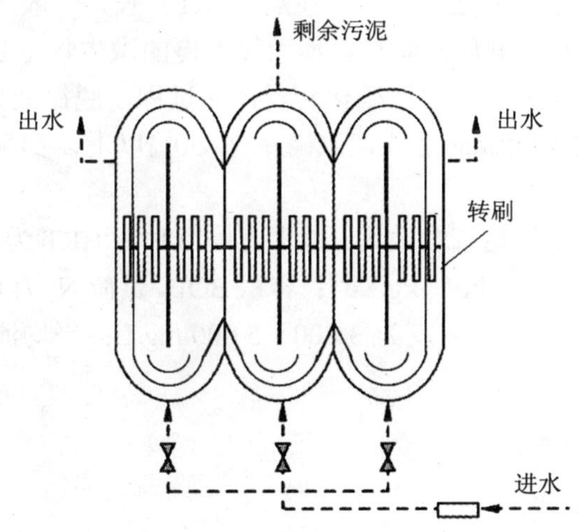

图 6-7　三沟式氧化沟示意图

（四）一体化氧化沟

一体化氧化沟（Integrated Oxidation Ditch）又称合建式氧化沟，是指曝气净化与固液分离操作同在一个构筑物中完成，将二次沉淀池建在沟内的氧化沟工艺，见图 6-8。这种氧化沟在 20 世纪 80 年代初由美国最先开发，称为 ICC（Interchannel Clarifier）型氧化沟，目前已开发出多种形式的一体化氧化沟，得到了迅速发展和应用。与其他氧化沟相比，一体化氧化沟的优点是省去了二沉池，占地面积较小，污泥自动回流，管理更方便，投资成本和运行费用较低。但由于固液分离器和氧化沟渠的一体化设计，使出水易受进水水质、水量波动的影响，处理效果不够稳定。

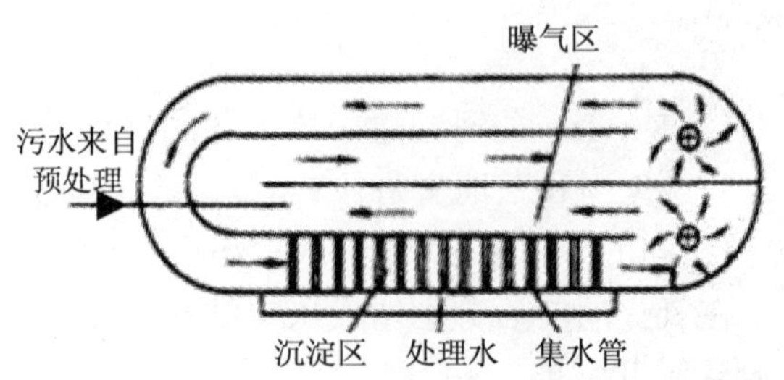

图 6-8 一体化氧化沟示意图

三、处理效果

氧化沟工艺采用了封闭环状的循环流曝气沟渠，使废水进入沟渠后迅速被混合稀释，并在曝气和混合装置的推动下在沟渠内循环流动，使整个系统在水力停留时间较长的情况下处于近乎完全混合的状态。在其工艺特征上，采用延时曝气，水力停留时间长，污泥负荷较低，对有机物具有良好的去除效果，BOD 去除率可达 95%以上，且污泥产量低，污泥性质稳定，不需再进行消化处理。污泥龄（SRT）长，一般为 15～30 d，为传统活性污泥法的 3～6 倍，有利于世代时间长、增殖速率慢的微生物生长，例如硝化菌，并且由于沟内形成富氧区和缺氧区，可实现硝化和反硝化过程，脱氮效果可达 90%以上。此外，氧化沟工艺还可同时实现除磷的功能，除磷率在 50%以上，如配以投加混凝剂，除磷效果可达 95%。

氧化沟工艺的主要设计运行参数为：总水力停留时间 HRT 为 15～30 h；污泥（MLSS）BOD_5负荷 F/M 为 0.04～0.10 kg/（kg • d）；容积 BOD_5负荷 N_v为 0.1～0.3 为 kg/（m^3 • d）；污泥龄 SRT 为 16～30 d；质量浓度为 3 000～5 000 mg/L；平均流速大于 0.3 m/s；污泥回流比为 75%～150%。

四、适用范围

氧化沟处理技术作为活性污泥法的新工艺，因其独特环流特征，而拥有了一系列的独特优点，使其不断发展，并得到了广泛的应用。氧化沟工艺流程简单，构筑物少，曝气设备和构造形式多样化，操作灵活，运行管理方便，机械投资省，运行费用低；氧化沟具有很强的适应能力，能承受水质、水量的冲击负荷，出水水质好，处理效果稳定，并可实现脱氮除磷，同时污泥产量少，污泥性质稳定处理方便。

氧化沟工艺一般作为独立的二级处理工艺，应用于生活污水和城市废水的处理中，对水质、水量的适应能力广，处理规模从几百吨每天到上百万吨每天，且一般不受地域气候影响，运行效果稳定，管理也十分方便，更为重要的是，氧化沟在处理有机物的同时将污水中的 N，P 去除，使出水水质能满足今后对污水排放中 N，P 的高标准要求，因此受到了极力的推广，见图（彩）6-9。在我国，氧化沟工艺以其突出的优势，已成为中小型城市污水厂的首选工艺。但由于水利停留时间较长，故占地面积一般较大。氧化沟工艺也能应用于有机工业废水，其抗冲击负荷能力强，对高浓度工业废水有很大的稀释能力，目前这项技术已被广泛应用于石油废水、化工废水、造纸废水、纺织废水、印染废水、食品加工废水、制药废水等工业废水的处理之中。

五、工程实例

（一）银川市第二污水处理厂卡鲁塞尔 2000 氧化沟

1. 工程背景

银川市第二污水处理厂（北部污水处理厂），位于银川市西夏区丽子园北路东侧，四清沟以北，占地面积 11 hm^2，设计规模日处理污水 10 万 t，其中一期工程 5 万 t，项目概算 7 494 万元。主要服务范围为银川市西夏区北部地区，具体包括：宁朔北路以东，兴洲路以西，贺兰路以南，北京路以北地区，服务面积 12.4 km^2，服务人口约 20 万人。一期工程由中国市政工程华北设计研究院承担设计，荷兰 DHV 公司则是生物处理段及污泥浓缩脱水单元的工艺设备总包商，工程处理规模为 5×10^4 m^3/d，主体工艺为卡鲁塞尔 2000 氧化沟，设计出水水质达到《城镇污水处理厂污染物排放标准》（GB 18918—2002）二级标准，其进、出水水质设计指标见表 6-1。2002 年开工建设，2003 年 8 月 6 日第二污水处理厂一期日处理 5 万 t 污水工程竣工试运行，2006 年 5 月通过建设项目环保设施竣工验收。该项目对于保护环境，缓解供水紧张，实现污水资源化，促进银川市国民经济持续健康发展有重要意义。

表 6-1　银川市北部污水处理厂设计进、出水水质

项目	BOD_5	COD	SS	NH_4^+-N
进水	130	350	200	30
出水	30	120	30	25

2. 工艺流程

污水首先进入粗格栅，再由进水泵房提升，经细格栅后进入曝气沉砂池，去除污水中浮渣和其他无机颗粒之后，污水进入生物处理段。生物处理采用了带生物选择器的卡鲁塞尔 2000 氧化沟工艺。污水进入氧化沟前先进入生物选择池与回流污泥完全混合，从而达到抑制丝状菌的产生，避免了污泥膨胀的作用。Carrousel 2000 氧化沟是该工艺的主体生化反应器，采用立式表面曝气机，氧化沟出水进入二沉池。二沉池出水经接触池消毒后外排，回流污泥回至选择池，剩余污泥经污泥浓缩脱水后外运处置，整体工艺流程如图 6-10 所示。

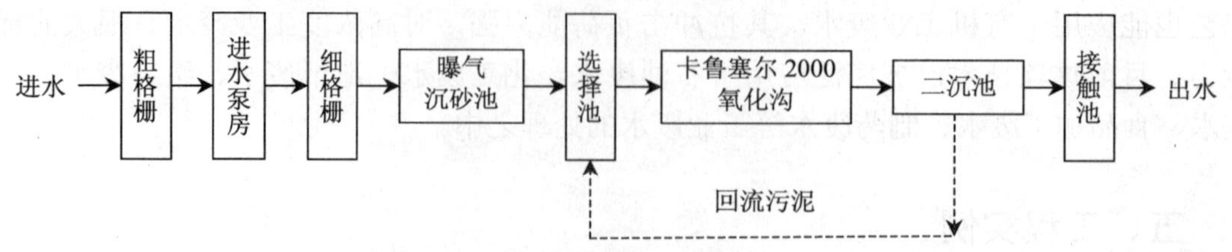

图 6-10 银川市北部污水处理厂工艺流程

卡鲁塞尔 2000 氧化沟是在传统的卡鲁塞尔氧化沟中增加了一道横向分隔墙，形成了前置反硝化区（如图 6-11 所示），它具有 A/O 工艺的特点，而独特的水力设计又使其具有很高的断面流量（为进水流量的 30～50 倍）和循环流的特点，运行稳定，对冲击负荷的承受能力较强，这是传统 A/O 工艺所无法比拟的。卡鲁塞尔 2000 氧化沟的另一个与众不同之处是其混合液的回流完全通过沟内水流循环自动完成，最大限度地降低了由抽吸和跌水作用而携带溶解氧到缺氧区的可能性。

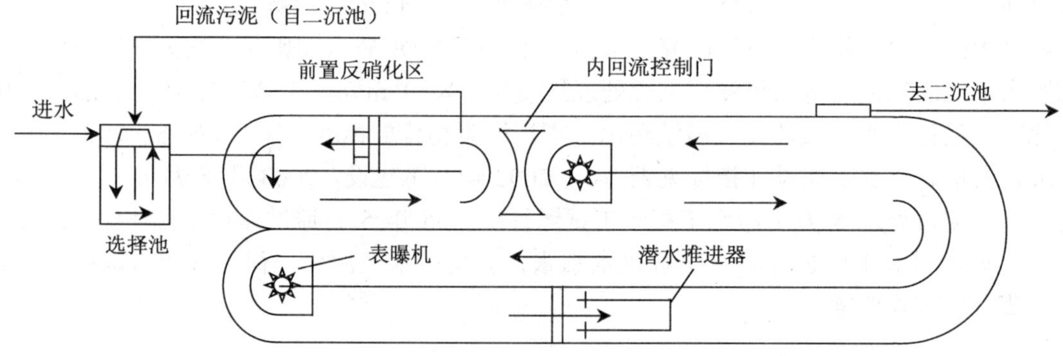

图 6-11 卡鲁塞尔 2000 氧化沟

工程中卡鲁塞尔 2000 氧化沟采用 CARCon 系统控制表曝机的运行状态和充氧量（以溶解氧含量为主控参数，以氧化还原电位和进水流量等为辅助参数进行二级调节）。与传统的仅根据 DO 浓度进行控制相比，CARCon 系统可根据氧化沟的实际运行状况（如进水水质的波动、水温的昼夜变化等），通过对 DO、流量、NH_4^+-N（或 NO_3^--N）或 ORP 以及水温等参数的模拟与运算来调整充氧量，同时控制好氧段中同步反硝化区的容积，并结合混合液内回流量的调整来获得最佳的氮去除率。此外，通过控制反硝化过程也可以获得较满意的除磷效果（达到了 GB 18918—2002 的二级标准）。由于 CARCon 系统可对工艺过程进行更为精确的控制，因而可使运行能耗降低约 5%～8%。

3. 主要参数

银川市第二污水处理厂卡鲁塞尔 2000 氧化沟主要设计运行参数为：氧化沟的泥龄为 15d，MLSS 中 BOD_5 负荷为 0.058～0.065 kg/（kg・d），MLSS 为 3.6～4.0 g/L，标准需氧量为 1 005 kg/h（水温为 22℃时），DO 为 1.0～2.0 mg/L，HRT 为 13.4h，污泥回流比为 100%～135%，内回流比为 100%～350%。

其他设备参数为：选择池配置了 2 套可调节污泥分配槽、6 台潜水搅拌器，氧化沟配置了 4 台倒伞型表曝机（功率为 132 kW、叶轮直径为 3.5 m，其中 2 台为定速、2 台为变频）、8 台潜水推进器、2 座内回流控制门以及 DO 仪、ORP 仪和污泥浓度计各 2 台。污泥泵房设回流污泥泵 3 台（2 用 1 备，1 台为变频）、剩余污泥泵 3 台（2 用 1 备）。

4. 处理效果

2003 年 8 月上旬开始进行活性污泥培养。由于水量不足在 8 月下旬之前采用单沟培养，之后逐渐增加水量，两条沟同时培养。2003 年 11 月至 2004 年 5 月间的平均进水量为 42 750 m^3/d，达到了设计规模的 85.5%。氧化沟的运行参数见表 6-2。

表 6-2　实际运行参数

项目	8 月	9 月	10 月	11 月	12 月	1 月	2 月	3 月	4 月	5 月
流量/（m^3/d）	22 814	34 121	37 861	41 243	43 735	46 438	44 455	42 874	38 996	41 516
水温/℃	22.9	22.1	19.1	18.8	17.6	16.5	17.5	17.3	18	19
pH	7.3	7.5	7.7	7.6	7.6	7.6	7.4	7.8	7.9	7.8
氧化沟 HRT/h	29.2	19.5	17.6	16.2	15.2	14.4	15	15.6	17.1	16.1
污泥龄/d						37.8	25.1	15	15.8	
污泥负荷/kg（BOD_5）/[kg（MLSS）• d]								0.045	0.055	0.055
MLSS/（g/L）	0.914	2.287	3.401	3.743	7.228	7.479	8.224	5.124	3.424	4.261
SVI/（mL/g）	640				107.9	99.3	77.8	60	53.06	46.4
DO/（mg/L）	1.81	1.28	2.39	2.46	1.61	1.16	0.85	1.89	1.51	0.59
回流污泥量/（m^3/d）	22 814	34 121	37 861	41 243	38 487	38 079	28 451	41 588	12 869	41 516
污泥回流比/%	100	100	100	100	88	82	64	97	33	100
污泥选择比/%	85.3	85.3	38.2	38.2	38.2	38.2	38.2	38.2	38.2	38.2
内回流门开度/（°）	0	45	45	45	45	45	60	60	90	90
剩余污泥量/（m^3/d）	0	0	0	0	61	333	438.8	919.7	457.5	76.39*
剩余污泥含水率/%					98.46	98.35	97.92	98.97	98.68	97.35*

注：*系将缓冲池内上清液回流后的浓缩污泥量。

在污泥培养初期，SVI 值高达 640 mL/g，经分析认为是丝状菌丰度过高所致。为尽快达到设计的污泥浓度并改善污泥性质，于 2003 年 9 月 10 日向系统内投加黏土约 8 t，11 月 27 日至 12 月 1 日又投加了铁盐 30 t，之后活性污泥的沉降性能得以显著改善（2003 年 12 月至 2004 年 5 月间的 SVI 值平均为 74.1 mL/g），MLSS 质量浓度亦由 0.914 g/L 增加到目前的 3～4 g/L。

自 2004 年 1 月起陆续对各水质指标进行了检测，其中 1—5 月的进水 SS 平均为 150.6 mg/L，出水为 14.8 mg/L；3—5 月的进水 COD 平均为 297.8 mg/L，出水为 35.8 mg/L；3—5 月的进水 BOD_5 平均为 146.8 mg/L，出水为 4.14 mg/L；4—5 月的进水 NH_4^+-N 平均为 20.8 mg/L，出水为 0.63 mg/L，4—5 月的进水 TP 平均为 3.68 mg/L，出水为 2.67 mg/L。可见，出水水质基本达到了《城镇污水处理厂污染物排放标准》（GB 18918—2002）一级标准的 B 标准。

监测结果也显示，出水 COD 和 BOD_5 值随其进水浓度的增加而升高，但仍满足一级

B 标准要求，其他各项指标则呈逐步走低之势，特别是出水 NH_4^+-N 一直维持在较低水平，而同期出水的 NO_3^--N 浓度仅为 5～6 mg/L，无硝酸盐氮积累。这表明系统已具有较好的硝化和反硝化能力，启动基本完成。

系统的启动调试进行得较为顺利，这主要得益于合理的工艺设计（如二沉池采用了较低的水力负荷，设置选择池等）以及针对进水情况（水量较小）和出现的问题（污泥沉降性差、充氧量远低于设计值等）而采取了正确的应对措施和有效的管理方法和手段。

（1）剩余污泥的排放

从 2003 年 12 月开始间歇排放剩余污泥，由于排放量未达到设计值，系统内的 MLSS 得以迅速上升。2004 年 2—3 月采用 24 h 连续排泥方式，至 4 月沟内的 MLSS 平均为 3.424 mg/L。从 4 月开始采用间歇排泥方式（8～16 h/d），5 月份氧化沟内的 MLSS 平均为 4.261 mg/L。从以上的数据可知，控制剩余污泥排放量是确保系统稳定的有效手段。

（2）污泥回流及混合液回流

控制回流污泥量可以维持曝气池内 MLSS 的稳定，能有效防止二沉池污泥层的波动对出水的影响。工程中，在投运初期的未排放剩余污泥阶段污泥回流比按进水流量采用固定值；其后，按剩余污泥的排放情况和回流污泥的含水率及曝气池内的平均 MLSS 浓度确定污泥回流比。由于选择池设有可调式污泥分配槽，在调试运行的前 2 个月采用的污泥选择比为 85.3%，之后将比例调整为 38.2%。混合液的回流量按照 CARCon 系统给定的内回流门开度进行控制。

（3）DO 和充氧量控制

污泥培养初期，沟内溶解氧含量偏低，经分析这主要是由于进水流量过低所致（堰上水头过小，使得表曝机叶轮浸没深度不足）。为此，于 2003 年 10 月下旬将两沟出水堰板均提高 120 mm，其后沟内溶解氧含量明显上升。由出水水质分析结果可知，硝化及反硝化均进行得非常充分，这得益于前置反硝化区的设置以及 CARCon 系统对 DO 的有效调整，同时进水较好的可生化性（BOD_5∶COD = 0.493）以及充足的碳源供应也为反硝化提供了保证。根据在线仪表的实测数据可知 2003 年 8 月至 2004 年 5 月的沟内平均溶解氧含量为 1.56 mg/L，其中月均最高值为 2.46 mg/L，月均最低值为 0.59 mg/L，但二沉池并未因溶解氧过低而出现污泥上浮现象，说明系统具有非常好的前置反硝化能力（避免了因氧化沟中出现硝酸盐的积累而在二沉池中发生反硝化）。

银川市第二污水处理厂的建成和运行，极大地改善了银川市的环境状况，自投运至 2006 年底共处理污水 5 523 万 m^3。2006 年共处理污水 1 728 万 m^3，日均处理量 4.73 万 m^3，平均每天向黄河减少排放污染物 BOD_5 10.9 t、COD 16.6 t、SS 8.7 t。这对保护银川环境，实现污水资源化和经济健康持续发展有重要意义。

（二）郑州市五龙口城市污水处理厂

1. 工程背景

郑州市五龙口城市污水处理厂，占地 13 hm^2，服务面积 27 km^2，一期工程设计污水处理量为 10×10^4 m^3/d，其中再生水 5 万 m^3/d，远期达到 20 万 m^3/d，收集郑州市西郊的生活污水和工业废水，服务面积 27 km^2，服务人口 35.26 万人，总投资 16 084 万元。生物处理主体采用 Carrousel 2000 氧化沟工艺，处理后的出水经五龙口明沟排入贾鲁河，入沙颍河最终入淮河。贾鲁河为地面水Ⅴ类水体，出水水质执行《污水综合排放标准》（GB 8978—1996）中的二级排放标准。进水中工业废水占 60%，生活污水占 40%，设计进出水水质见表 6-3。该工程于 2003 年 6 月开工，2004 年 12 月 28 日通水调试，2005 年 9 月 6 日正式向郑州市金水河输送再生水，并于 2006 年 12 月 18 日通过竣工验收。

表 6-3 设计进出水水质

项目	COD/（mg/L）	BOD_5/（mg/L）	SS/（mg/L）	NH_3-N/（mg/L）	TP/（mg/L）
进水	500	220	250	55	4
出水	80	20	20	25	1
去除率/%	91	84	88	55	75

2. 工艺流程

污水经粗格栅、提升泵房及细格栅、旋流沉砂池，去除污水中较大的漂浮物、悬浮物及其他无机颗粒之后，污水进入生物处理系统。生物处理系统分 3 组，每组采用缺氧+厌氧+Carrousel 氧化沟的工艺组合方式。本工艺在厌氧池的前端设置一个回流污泥反硝化池，10%的进水作为有机碳源进入池中，回流污泥中的硝酸盐经过反硝化得以去除，从而消除了硝酸盐对厌氧池中聚磷菌释放磷的抑制。随后，回流污泥反硝化池混合液进入厌氧池与 90%的进水混合，回流污泥中的聚磷菌有效释磷，以便在氧化沟中过量吸收磷，并将其转化到剩余污泥中得以去除，混合液最后进入 Carrousel 氧化沟。氧化沟是该工艺的主体生化反应器，在氧化沟中，间隔安装微孔曝气系统，使各廊道中形成好氧段和缺氧段，使硝化反应与反硝化得以顺利进行，从而完成脱氮过程，同时有机物和磷也得到有效去除。氧化沟出水进入二沉池进行泥水分离，二沉池出水经接触池消毒后外排，污泥排入污泥储池，回流污泥回缺氧池。剩余污泥经污泥浓缩脱水后外运处置。整体工艺流程如图 6-12 所示。

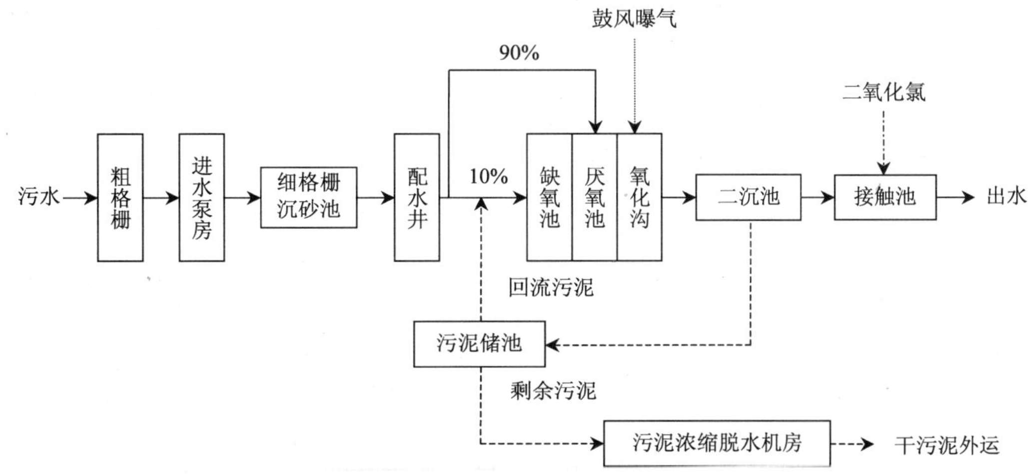

图 6-12 污水处理厂工艺流程

该污水处理厂氧化沟采用深水微孔曝气和水下推流相结合的曝气系统。传统氧化沟的推流是利用曝气设备（转刷、转碟或倒伞型表曝机等）实现的，其设备利用率低、动力消耗大。而微孔曝气器可产生大量直径为 1 mm 左右的微小气泡，这就大大提高了气液接触面积，使得在池容固定的情况下氧转移总量增大，故系统的充氧能力强，可保证氧化沟出口处污水的 DO 质量浓度不小于 2 mg/L，保持活性污泥良好的降解功能。微孔曝气与水下推流结合每沟直段设平铺式膜式微孔曝气头和推流器，根据具体位置设曝气头数目也有差异，在氧化沟的第二、三廊道均设 660 个，第一、五、六廊道设 486 个，第四廊道设 544 个，目的是使氧化沟的不同阶段分别形成好氧和缺氧环境。弯道处均设有水下导流器，实际运行证明氧化沟内不会发生污泥的沉积。本设计氧化沟的水深达 7 m，在池容固定的情况下既减少了占地面积，也提高了整个处理系统的耐低温能力。同时，这种曝气形式与表曝设备相比产生的臭味明显较少。在技术经济评价方面，本工艺电耗为 0.206 kW • h/m^3，成本为 0.59 元/m^3，低于 A^2/O 和 SBR 工艺方案，也远低于国内一些同类污水厂的能耗。虽然这种曝气方式存在设备维修的困难，但由于本厂生物处理系统分 3 组平行系列，实际进水量最大 9×10^4 m^3/d，单独一个系列放空后进行检修不影响另外两系列的正常运行。

3. 主要参数

郑州市五龙口城市污水处理厂各主要构筑物及设备的设计参数如下：

（1）预处理单元

预处理单元包括粗格栅、提升泵房、细格栅、旋流沉砂池。粗格栅采用回转式格栅，共 2 台，宽为 1 800 mm，栅条间隙为 20 mm，过栅流量 330 L/s（二期工程共用）。

进水泵采用卧式离心泵，共 4 台，3 用 1 备，其中流量 500 L/s，扬程 12 m，功率 90 kW。细格栅采用螺旋式细格栅，共 3 台，2 用 1 备，宽 1 800 mm、栅条间隙为 6 mm、过栅流量 852 L/s。

旋流沉砂池为圆形钢筋混凝土结构，直径 4 870 mm，池深 4 350 mm，进水渠宽度 1 220 mm，出水渠宽度 1 220 mm，单池设计流量 750 L/s，去除污水中比重大于 2.65，粒径大于 0.2 mm 的无机砂粒。

（2）生物处理

生物处理包括前置反硝化池、厌氧池、氧化沟、沉淀池。该工程在厌氧段前加设一个回流污泥反硝化段（即前置缺氧段），使回流污泥进入缺氧段前在这里完成硝酸盐氮的反硝化过程，以便维持厌氧段内硝酸盐氮的浓度在 1.5 mg/L 以下，确保系统生物除磷效果。为提供回流污泥反硝化所需碳源，10%的进水直接进入前置缺氧段。前置缺氧池单池有效容积为 1 626 m^3，有效水深 6 m，平均停留时间为 1.17 h。

为获得一个较稳定的磷去除率，在氧化沟前端设置厌氧段，为聚磷菌进行充分的磷释放提供一个必要的停留空间和适合的环境条件，从而提高系统除磷效率，同时还可以改善污泥的沉降性能，防止丝状菌的生长，提高系统的稳定性。厌氧池有效容积为 2 202 m^3，有效水深为 6 m，平均停留时间为 1.59 h，90%的进水进到厌氧池。

五龙口污水处理厂氧化沟采用刚玉曝气盘鼓风曝气的形式，氧化沟的工艺参数设计为：长 105.4 m，宽 50.3 m，内分 6 格，单格宽 8 m，有效水深 6.0 m，单池有效池容 28 450 m^3，泥龄 13.1 d，污泥（MLSS）BOD_5 负荷 0.085 kg/（kg • d），容积 BOD_5 负荷 0.30 kg/（m^3 • d），产泥率（SS/ BOD_5）0.90 kg/（kg • d），产泥量 22 770 kg/d，停留时间 17.82 h，混合液悬浮固体质量浓度ρ（MLSS）为 3 500 mg/L，最大污泥回流比 100%，标准状况需氧量 3 030 kg/h。

（3）空气供给系统

生物池曝气采用电机驱动离心式鼓风机，3 台（2 用 1 备），单机风量 260 m^3/min，风压 0.07 MPa，风量调节范围 45%～100%，根据空气管路压力由 PLC 自动调整供气量。

（4）沉淀池

污水处理厂沉淀池采用辐流式池型结构。影响各种沉淀构筑物沉淀效果的主要因素除了溢流率外，出水集水系统及构筑物的结构形式也会对沉淀效果产生重要的影响。传统沉淀池常常因为水力设计不当而出现断流和污泥悬浮固体的异重流动，导致出水 SS 浓度偏高或出水水质不稳定。在该工程方案设计中，对传统辐流式沉淀池的出水堰和池型结构进行改进，在出水堰底部增设挡板有效防止出水带走悬浮污泥，该挡板可引导上向悬浮固体远离出水堰板处，保证出水 SS 达到较低的浓度，使水质达标排放。

单池设计最大流量 1 806 m^3/h、平均流量 1 389 m^3/h，设计最大表面负荷 0.758 m^3/（m^2 •h）（最大流量）、平均负荷 0.58 m^3/（m^2 • h）（平均流量），沉淀时间 HRT 为 3.1 h，池直径 55 m，有效水深 4.1 m。

（5）回流及剩余污泥泵房

钢筋混凝土池 1 座，尺寸为 12 m×6 m×4 m。回流污泥泵 4 台（3 用 1 备），功率 47 kW，流量 390 L/s，扬程 10.0 m。剩余污泥泵 2 台（1 用 1 备），功率 7.5 kW，流量 33 L/s，扬程 13.0 m。

（6）脱水机房

脱水机房尺寸为 21 m×12 m×7.5 m，设备有污泥浓缩脱水一体机、偏心螺杆投泥泵、投药泵、溶液罐、螺旋输送机等。

4. 处理效果

郑州市五龙口城市污水处理厂采用卡鲁塞尔 2000 氧化沟工艺，工程于 2004 年 12 月 28 日通水调试，该厂污水处理系统 2005 年第一季度进行培菌试运行，2005 年 3 月底出水水质指标达到国家《城镇污水处理厂污染物排放标准》（GB 18918—2002）中二级处理标准，实现污水处理达标排放。工程总投资为 7 810 万元（含征地费），每立方米水投资为 781 元，处理每立方米水电耗约为 0.25 kW • h，处理每立方米污水占地 0.52 m^2，而国内除磷脱氮工艺平均每立方米水投资为 800～1 200 元，处理每立方米水电耗为 0.30～0.40 kW • h，处理每立方米污水占地 0.50～0.80 m^2。

该工艺具有占地面积小、出水水质好、运行稳定可靠、耐冲击负荷能力强、污泥产量少和运行管理方便等特点，而且卡鲁塞尔 2000 氧化沟工艺表现出优异的处理效果，除 TP 外，BOD_5、COD、SS、NH_3-N 等出水水质指标达到了或优于设计目标，尤其是出水 NH_3-N，大部分时间在 1 mg/L 以下，这都体现了改良氧化沟工艺的优良性能。2005 年 3—12 月的各项运行指标监测结果见表 6-4，表中数据为每月水质指标平均值。

经过近 1 年的调试运行，Carrousel 2000 氧化沟工艺在处理城市污水中污染物尤其是去除含氮污染物方面表现出巨大优势。从实际运行水质来看，进水中氨氮的质量浓度经常远远超出设计值，最高甚至达到 300 mg/L。这主要是因为该厂的服务区内有很多老工业企业，如制药厂、化肥厂、味精厂、印染厂、纺织机械厂以及造纸厂、轮胎厂等，工厂里排出的废水含有高浓度的含氮物质，有的工厂排污是季节性的甚至昼夜水量水质也很不同，故水质的波动也很大。但出水氨氮的质量浓度几乎都保持在 1.0 mg/L 以下。进水 COD 质量浓度最高值达 1 128.24 mg/L，出水 COD 除 3、4 月份的个别时间不达标外，5 月份以后直至冬季气温较低的情况均表现出稳定的去除趋势。

表 6-4 2005 年 3—12 月水质监测数据

月份		3	4	5	6	7	8	9	10	11	12
BOD_5	进水/（mg/L）	269.9	187.6	428.2	100.8	98.0	110.9	78.7	131.6	82.8	193.6
	出水/（mg/L）	14.1	13.2	21.3	9.8	8.4	4.8	5.8	8.1	7.2	7.1
	去除率/%	94.8	94.2	95.0	90.3	91.4	95.6	92.6	93.8	91.3	96.3
COD	进水/（mg/L）	729.0	356.8	553.6	292.8	353.8	283.8	191.8	248.8	336.0	360.6
	出水/（mg/L）	116.5	85.5	76.2	69.8	59.8	25.2	40.7	29.1	37.7	40.3
	去除率/%	84.0	76.0	86.2	76.2	83.1	91.1	78.8	88.3	88.8	88.8
SS	进水/（mg/L）	280.1	479.2	442.8	242.2	264.6	273.3	288.0	266.1	342.6	419.7
	出水/（mg/L）	107.0	98.3	14.8	21.5	37.3	19.0	13.8	13.5	15.8	23.1
	去除率/%	61.8	79.5	96.7	91.1	85.9	93.0	95.2	94.9	95.4	94.5
NH_3-N	进水/（mg/L）	113.1	52.2	79.4	80.2	67.2	125.2	63.0	49.9	39.3	80.7
	出水/（mg/L）	94.3	30.4	1.1	1.0	0.9	0.3	0.4	1.8	0.4	0.8
	去除率/%	16.6	41.7	98.6	98.8	98.7	99.8	99.4	96.4	99.0	99.0
TP	进水/（mg/L）	3.4	5.1	6.5	5.2	1.8	2.5	1.8	2.9	6.3	2.0
	出水/（mg/L）	2.3	3.3	2.0	2.0	1.3	1.4	1.4	1.3	1.8	0.7
	去除率/%	32.4	35.9	69.2	61.5	27.8	44.0	22.2	54.7	71.4	65.0
pH	进水	8.7	8.4	8.5	8.4	8.3	8.7	8.9	8.6	8.2	8.1
	出水	8.1	7.6	7.4	7.1	7.4	7.1	7.6	7.4	7.2	7.3

总体来看，本工艺对 SS、BOD_5、COD、NH_3-N 的去除率分别为 94%、94%、85%、99%。由此说明本工艺有很强的耐冲击负荷的能力，仅仅在调试阶段就显示了巨大的优势。只是本工艺对 TP 的去除率仅在 55%左右，显然不能实现预计目标，说明工艺在除磷管理方面仍有待深入探索。

该工艺自调试运行以来，总磷的去除仅能达到 22.2%～71.4%，仅能勉强达到《污水综合排放标准》（GB 8978—1996）的二级标准。因为污水处理出水部分用于市内河流的景观用水，另一部分将用于电厂的冷却水，因此需要在后续的回用水工程中用化学除磷的方法降低水中磷的浓度，这样就增加了工艺的运行管理费用。可能有以下原因：

① 厌氧区 NO_3^--N 的影响。在处理的污水负荷较低、工艺的泥龄较长的情况下，除磷的效果对进入厌氧区的 NO_3^--N 非常敏感。厌氧池 NO_3^--N 的质量浓度高达 6.388 mg/L，硝酸盐的还原过程会消耗可供聚磷菌吸收所用的基质，所以硝酸盐的存在会降低进水的有效 BOD_5 与 TP 的比值，从而影响聚磷菌在厌氧区的有效释磷和在好氧区的过量吸磷。

② 泥龄的影响。为了同时达到脱氮和除磷两个目的，与单纯生物除磷系统相比本系

统的泥龄较长，大于 15 d。泥龄越长活性生物量越低，除磷能力也会相应降低。建议夏季温度较高时适当缩短泥龄，这样既不影响脱氮效果也可提高除磷效率，冬季时适当提高污泥回流比，使混合液中活性生物量增加，相应缩短污泥在二沉池中停留时间避免发生磷的二次释放，也可达到较好的效果，但回流比不能超过 100%，过大也会使除磷率降低。

③ 缺氧区溶解氧浓度的影响。由于系统长期过量曝气，致使回流污泥中溶解氧的质量浓度较高，一般保持甚至超过 0.75 mg/L，使缺氧区的 NO_3^--N 难以完全反硝化就进入厌氧区，对聚磷菌产生抑制作用。如果严格控制整个系统各段的溶解氧浓度，使厌氧段、缺氧段、好氧段溶解氧质量浓度分别为小于 0.2、0.2～0.5、1.3～2.0 mg/L，同时优化其他各种条件，肯定能达到高效脱氮除磷的目的。

（三）兖州矿业集团兴隆庄煤矿生活污水处理厂

1. 工程背景

兖州矿业集团兴隆庄煤矿生活污水处理厂设计处理规模为 1 万 t/d，服务于兴隆庄煤矿。兴隆庄煤矿生活污水属于典型的煤矿生活污水，除了居住区排放的生活污水外，工矿洗浴污水也占有一定的比例，同时还有部分地面冲洗用水和矿井水混入，矿生活污水水质与城市生活污水有一定差别，主要是污水中的 COD 和 BOD_5 较低，通常采用生物处理法。兴隆庄煤矿生活污水过去未经处理，直接排入白马河，最后流入南四湖，对地表水系造成一定程度的污染。为改善矿区环境质量，提高居民生活水平，促进矿区的可持续发展，兖州矿业集团决定将该矿生活污水处理后达到污水综合排放一级标准。根据兴隆庄煤矿生活污水水质、水量和场地要求，选择卡鲁塞尔（Carrousel）氧化沟工艺。

2. 工艺流程

生活污水经格栅井中的机械或人工格栅拦截漂浮物后进入吸水井，由吸水井内的潜污泵提升到旋流曝气除砂系统，出水自流入氧化沟，氧化沟出水经配水井进入二沉池，二沉池出水排放。二沉池内的污泥靠重力进入集泥井，回流污泥泵将回流污泥提升入氧化沟，剩余污泥泵将剩余污泥提升入污泥浓缩池，浓缩后的污泥自流入污泥泵井，再由污泥提升泵提升入储泥池，储泥池内污泥再由污泥脱水机房内的螺杆泵提升入带式压滤机，压滤后的泥饼外运。整体工艺流程见图 6-13。

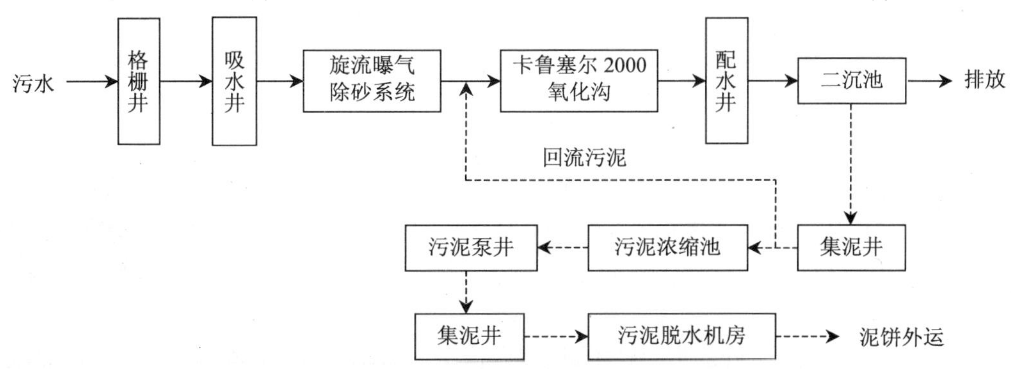

图 6-13　兴隆庄煤矿生活污水处理厂工艺流程

该工程主体工艺采用卡鲁塞尔氧化沟法，卡鲁塞尔氧化沟结构简单，利用倒伞型表曝机，可采用较大水深的池体，减少了占地面积，使该系统的能量利用得更充分。卡鲁塞尔氧化沟水力停留时间长、泥龄长和循环稀释水量大，污水进入氧化沟即被混合、稀释，能承受水量、水质的冲击负荷，具有较强的耐冲击能力。另外该工艺污泥产量少、性质稳定，同时由于氧化沟泥龄长，一般为 20～30 d，污泥在沟内已好氧稳定，污泥产量少，运行费用较低。其流程简单，运行稳定，处理效果好，运行管理方便，且可不设初次沉淀池，节省投资。

3. 主要参数

兴隆庄煤矿生活污水处理厂各主要处理构筑物和设备设计参数如下：

（1）格栅井及吸水井

格栅井平面尺寸 6.0 m×3.5 m×2.2 m，吸水井平面尺寸 8.0 m×6.0 m×4.2 m。格栅井内安装机械格栅和人工格栅各一台。吸水井内安装潜污泵 3 台，2 用 1 备。

（2）沉砂池

采用 YBSB-60 型曝气沉砂装置 2 套，该套设备由沉砂池、除砂装置、砂水分离装置三大部分组成。

（3）氧化沟

平面有效尺寸 53.70 m×24.75 m，有效水深 4.5 m，沟宽 5.8 m。氧化沟内设置 2 台倒伞型表面曝气机充氧，单台功率 55 kW。为确保氧化沟内流速，还设置了 2 台液下推进器，单台功率 4 kW。

（4）配水井

配水井平面尺寸为 3.55 m×3.25 m×5.0 m。配水井内设置 2 套 1 000 m×500 m 调节堰门，以均匀分配氧化沟出水至二次沉淀池。

（5）二次沉淀池

采用辐流式沉淀池，共 2 座，单池直径 20 m，池周边有效水深 3.4 m。采用中心进水周边出水，池内安装半桥周边传动刮泥机。

（6）集泥井

二沉池回流污泥靠重力进入集泥井，集泥井内设置 3 台回流潜污泵 2 用 1 备，2 台剩余污泥泵 1 用 1 备。

（7）污泥浓缩池

污泥浓缩池 1 座，直径 7.0 m，池周边有效水深 3.2 m，池内设置污泥浓缩机 1 台，浓缩后的污泥自流入污泥泵井。

（8）污泥泵井储泥池

污泥泵井和储泥池合建在一起，污泥泵井平面尺寸为 3.15 m×3.1 m×3.7 m，贮泥池平面尺寸为 4.5 m×4.5 m×3.9 m。污泥泵井内设置提升泵 2 台，1 用 1 备，储泥池内设置污泥搅拌机 1 台。

（9）污泥脱水机房

污泥脱水机房由于场地限制，只能利用原有厂房一楼东侧部分，平面尺寸 9.3 m×7.8 m。污泥脱水机房内设置 1 台 1 m 宽带式压滤机及配套加药设备、滤带冲洗泵等。

兴隆庄煤矿生活污水处理厂集控系统主要包括在线检测、自动控制、上位监控、生产管理以及报警和保护等功能：

（1）在线检测

在线检测生活污水进水水温、pH 和处理流量，氧化沟内 DO 值，机械格栅前、后液位，吸水井、集泥井、污泥泵井、贮泥池的液位等，在线检测的模拟量通过 PLC 传输给上位机，再由上位机传输给模拟屏。

（2）自动控制

自动控制主要由 PLC 来完成。机械格栅通过栅前、后的液位差由 PLC 自动控制开启和停止。潜污泵通过设定的开、停液位值和在线检测值进行比较，由 PLC 自动控制潜污泵的开、停台数。氧化沟内倒伞型表曝机根据沟内的在线 DO 值，通过 PLC 变频控制表曝机，使污水中的溶氧满足微生物降解有机物需要，节省能耗。刮泥机、剩余污泥泵、污泥浓缩机、污泥提升泵、污泥搅拌机等根据设定值自动运行。

（3）上位监控

上位机画面以动画图形及中文方式显示水温、pH、流量、DO、液位和动力设备的运行状态（运行、停止、故障）等信息，在操作画面上可对各动力设备进行操作。模拟屏上显示水温、pH、流量、DO、液位和各动力设备的运行状态等信息。

（4）生产管理功能

上位机随时检测并记录生活污水处理厂进水水温、pH、流量、氧化沟内 DO 值，格栅井、吸水井、集泥井、污泥泵井和储泥池中的液位等。管理人员可在上位机上任意输入时间段和时间间隔，对上位机记录的水温、pH、流量、DO、液位等进行查询或打印成生产报表。在上位机上可对各液位报警上、下线和控制运行上、下线，氧化沟内的 DO 设定值和部分设备定时运行的设定值等参数进行修改，以满足生产管理需要。

（5）报警及保护功能

当发生电气、液位、机械等故障时系统进行声、光报警，并采取相应措施。上位机故障时，PLC 可以组成独立控制系统进行工作，增加系统的可靠性。若整个上、下位自动系统均发生故障，现场电控柜和变频柜均具有手动功能，以保证生活污水处理系统正常运行。

4. 处理效果

兴隆庄煤矿生活污水处理厂采用卡鲁塞尔氧化沟处理工艺，适宜兴隆庄煤矿生活污水水量和水质特点，在去除污水中有机污染物的同时，还能有效地降低氨氮和磷的含量，避免地表水体产生富营养化，环境效益明显。经运行实践表明，该处理工艺构筑物简单、运行管理方便、维修量很少、处理效果稳定可靠，其实际运行净化效果见表 6-5。工程投资 860 万元，吨水投资 860 元，水处理成本 0.36 元/t，具体费用见表 6-6。

表 6-5　实际进出水水质

监测项目	pH	SS/（mg/L）	COD/（mg/L）	BOD_5/（mg/L）	石油类/（mg/L）
进水	6.90	81.8	176	78.0	3.64
出水	7.04	18.0	52.5	17.5	1.34

表 6-6 工程投资及处理成本 单位：元

工程投资	土建	设备	安装	其他	合计
	380	300	150	30	860
运行费用	电费	人工费	维修费	折旧费	合计
	0.192	0.075	0.025	0.068	0.36

（四）荷兰 Leidsche Rijn 污水处理厂

1. 工程背景

Leidsche Rijn 污水厂位于荷兰 Dutch 城的西部 Leidsche Rijn，因其将紧邻居民区建设，建筑标准较高，需与周围环境协调，不得产生公害。同时该厂排出的污水必须符合严格的氮、磷排放标准，由于荷兰该地的地价很高，还必须限制其占地。因此，该污水处理厂在全球首先采用了一种由 Carrousel 2000 系统发展而来的新型的深型 Carrousel 氧化沟系统，现在称之为 Carrousel 3000 氧化沟工艺，此系统大大减少了占地面积，在降低成本的同时也增强了耐低温能力（可达 7℃），提高运行灵活性，见图（彩）6-14。

Leidsche Rijn 污水厂使用了一种 7.5 m 深，圆形综合一体化 Carrousel 3000 氧化沟系统。一期工程是建造一座服务人口为 70 000 人口当量，处理能力为 1 600 m^3/h 的污水厂，二期工程再建一座 15 5000 人口当量，处理能力为 4 600 m^3/h 的污水厂，建设于 1998 年初开始，2000 年中期通水运行[11]。

2. 工艺流程

污水经粗、细格栅和曝气沉砂后，进入圆形综合一体化氧化沟。氧化沟结构上分为四个区（图 6-15），污水和回流污泥由池中心的进水井流入首先进入选择池，再依次进入厌氧池、预反硝化池和曝气池，开始循环流过程，形成厌氧—缺氧—耗氧的 A-A-O 过程，能够获得优异的脱氮除磷效果。该工艺的一个重要特点是预反硝化池，这样在工艺开始可充分利用易生物降解有机物进行反硝化，提高脱氮效果。选择池是利用高有机负荷筛选菌种，抑制丝状细菌的增长，同时预反硝化与上流式厌氧池结合还有利于除磷，增强对聚磷菌的选择，保证低温下完成除磷。使用表面曝气器，为了适应深沟型的反应池，使用了一种位于曝气器下的垂直圆筒吸水管如图（彩）6-16 所示，这种所谓的吸水管几乎延长至池底，使曝气器将池底缺氧水抽上来，以保证全池适当的混合，并在廊道中安装推进装置以消除吸水管设计的推进不足的影响。曝气和推进装置，采用了一种高级曝气控制器（QUTE）来灵活地控制氧气的输入。氧化沟出水进入二次沉淀池，二沉池出水排入河流，污泥回流至选择池前，剩余污泥经浓缩、脱水后进入污泥处置。其主要工艺流程如图 6-17 所示。

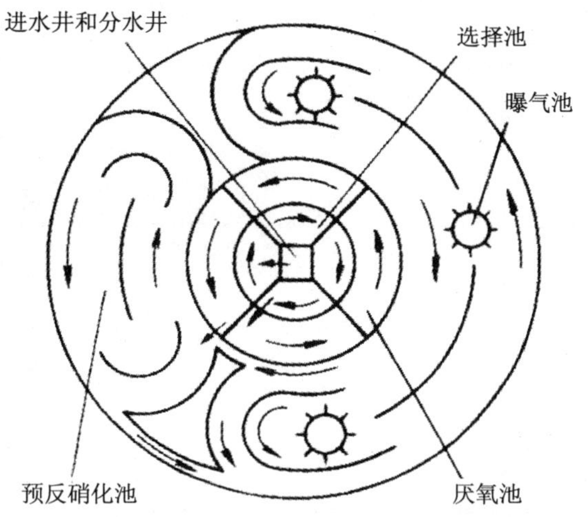

图 6-15　Leidsche Rijn 污水厂 Carrousel 3000 氧化沟结构示意图

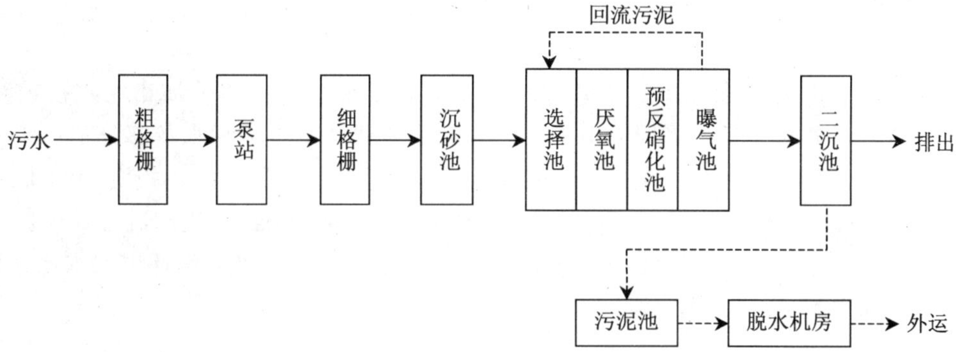

图 6-17　荷兰 Leidsche Rijn 污水处理厂工艺流程

3. 主要参数

Leidsche Rijn 污水厂，一期工程服务人口为 70 000 人口当量，最大设计流量为 1 600 m^3/h，采用圆形综合一体化 Carrousel 3000 氧化沟系统。反应池从中心开始，包括以下环状连续工艺单元：进水井和用于回流活性污泥的分水器；分别由四部分组成的选择池和厌氧池。之外是有三个曝气器和一个预反硝化池的主反应池。反应池直径为 49 m，曝气池有效水深 7.5 m，曝气池和预反硝化池容积总和为 18 900 m^3，其中预反硝化池体积占 17%。3 个曝气器单台功率 90 kW，5 个水下推进器单台功率 4 kW。污泥负荷为 0.049 kg（BOD_5）/[kg（MLSS）• d]。

4. 处理效果

Leidsche Rijn 污水厂采用新型的 Carrousel 3000 型氧化沟工艺，采用大池深和“同心圆”式池体，池壁共用，大大降低了占地面积和工程造价，并提高了耐低温能力（可达 7℃）。采用选择池、厌氧池、预反硝化池和曝气池组合，显著提高了氮、磷的处理效果，获得了优异的出水水质。其 BOD_5 去除率高达 95%～99%，COD 去除率可达 95%，脱氮率可达 90%以上，除磷率也可达到 90%左右，且出水水质稳定，运行管理方便。该厂 2002 年的进、出水情水质情况见表 6-7。

表 6-7 Leidsche Rijn 污水厂 2002 年的进、出水情水质情况

项目	进水水质/（mg/L）	出水水质/（mg/L）	去除率/%
COD	475	25	95
BOD_5	220	2.9	99
TKN	45	1.6	96
NO_3^--N	—	0.8	—
TN	45	2.4	94
TP	7.6	0.5	93

（五）克拉玛依南郊污水处理厂

1. 工程背景

克拉玛依市南郊污水处理厂的建设，主要是为了缓解克拉玛依城市污水排放量大而污水处理能力不足的情况，采用 Orbal 氧化沟工艺处理城市生活污水及部分工业废水。工程于 2000 年 4 月开始投建，2002 年 8 月 14 日正式运行。工程实际总投资 1.89 亿元，占地面积 10.34 hm^2，设计处理污水量为 10 万 m^3/d，由 3 座 Orbal 氧化沟进行处理。设计进水水质为：BOD_5 为 200 mg/L，COD 为 400 mg/L，SS 为 270 mg/L。设计出水水质达到《污水综合排放标准》中的二级标准。

2. 工艺流程

根据对污水脱氮除磷的要求，以及 Orbal 氧化沟工艺成熟、构筑物少、操作简便、抗冲击负荷能力强的特点，选用 Orbal 氧化沟为主体工艺，由 3 座氧化沟平行进行处理。污水经过格栅，进入旋流沉砂池，去除无机颗粒物，再经巴氏计量槽分流进入 3 座氧化沟，完成有机物降解及生物脱氮除磷过程后，氧化沟出水进入二沉池，每座氧化沟对应 11 座沉淀池，二沉池出水经消毒后排入集水池排放，污泥打入污泥回流泵房，回流污泥回至氧化沟，剩余污泥经浓缩脱水后外运处置。整体工艺流程见图 6-18。

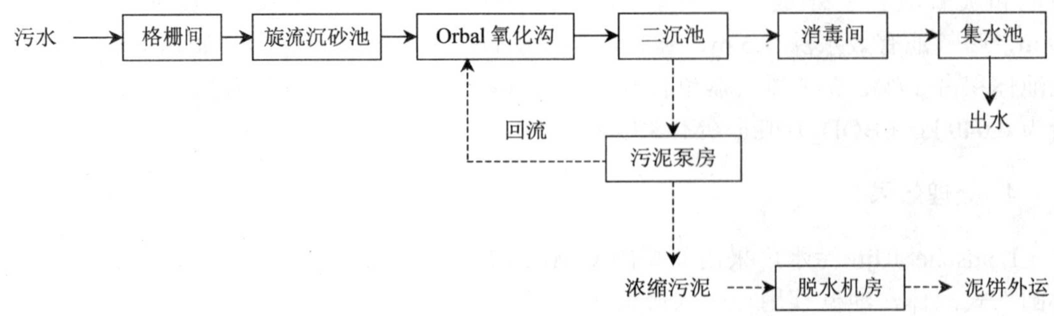

图 6-18 克拉玛依市南郊污水处理厂工艺流程

该工程主体工艺为 Orbal 氧化沟，氧化沟由 3 个同心椭圆组成，污水从外沟流入，内沟流出，形成 3 个完全混合反应器的串联形式。3 沟的容积分配为：外沟占总池容的 62%，中沟占 21.6%，内沟占 15.5%。氧化沟采用 0-1-2 操作模式，即控制 Orbal 氧化沟外、中、内三沟的 DO 分别为 0 mg/L、1 mg/L、2 mg/L。污水从外沟进入，与回流污泥混合，在外沟经充分循环后进入中沟，最后进入内沟。从外沟到内沟 DO 依次增高，形成氧浓度梯度。该操作模式的关键在于控制外沟限制性充氧和内沟的富余性充氧。

外沟承载了系统 100%的负荷和 50%以上的过程氧气，大部分反应在该沟完成。由于外沟 DO 很低或为零，就很有可能发生同时硝化反硝化。事实上，外沟各部分的 DO 并不是完全相同的，曝气器前后的 DO 相差很大。只有紧接着曝气器的小部分容积是 DO 充足的曝气区，而更多的容积内 DO 保持在 0～0.5 mg/L。由于在好氧区域水中的有机物被氧化，大部分有机氮化合物发生硝化反应，进入缺氧区域后生成的硝酸盐被反硝化，形成氮气逸出。

中沟的 DO 接近 1 mg/L，实际上该沟 DO 不断波动，当外沟承受较大冲击负荷时，过量的负荷将会转移到中沟。

内沟的 DO 一般为 2 mg/L 或更高。当混合液进入该沟后，大部分污染物已经被降解。经过曝气，进入二沉池的混合液 DO＞2 mg/L，省去了污泥消化过程，防止了在二沉池内污泥的反硝化，提高了出水 DO 浓度。

克拉玛依市南郊污水处理厂采用 Orbal 氧化沟工艺，具有以下设计特点：

① 用 Orbal 氧化沟处理生活污水，构筑物少而紧凑，处理流程简单，不设初沉池、污泥消化池，全过程通过中央控制室自控系统，操作方便。

② 节能。占氧化沟总容积 62%以上的外沟溶解氧质量浓度为 0～0.5 mg/L，在限制性充氧状态下进行氧传递，这就使得有较大的溶氧驱动力，提高了充氧的动力效率。

③ 具有脱氮除磷功能。Orbal 氧化沟运行时，其外、中、内 3 沟的溶解氧质量浓度控制在 0 mg/L、1 mg/L、2 mg/L，污水在厌氧好氧段循环，可达到脱氮除磷的效果。

④ 抗负荷冲击能力强。Orbal 氧化沟工艺强抗冲击负荷能力的主要原因有两点：一是一般为低负荷设计，且多数情况下沟内能维持较高的 MLSS，一时的冲击负荷不足以对微生物产生抑制作用；二是沟内的循环流量很大，为进水流量的几十倍甚至上百倍，在流态上每个沟道都具有完全混合的特征。高浓度废水进入沟中后迅速被稀释混合对系统不会产生很大影响。

3. 主要参数

克拉玛依市南郊污水处理厂各主要处理构筑物设计运行参数为：

（1）格栅间

污水通过粗细 2 道格栅，共有 3 组格栅。运行管理时，过栅流速控制在 0.6～1.0 m/s。

（2）旋流沉砂池

设旋流沉砂池 2 座，型式为圆形，内径 4.87 m，池深 3.99 m，进水渠宽 1.0 m，出水渠宽 2.0 m。主要设备为搅拌设备和排砂泵，搅拌设备包括电动机、传动装置、驱动管等，为成套设备。在运行管理中，进水渠道内的流速控制在 0.6～0.9 m/s，水力表面负荷控制在 200 m^3/（m^2·h），停留时间为 20～30 s。

（3）Orbal 氧化沟

采用 3 座 Orbal 氧化沟，单座处理量为 3.3 万 m^3/d，3 沟的容积分配为：外沟占总池容的 62%，中沟占 21.6%，内沟占 15.5%。氧化沟总长 90.6 m，总宽 55.1 m，设计水深 4.2 m，单沟容积为 16 667 m^3，水力停留时间 12 h，设计 MLSS 质量浓度为 4 g/L，污泥龄为 20 d，污泥负荷（BOD_5/MLSS）为 0.1 kg/1 kg，污泥回流比为 100%。

采用转碟曝气，碟片上分布大量的三角凸起，根据转碟旋转方向的不同，分为“底部推进”和“顶点推进”，底部推进具有较大推动力。通常，采用“底部推进”方式。转速 49 r/min 和 55 r/min。电机功率 45 kW/台，每座氧化沟安装 10 组转碟，转碟最大浸没深度 530 mm，正常运转时浸没 400 mm。每座氧化沟的出水采用 2 台 3 m 的旋转调节堰，可调节氧化沟水面高低，使转碟处于最佳浸没深度。每座氧化沟内还安装 DO 仪 3 台，ORP 仪 1 台和污泥浓度计 1 台。根据 DO 仪在线所测数据，中央控制系统对氧化沟工作转碟台数自动进行调节。

（4）辐流式沉淀池

设 3 座周边进水、周边出水辐流式二沉池。混合液从池周的进水槽流入，通过槽底配水孔下流，经导流墙裙入池，进行沉淀分离。池径 40 m，池边水深 4.5 m。排泥装置采用中心传动刮吸泥机，周边线速度 3.14 m/min。旋转 1 周需时 40 min 左右。采用液位差自吸式排泥，并设置进水槽及池内浮渣收集排除装置。

（5）加氯间

二沉池出水经加氯进行消毒。采用液氯消毒技术，使用 4 台加氯机（3 用 1 备）。污水单位投氯量 5 mg/L，总投氯量 500 kg/d，单台加氯机投氯量≥7 kg/h。设置真空转换装置、液氯蒸发装置及氯气过滤装置等加氯辅助设备和水射器等混合设备。

（6）污泥处理区

污泥处理工段由浓缩池、污泥脱水机房和污泥堆棚等部分组成。3 座ϕ1400 m 的浓缩池采用重力浓缩方式，处理量 1 900 m^3/d，进泥含水率 99.2%，浓缩后出泥含水率为 3%。污泥脱水采用 AD1220C 型离心脱水机，处理量为 32 m^3/h，污泥脱水后含水率可达 70%～80%。

4. 处理效果

克拉玛依市南郊污水处理厂采用 Orbal 氧化沟工艺，具有构筑物少，操作简便，出水水质稳定，能适应不同水质水量的冲击的优点。同时 Orbal 氧化沟具有独特的 3 沟结构，可以很好地对氮磷等营养物进行脱除。另外由于克拉玛依地处新疆，干旱少雨，且 Orbal 氧化沟处理效果好，出水经检测达标后还可用于绿化用水。在冬季，只要保持氧化沟表面不结冰，污水仍然能达标排放。表 6-8 为污水厂半年稳定运行数据，可以看出，Orbal 氧化沟具有很好的处理效果，出水污染物浓度远低于国家二级排放标准（GB 18918—2002）。

另外根据 2005 年监测数据显示，该污水厂进水 COD 质量浓度波动较大，平均进水 COD 为 437 mg/L，出水 COD 平均质量浓度为 40 mg/L，基本稳定在 60 mg/L 以下，平均去除率达 90.15%。进水 COD 质量浓度波动较大，这是因为污水厂承载了全市的污水，包括部分工业废水，但出水 COD 基本稳定在 60 mg/L 以下，即使在进水 COD 波动较大的 3—6 月，仍然能保持很稳定的出水 COD 浓度。表明 Orbal 氧化沟具有较强的抗冲击负荷能力。

表 6-8　Orbal 氧化沟工艺的处理效果

项目	进水	出水	排放标准
COD/（mg/L）	158～1 048	11～63	100
BOD_5/（mg/L）	140～288	1～20	30
NH_3-N/（mg/L）	15～37	0.1～14	25
pH	6.9～7.9	7.4～7.8	6～9

而在脱氮方面，2005 年平均进水 NH_3-N 质量浓度为 27.84 mg/L，平均出水质量浓度为 5.31 mg/L，平均去除率达到 82.01%。在进水水质波动较大的月份，出水 NH_3-N 质量浓度偏高，说明水质波动对 Orbal 氧化沟的脱氮处理有较大的影响。通过稳定各沟 DO 质量浓度、控制回流污泥量等工艺的调整，消除了污泥膨胀对系统脱氮的影响，并使出水 NH_3-N 质量浓度保持稳定（基本维持在 5 mg/L 以下）。对出水中 NO_3^--N 的控制，在硝化过程中，氨氮 90%以上被转换为硝酸盐氮，而经过反硝化过程，出水 NO_3^--N 为 4.5～6.5 mg/L，这是一个较好的水平，如果想得到更好的脱氮效果，可以进行内沟到外沟的回流。当回流比为 4∶1 时，氮的脱除率可以达到 95%。

（六）南京市江宁污水处理厂二期工程

1．工程背景

江宁开发区污水处理厂位于风景怡人的将军山风景带东侧，秦淮河畔，建设规模为 4 万 m^3/d，占地面积 8.3 hm^2，是南京市江宁区首家设施完善、工艺先进的现代化污水处理厂。工程分两期建成。其中一期工程总投资 6 500 万元，采用奥贝尔氧化沟工艺，处理污水 2 万 t/d，于 2001 年底竣工，2002 年 5 月正式运行；二期工程总投资约 3 000 万元，采用 A^2/O 法氧化沟工艺。工程于 2002 年 10 月动工，2003 年底竣工，2004 年 6 月正式投入运行[25]。

江宁开发区污水处理厂设计的进水水质为：COD 质量浓度≤350 mg/L，SS 质量浓度≤200 mg/L，BOD_5 质量浓度≤180 mg/L，TP 质量浓度≤8 mg/L，NH_3^--N 质量浓度≤40 mg/L。建成运行后，出水水质执行的是《城镇污水处理厂污染物排放标准》（GB 18918—2002）的一级 B 标准，即：COD 质量浓度≤60 mg/L，SS 质量浓度≤20 mg/L，BOD_5 质量浓度≤20 mg/L，TP 质量浓度≤1.5 mg/L，NH_3^--N 质量浓度≤8（15）mg/L（括号内数值为水温≤12℃时的控制指标）。

2．工艺流程

江宁开发区污水处理厂二期工程采用氧化沟活性污泥法，氧化沟工艺无需设置初次沉淀池，污水经粗、细格栅和平流沉沙后，进入二级处理系统。为了能达到良好的除磷脱氮的效果，二期工程采用的是 A^2/O 法氧化沟工艺。氧化沟设置了 4 条循环沟，形成了缺氧区、厌氧区、好氧区这几大区域，这样污水和活性污泥的混合物在厌氧区完成释磷、反硝化的过程，在缺氧区进一步完成反硝化的过程，在耗氧区完成硝化过程。氧化沟的曝气是采用转碟曝气机曝气，设有二次沉淀池和污泥回流装置。二沉池出水排入秦淮新河，回流污泥回流至氧化沟前的配水井，剩余污泥经浓缩、脱水后外运处置。其主要工艺流程如图 6-19。

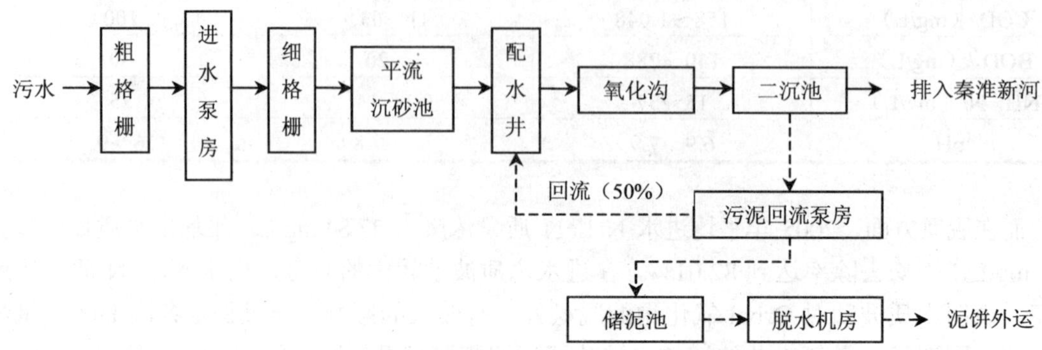

图 6-19 江宁开发区污水处理厂二期工程工艺流程

3. 主要参数

江宁开发区污水处理厂二期工程主要构筑物设备及设计参数如下：

（1）粗格栅与进水泵房

粗格栅与进水泵房为合建式。配 2 台型号为 HG-1500 的粗格栅，栅距为 25 mm。粗格栅主要是拦截污水中大的漂浮物，保证后续设备的正常运行。栅渣由型号为 XLJ-260 的螺旋输送机输送到运输斗外运。

进水泵房泵室为长方形，有效水深为 6 m。配置 4 台型号为 WQ700-11-37 的潜水排污泵，流量为 700 m^3/h，扬程为 11 m，功率为 37 kW。

（2）细格栅与平流沉砂池

细格栅与平流沉砂池为合建式。2 台细格栅采用的是循环式齿耙，型号为 XGC-1200，栅距为 6 mm。

平流沉砂池上配 2 台链条刮砂机，型号为 LCS-1200，宽度 1 200 mm，长度 23 m。

细格栅所产生的栅渣由型号为 XLJ-260 的无轴螺旋输送机输送至型号为 XYJ-300 的螺旋压榨机，压榨外运。链条刮砂机所产生的细砂由型号为 XLJ-260 的螺旋输送机外运。

（3）氧化沟

氧化沟是全厂构筑物的核心。江宁开发区污水处理厂共有 4 座氧化沟。其中二期工程的 2 座氧化沟设计有效水深为 2.5 m，氧化沟的曝气是通过转碟曝气机来实现的。每座氧化沟上设 4 组曝气机，2 组定速，直径为 1 400 mm，跨度为 12.6 m，充氧效率为 32 kg/h，功率为 30 kW；2 组调速，功率为 22 kW 和 30 kW，跨度为 12.6 m。为了防止氧化沟内的污泥沉积，每座氧化沟上设 6 台水下推进器，其中 2 台功率 1.5 kW，2 台 2.2 kW，2 台 3.0 kW，直径分别为 880 mm、1 080 mm、1 190 mm。

在氧化沟的出水堰后设置了 2 台内回流泵，将混合液回流至缺氧区进行反硝化。型号为 RCP250，功率为 2.2 kW，流量为 417 m^3/h，内回流泵一用一备。设计流量为 100%。为了避免内回流至厌氧区的混合液中的硝酸盐影响释磷效果，厌氧区将释磷和反硝化区域作了划分。

（4）二沉池

二期的 2 座二沉池采用的是中心进水周边出水的辐流式沉淀池。所用设备是周边传动虹吸式吸刮泥机，直径为 30m，水深为 4.5m，功率为 0.55kW。每台吸刮泥机配 7 只 ϕ150 的虹吸管。

（5）回流污泥泵房

回流污泥泵房内设 4 台潜水轴流泵，型号为 350ZQB-70D，扬程为 2.16 m，功率为 7.5kW，流量为 555 m^3/h。

（6）加药间

为了协调解决污水处理系统中除磷脱氮的矛盾，江宁开发区污水处理厂设计中采用了加药系统。在总磷不能达标排放的情况下采用加药的方法，即用化学方法除磷，从而保证总磷的去除率。

加药间配有 2 台型号为 HM 15-530PP 隔膜计量泵，功率为 0.18 kW。2 个复合玻璃钢溶药罐，型号为 JYB-10-0.6，功率为 0.6 kW。2 个贮药池搅拌器，型号为 ZJ-800，功率为 3.0 kW。从目前运行结果来看还不需要加药除磷，生物处理完全能够达标排放。

（7）脱水机房

脱水机房是污泥处理系统的主要构筑物。主要设备有带式脱水一体机，型号为 SND2000。脱出的泥饼由型号为 SFL 320X 10000 的无轴螺旋输送机输送。另配干粉自动投加机，型号为 SZY 2000。

（8）加氯间

为进一步提高污水厂排水水质，减少对秦淮新河的污染，江宁开发区污水处理厂采用了加氯消毒措施，氯气的投加是通过负压加氯机来实现的。

4．处理效果

江宁开发区污水处理厂二期工程调试于 2004 年 3 月 24 日开始进入调试阶段。由于有一期的活性污泥接种，调试过程得到大大缩短。调试阶段的具体过程如下：

（1）活性污泥接种培养阶段（3 月 24 日—3 月 31 日）

从一期接入大量的活性污泥，再按高负荷连续培养法培养。即：将曝气池注满污水后，停止进水，闷曝 2 d，然后按设计流量连续进水和曝气，池中形成污泥絮体后，开始以 20%左右的外回流比回流。

这期间活性污泥沉降性能较好，出现了许多原后生动物，其中以线虫、钟虫及少量的变形虫为主，说明活性污泥培养成功。实际测得出水 COD 为 60～90 mg/L，MLSS 为 800～1 400 mg/L，SS 为 6～20 mg/L。

（2）工艺联动调试阶段（4 月 1 日—4 月 25 日）

随着混合液活性污泥浓度的提高，适当提高回流比。当混合液活性污泥的浓度达到 2 500 mg/L 左右时。开始适量排放剩余污泥。此时外回流比控制在 50%～60%。当混合液活性污泥的质量浓度达到 3 500 mg/L 左右时，根据设计将污泥龄控制在 18 d 左右。每天定量的排放剩余污泥。

这期间实际测得出水 COD 质量浓度为 30～60 mg/L，SS 质量浓度为 6～18 mg/L，BOD_5

质量浓度为 2～8 mg/L，TP 质量浓度为 0.18～0.46 mg/L，NH_3^--N 质量浓度为 18～21 mg/L。从测得的结果来看，除 NH_3-N 较高外，其余均达到《城镇污水处理厂污染物排放标准》的一级 B 标准。硝化菌由于世代周期较长，受温度影响大，生长缓慢，需经过一段时间的适应期培养成熟，保证出水 NH_3- N 达标。

（3）污泥脱水阶段（4 月 14 日—4 月 25 日）

当混合液活性污泥的质量浓度达到 2 500 mg/L 左右时，开始适量地排放剩余污泥，达到 3 500 mg/L 左右时，通过调整排泥量，控制污泥的泥龄在 18 d 左右，保证氧化沟混合液活性污泥的一定浓度。

对几个厂家的高分子絮凝剂试用均达到顺利脱水的目的，泥饼含水率低于 80%。

（4）NH_3-N 调试达标阶段（4 月 25 日～5 月 25 日）

在混合液活性污泥的质量浓度达到 3 500 mg/L 持续 10 d 左右时，出水的 NH_3^--N 值在不断地下降，一般维持在 8 mg/L 左右，最好时达到 3 mg/L。因此，NH_3-N 的排放指标也达到了《城镇污水处理厂污染物排放标准》（GB 18918—2002）的一级 B 标准。

（5）稳定运行阶段（6—9 月）

经几个月的试运行结果表明，江宁开发区污水处理厂二期工艺设备运转正常，污水和污泥的处理效果达到了设计要求。试运行期间，每月平均日污水处理情况见表 6-9。

2004 年 10 月，南京市环境监测中心对江宁开发区污水处理厂二期工程进行了全面调查和监测。2005 年 2 月该厂二期工程正式通过了由南京市环保局组织的“江宁开发区污水处理厂二期环保工程竣工验收”。认定该厂二期处理后的排水水质达到《城镇污水处理厂污染物排放标准》（GB 18918—2002）的一级 B 排放标准。

表 6-9 江宁开发区污水处理厂二期工程污水处理情况 单位：mg/L

项目		月份			
		6 月	7 月	8 月	9 月
BOD_5	进水	92.9	108.9	123.3	125.9
	出水	8	7.8	8.2	8.3
COD	进水	206.8	240.2	246.5	298.8
	出水	40.2	38.4	45.6	46.1
SS	进水	276	430.5	454	467.5
	出水	7.4	10.9	9	11.8
NH_3^--N	进水	15.2	16.6	24.2	23.9
	出水	6.1	3	3.3	4.2
TP	进水	3.1	2.3	3.3	4.5
	出水	0.25	0.28	0.5	0.72

（七）广东东莞凤岗镇雁田污水处理厂

1. 工程背景

东莞凤岗雁田管理区位于东莞市东南部，与深圳特区相邻，工商业发达，工厂和当地居民生活排放出来的废水严重破坏了河流的生态环境，令河流变黑发臭，影响当地居民的生活。东莞市环保局和当地政府联合建设雁田污水厂，用于处理当地居民和工厂企业部分排放出来的生活污水，以改善河流的生态环境。

雁田污水处理厂位于凤岗镇雁田村沙岭，占地 43 亩，由广东省环保局、东莞市环保局、广东省东江—深圳供水工程管理局、雁田村四方共同投资，是我国第一座村级城市二级污水处理厂，该厂采用丹麦克鲁格公司双沟式氧化沟污水处理工艺，运用厌氧-好氧工艺，能有效脱氮除磷。工程设计分两期完成，一期工程规模为日处理污水 1.5 万立方米，总设计日处理水量 3 万立方米，一期工程于 1994 年 10 月动工，1997 年 4 月建成投产，工程造价 5 624 万元人民币，包括铺设集污管道和作为保证工程的厂房。水厂规划服务人口 7 万人，汇水面积 22 km^2，原水包括生活污水和工业废水[26]，设计进出水水质见表 6-10。

表 6-10　设计水质及排放标准

项目	pH	COD/（mg/L）	BOD_5/（mg/L）	SS/（mg/L）	TP/（mg/L）
废水水质	6.5～8	410	165	100	2～3
排放标准	6～9	≤60	≤20	≤20	≤0. 5

2．工艺流程

雁田污水处理厂采用 DE 型氧化沟工艺，能够有效地脱氮除磷，使污水达标排放，污水首先进入进水池，之后流经粗、细格栅去除污水中的垃圾杂物，避免水泵等机器设备的损坏，之后污水进入沉砂除油池，在鼓风曝气作用下去除原水中砂粒和油污。经预处理后污水与沉淀池的回流污泥进入厌氧池中混合，在氧化后前设置厌氧池可对水中大分子有机物起到水解酸化作用，另外回流污泥中的聚磷菌在厌氧段可充分释磷，有利于提高好氧段的除磷效果。污水经 3 级厌氧池反应，再经布水器，进入氧化沟，进行好氧处理，DE 型氧化沟是双沟式组合环形氧化池，双沟连通，氧化沟采用转刷表面曝气机，通过配水井对水流流向的切换，堰门的起闭以及曝气转刷的调速，在双沟中创造交替的硝化、反硝化条件，能够有效地达到脱氮的目的。DE 型氧化沟配有独立的二沉池和污泥回流系统，氧化沟出水混合液在沉淀池中进行固液分离，泥水分离后，活性污泥被回流到厌氧池，出水排入出水，达标排放，经带式压滤机脱水后，变成泥饼，外运填埋。其整体工艺流程见图 6-20。

3．主要参数

污水厂的主要设备和构筑物设计参数如下：

（1）进水池

设进水池 1 个座，设计规格为 $L\times B\times H$=7.5 m×3.5 m×3.5 m。

（2）格栅

装有粗格栅和细格栅各一套，自动去除污水中的垃圾，以减少对后续水泵等机器设备的损坏。粗格栅的栅距 6 cm，细格栅栅距是 3 cm。粗格栅每 2 h 自动运行清渣 1 次，细格栅 1 h 运行清渣 1 次。栅渣由环卫部门外运到填埋场处理。

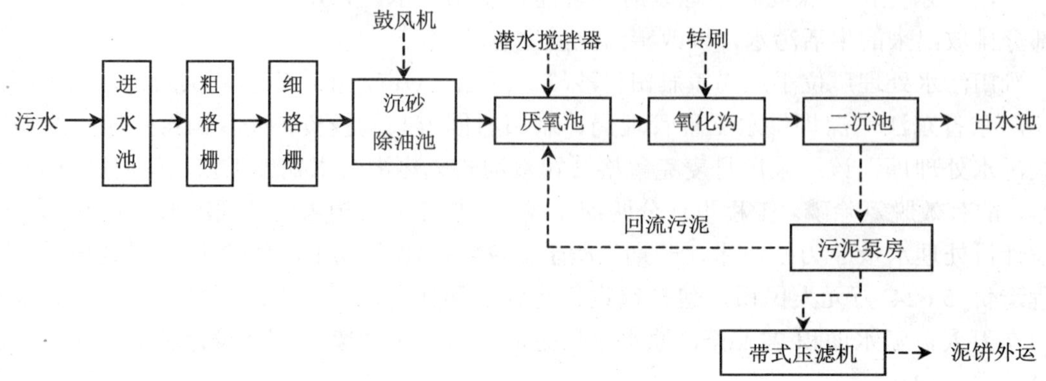

图 6-20 雁田污水处理厂工艺流程

（3）沉砂除油池

设沉砂除油池一座，在鼓风曝气作用下，污水中的油脂被微气泡吸附，上浮成油脂层，被刮油器抽走。砂粒则被截留在池底，经水泵抽走。设计规格 $L\times B\times H$=15 m×8.6 m×4 m，有效水力停留时间是 0.5 h。

（4）厌氧池

厌氧反应池 3 座，三级串联运行，设计规格 $L\times B\times H$=10 m×9 m×4.5 m，设有水下搅拌器，使污泥与废水均匀接触反应，有效水力停留时间为 1 h。

（5）氧化沟

DE 型氧化沟两座，设计规格为 $L\times B\times H$=59.8 m×25 m×4.5 m，有效 HRT = 4.8 h。每座氧化沟安装 3 台转刷曝气器，2 座氧化沟共安装有 6 台转刷曝气器。

（6）沉淀池

设幅流式沉淀池一座，设计规格为 $\Phi\times H$=37 m×4.5 m。

（7）出水池

设出水池 1 个座，设计规格为 $L\times B\times H$=2.5 m×3.5 m×2 m。

（8）污泥泵池

设污泥泵池 1 个座，设计规格为 $L\times B\times H$=5.1 m×4.8 m×4 m。

4．处理效果

雁田污水处理厂于 1997 年 4 月建成，并开始进行启动调试。启动过程首先进行的是污泥的培养。由于该地城市污水有大量细菌和营养物，且温度较高，因此在培养细菌时，直接采用闷曝的方法，未接种菌种和投加营养物，启动污水泵，将污水引入氧化沟中，待各污水池满负荷后，启动搅拌器和转刷进行闷曝，污水中的微生物细菌在氧化沟环境内驯化，开始适应新环境，进而在新环境中繁殖。该污水处理应用 PLC 程序，自动转换布水器，交替进水入氧化沟。当污水经厌氧池处理后进入其中一个氧化沟，该沟的转刷偶尔慢速动，使该沟的 DO≤0.5 mg/L，保持缺氧状态，进行反硝化反应。另一氧化沟的转刷则高速动作，使该氧化沟的 DO=1.5 mg/L 左右，保持好氧状态，进行硝化反应。连续入水培养细菌 1 个多月后，当氧化池的 MLSS=4 000 mg/L，活性污泥基本培养成功，出水清澈，达标排放。

该污水处理厂稳定运行后的进水水质见表 6-11，实际运行结果显示该厂运行效果良好，出水水质优良，能够有效地脱除氮磷，极大地减少雁田管理区一带日益加剧的工业及生活污水对东深供水河的污染。此外，该厂的使用氧化沟工艺处理污水，未投加化学药剂，运行成本较低，处理每吨水的平均耗电量约为 0.19 kW・h。

表 6-11 设施运行结果 单位：mg/L

COD_{Cr}		BOD_5		TP		TN	
进水	出水	进水	出水	进水	出水	进水	出水
300	85	75.5	4.5	2.2	0.48	18.2	8.2
200	80	60.5	3.4	1.3	0.4	11.3	7.5
150	65	80	4.0	1.98	0.38	14.5	6.8
180	70	77	4.3	1.65	0.31	18.8	8.2

（八）四川蓬安县城市污水处理工程

1. 工程背景

蓬安县位于四川省东北部南充市境内，位于嘉陵江中游，随着城市经济建设的迅速发展，蓬安县的工业废水、生活污水排放总量逐年增加，但该县的排水体制大多为雨污合流制，致使临近的嘉陵江和清溪河及下游水体水质均受到不同程度的污染。为保护环境、减少污染，该县建设了城市污水处理工程，建设规模及主要内容为处理污水 1.5 万 t/d 及配套管网，主体工艺采用三沟式氧化沟，总占地面积为 14 267 m^2，有效占地面积为 12 475 m^2，利用系数为 87%，工程于 2003 年 12 月投产运行[27]。

设计进水水质为 SS 质量浓度：200 mg/L，BOD_5 质量浓度：180 mg/L，COD_{Cr} 质量浓度：300 mg/L。设计出水水质满足《污水综合排放标准》(GB 89782—1996) 一级排放标准，即：SS 质量浓度≤20 mg/L，BOD_5 质量浓度≤20 mg/L，COD_{Cr} 质量浓度≤60 mg/L。

2. 工艺流程

蓬安县城市污水处理工程主体工艺采用三沟式氧化沟，工艺流程简单，管理运行方便。污水首先进入粗格栅提升泵房，提升后经细格栅进一步去除杂物后，进入沉砂池去除无机颗粒，之后污水经计量渠后计入主体处理单元——三沟式氧化沟。三沟式氧化沟由三个氧化沟组建在一起，三个氧化沟之间相互双双连通，两侧氧化沟交替作曝气池和沉淀池，中间池一直为曝气池，无需单设初沉池和污泥回流装置（曝气池和二沉池合建），同时较长的泥龄能使污泥基本得到好氧稳定，也无需另设消化池，其基建和运行费用均低于其他生物脱氮工艺，而且该工艺还具有一定的耐冲击负荷能力，可适应水量水质的适当变化，处理效果较好，能保证处理出水达标排放。氧化沟出水直接进入经消毒池，消毒后外排，剩余污泥打入污泥池，污泥经浓缩脱水后，污泥送入脱水污泥堆棚，滤液回流至进水端，干化后的污泥外运填埋处置。污水处理整体工艺流程见图 6-21。

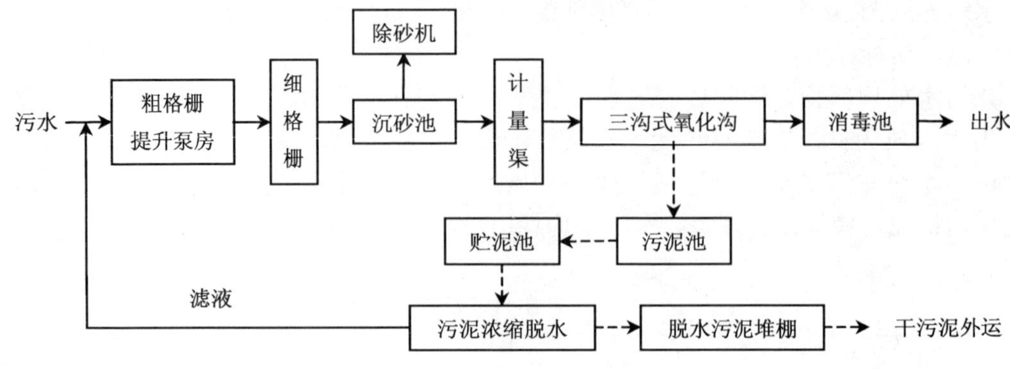

图 6-21　污水处理工艺流程

3. 主要参数

污水处理厂主要处理构筑物设计参数如下：

（1）钟氏沉砂池

采用 2 座沉砂池，沉砂池采用国内引进消化的钟式旋流式沉砂池，具有效率高、占地小等特点，池径 2.45 m，高度 3.2 m，压缩空气提升沉砂。主要去除污水中 $d \geqslant 0.2$ mm 的砂粒，使无机砂粒与有机物分离开来，便于后续生化处理。它的除砂效率为 $d \geqslant 0.297$ mm，$\eta \geqslant 95\%$；$d \geqslant 0.211$ mm，$\eta \geqslant 85\%$；$d \geqslant 0.149$ mm，$\eta \geqslant 65\%$。沉砂中有机物分离效率为 $\eta \geqslant 95\%$。

（2）三沟式氧化沟

工程共设 2 座三沟式氧化沟，每座平面尺寸 43.5 m×28.25 m，三沟六通道（每通道宽 4.5 m），有效水深 4.5 m，钢筋混凝土结构，表面曝气设备采用玻璃钢转蝶式曝气机，保证了设备使用寿命并降低了装机容量。设计规模为 1.5 万 m^3/d，总变化系数 K_z=1.3；设计峰值流量为 813 m^3/h；设计出水 SS 质量浓度=10 mg/L；设计出水 BOD_5 质量浓度=15 mg/L；污泥浓度 MLSS 质量浓度=4～4.5g/L；污泥（MLSS）BOD_5 负荷 F_w=0.082 kg/（kg •d）；污泥龄 θ=25～30 d；剩余泥量 1.65 t/d；水力停留时间 HRT = 14.5 h。

（3）污泥池

由氧化沟排出的剩余污泥，经污泥池中的污泥泵送到贮泥池进行浓缩脱水。设计污泥池 2 座，平面尺寸 3 m×3 m，水深 118 m，钢筋混凝土结构。

（4）贮泥池

贮泥池作用为污泥浓缩、脱水而调蓄部分剩余污泥。为了避免高含磷量的剩余污泥中的磷在厌氧条件下重新释放，工程采用污泥机械浓缩。设计剩余干污泥量 1.65 t/d，含水率 99.6%的剩余污泥流量 Q =412.5 m^3/d。停留时间 25 min（按 12 h 运行考虑）。设贮泥池 1 座，贮泥池平面尺寸 $B \times L$ = 2.0 m×2.0 m，有效水深 3.5 m，有效容积 14 m^3。

（5）污泥脱水间

污泥脱水间将污水处理过程中产生的污泥进行浓缩、脱水，降低含水率，便于污泥运输和最终处置。浓缩脱水间平面尺寸 $L \times B$ = 24 m×15 m。

4. 处理效果

蓬安县城市污水处理工程根据工程规模和水质条件，采用三沟式氧化沟技术，将污水的生化处理、固液分离、污泥回流等工艺都组合在同一构筑物内，简化了污水处理的单元和构筑物数量，节省了工程投资，简化了运行管理。同时该工艺还具有较强的适应冲击负荷的能力，可适应中小城市水量、水质昼夜变化大的特点，处理效果良好。废水正常运行后，每天都对各项水质进行监测，其处理效果见表 6-12，监测结果表明其出水水质主要指标优于《污水综合排放标准》（GB 8978—1996）中的一级标准。

表 6-12 污水的处理效果 单位：mg/L

项目	进水质量浓度	处理后质量浓度	排放标准
SS	200～250	≤12	≤20
BOD_5	100～120	≤16	≤20
COD_{Cr}	200～250	≤28	≤60

（九）重庆市荣昌县安富镇污水处理厂

1. 工程背景

安富镇污水处理厂［图（彩）6-22］位于重庆市荣昌县安富镇，工程于 2005 年 10 月开工，2006 年 10 月竣工，被重庆市建委及重庆市环保局列入重庆市三个污水处理示范项目工程之一，作为“污水处理新技术、新工艺和建设模式”的试点，为重庆开展小城镇污水处理工程提供工程样板。

污水处理工程占地 4 亩，设计处理水量为 1 800 t/d。采用一体化氧化沟工艺技术，工程总投资 280 万元，其中厂内工程 190 万元，管网及其他配套工程投资 90 万元。设计出水水质达到《城镇污水处理厂污染物排放标准》（GB 18918—2002）的一级 B 类排放标准。工程建成后［图（彩）6-23］，荣昌县安富镇生活污水直排洗布谭河流入濑溪河的历史将改变，濑溪河的水质将有望达到国家次级河流的水质要求标准。

2. 工艺流程

工程采用物化＋生化处理工艺，城镇污水首先进入格栅井，去除大颗粒悬浮物以后，经过集水井提升泵进入沉砂池，经过沉砂池去除污水中的无机颗粒。然后出水进入水解酸化池，经过水解酸化池后的污水进入一体化氧化沟。一体化氧化沟工艺是该工程的核心工艺，采用转碟曝气器，使用船式沉淀器，集沉淀、污泥回流、出水于一体，有效减少曝气量，节省污泥回流装置，降低运行费用。

该工艺采用的一体化氧化沟，结构上具有 A^2/O 工艺的特性，能够同步脱氮除磷，但其回流特性又不同于传统 A^2/O 工艺。一体化氧化沟的回流具有如下特点：1）厌氧段的回流混合液来自缺氧段，使厌氧段中的硝态氮含量降低，有助于厌氧段聚磷菌的释磷。2）缺氧段和好氧段之间实现了混合液的水力内回流，省掉了一套机械回流装置。3）固液分离器在实现固液分离作用的同时实现了污泥向好氧段的无泵自动回流，再次省掉了一套机械回流装置。与传统 A^2/O 工艺相比，一体化氧化沟工艺省掉了两套污泥回流系统，大大节省了工程建设费用和运行管理维护费用，这是合建式一体化氧化沟的优势所在。

该工程在氧化段加入了絮凝剂，增强污泥的絮凝沉降性，降低曝气需氧量，使出水能够稳定达标排放。氧化沟出水经过接触池消毒以后，外排进入洗布潭河。本工程消毒采用二氧化氯消毒，污泥处理采用板框压滤机进行脱水。污水厂主要工艺流程如图 6-24 所示。

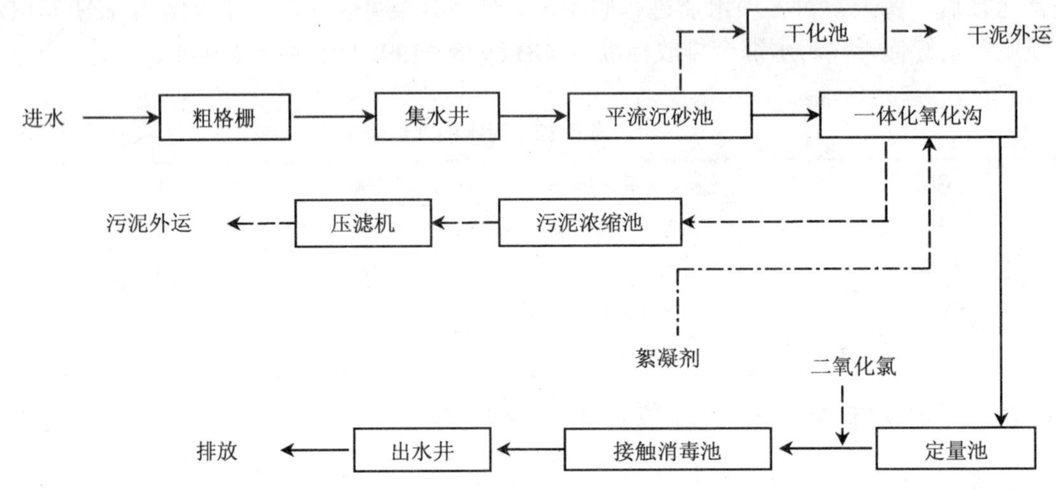

图 6-24 安富镇处理厂污水处理工艺流程

3. 主要参数

重庆市安富镇污水处理厂占地 4 亩，设计进水主要参数为：设计处理水量为 1 800 m³/d，设计平均流量为 75 m³/h，总变化系数 K_Z=1.25，设计最大流量为 100 m³/h。

一体化氧化沟由厌氧区、缺氧区、好氧区组成，主要目标是生物脱氮除磷，同时去除 BOD_5 和 SS 等其他污染因子。主要设计参数见表 6-13。

表 6-13 一体化氧化沟工艺设计参数

参数名称	参数值	参数名称	参数值
设计流量	1 800 m³/d	厌氧停留时间	1 h
缺氧停留时间	2 h	好氧停留时间	12 h
污泥回流比	0.50	污泥龄（SRT）	16.8 d
污泥（MLSS）BOD_5 负荷	0.08 kg/[（kg・d）	混合液质量浓度（MLSS）	4 000 mg/L
廊道宽度	6.0 m	廊道长度	50 m
水深	3.50 m	剩余污泥产生量	0.45 t/（d・座）
好氧区 DO	2.0 mg/L	缺氧区 DO	＜0.2 mg/L
需氧量	350 kg/d		

厌氧区与缺氧区之间采用孔洞连接，厌氧区设水下推进器防止污泥沉淀，数量 1 台，功率 1.5 kW。氧化沟内设转碟 1 台，直径 1.4 m，轴长 6 m，转碟曝气机配电机功率 18 kW，单台供氧量大于 16 kg/h。沟内设水下推进器 3 台，其中两台功率 1.5 kW，1

台功率 3.0 kW。氧化段设絮凝剂投加点，对于减少曝气量、节省运行费用、提高污泥生物絮凝活性等有很好效果。氧化沟设溶解氧检测 1 台。整个污水处理厂配备管理人员 1 人，工作人员 3 名，操作管理运行简便。

4. 处理效果

重庆市荣昌县安富镇污水处理厂，于 2006 年 10 月全面竣工开始运行，其设计出水水质达到《城镇污水处理厂污染物排放标准》（GB 18918—2002）一级 B 类标准。工程运行后，经过环保监测验收，其出水水质稳定达标而且出水水质优于 GB 18918—2002 一级 B 类出水排放标准。出水排入濑溪河，明显改善河流及周围的环境状况。安富镇污水处理厂设计进、出水水质见表 6-14。

表 6-14 安富镇污水处理厂设计进出水水质

污染物名称	进水水质	出水水质
pH	6～9	6～9
COD_{Cr}/（mg/L）	300～350	≤60
BOD_5/（mg/L）	250	≤20
SS/（mg/L）	250	≤20
动植物油/（mg/L）	20	≤3
氨氮/（mg/L）	30	≤8（15）
TP/（mg/L）	4.0	≤1.5
粪大肠菌群数/（个/L）		≤10^4
色度		≤30

（十）河南信阳火车站北站污水处理厂

1. 工程背景

信阳北站污水处理厂位于新建的河南信阳火车站北站，服务范围为整个站区，污水来自站区内生产和生活用水，其中生活污水占 20%，工业废水占 80%，工业废水主要为含油废水，含油废水经过预处理后与生活污水混合汇入处理厂。

2003 年 3 月—2003 年 7 月的检测结果表明混合废水的 BOD_5 质量浓度为 86～127 mg/L，COD 质量浓度为 150～236 mg/L，SS 质量浓度为 120～162 mg/L，NH_3-N 质量浓度为 7.2～14.3 mg/L，TP 质量浓度为 1.7～2.5 mg/L，pH 值为 6.0～7.5。该污水处理厂设计最大污水处理能力为 1 600 m^3/d，主体处理工艺采用一体化氧化沟工艺，船型沉淀器，设计出水按 GB 8976—1996 中的一级标准达标排放[28]。

2. 工艺流程

信阳北站污水处理厂主体工艺为一体化氧化沟，污水首先经分流井进入格栅井去除杂物及大颗粒悬浮物，之后进入 1 号泵井调节水量，污水经提升后进入平流沉砂池去除污水中的无机颗粒，然后出水进入一体化氧化沟。一体化氧化沟为该工程的核心处理单元，采用转刷曝气器，并在其沟内设有船式沉淀器，集沉淀、污泥回流、出水于一体，省去了污泥回流装置，减小占地面积，并可降低运行费用。氧化沟出水经接触消毒池消毒后作为出水排放，剩余污泥则排入淤泥井，污泥再经浓缩池浓缩后送入污泥脱水间，脱水后制成泥饼外运，浓缩池上清液则回流至分流井与原污水混合重新进入处理系统。污水处理厂整体工艺流程如图 6-25 所示。各构筑物均为钢筋混凝土结构。

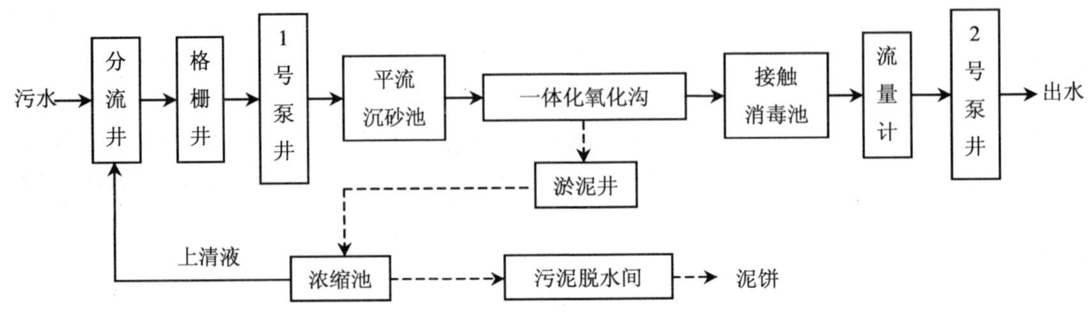

图 6-25　信阳北站污水处理厂工艺流程

3. 主要参数

信阳北站污水处理厂各构筑物均为钢筋混凝土结构，其主要构筑物的设计参数如下。

（1）1 号泵井

1 号泵房为一圆形水池，直径为小于 6 m，有效水深 6 m，水力停留时间 4 h，采用两台 WQ100-15-11 型潜水泵抽水。此水池的目的是调节来水量和抽升量之间的不平衡。

（2）平流沉砂池

平流沉砂池设有两条廊道，尺寸 8.4 m×0.6 m×0.8 m，有效水深为 0.45 m，水力停留时间 32 s，每条廊道的中部设有 *DN* 200 mm 重力排泥管，污水通过重力排泥管排到底部的集砂池中。

（3）氧化沟

一体化氧化沟分两池，有效容积为 1 600 m^3，有效水深 3.5 m，污泥龄为 30 d，水力停留时间 16 h。进水排泥排水均在同侧，沟内设有船式沉淀器 CDQ-3.0/5.5。配套的机械设备有 2 台 ZSB1000/4.5 型转刷曝气机，1 台 GQ T-2.2 型潜流推进器。氧化沟中设计 1 座多斗式沉淀船，船长 16.45 m，宽 5 m，有效水深 1.4 m，实际有效容积 112 m^3，为钢式结构。氧化沟工艺图如图 6-26 所示。

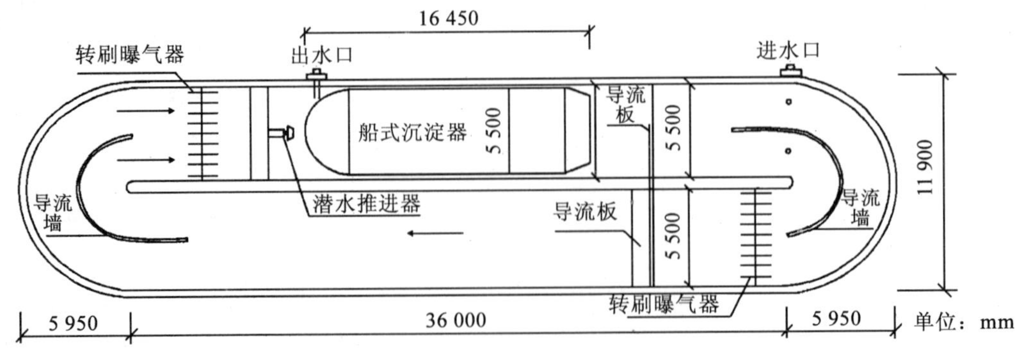

图 6-26　氧化沟工艺图

（4）接触消毒池

接触消毒池为圆形建筑结构，直径为 3.5 m，有效水深为 2.6 m。由于污水中含有有害病菌，为防止污水造成的二次污染，采用 CQ-1000 型二氧化氯发生器向出水投加二氧化氯进行消毒灭菌处理，保证出水水质达到排放标准。与传统的加氯消毒方式相比，该法消毒具有不产生致癌物质的特点。

4. 处理效果

该污水处理工程于 2003 年 3 月开始调试，调试过程包括预调试阶段和污泥驯化两个阶段。

（1）预调试阶段

主要是检测设备、管线与自控装置是否符合规范和设计要求，以验证有关系统运行参数。通过预调试，各设备能正常运行，但氧化沟内污水平均流速为 0.22 m/s，略小于设计参数 0.3 m/s。由于当氧化沟流速保持在 0.3 m/s 以上时可满足沟内污水循环要求。经分析，认为是转刷曝气器转速不够（低速 9 r/min；高速 54 r/min）。转刷曝气系统在整个氧化沟工艺中作用相当重要，除完成充氧功能外还承担着水力推动作用。充氧不足将对后续活性污泥的生长产生抑制作用；水力推动力不足将会造成氧化沟内污泥沉积，从而减少氧化沟的有效容积。经与设计单位协调，将转速调整至低速 45 r/min、高速 81 r/min，调整后氧化沟内混合液流速平均达到 0.34 m/s。

（2）污泥驯化阶段

铁路车站产生污水的特点是：①污水总体 BOD 偏低，生物处理相应困难；②污水含油量较生活污水高。根据本污水处理厂进水特点，确定污泥驯化阶段的主要内容有：①依据水质特征调整污水营养成分，使之适合生物处理；②菌种驯化。

驯化过程如下：①引入某污水处理厂好氧阶段剩余污泥接种，主要为活性污泥性恢复阶段，此阶段注意投加营养物质（粪便），并且使营养比例控制约在 C∶N∶P= 100∶5∶1，时间为 2～3 周。②逐步提高待处理污水负荷，基本上按照每 5d 左右将进水浓度提高 20%，此阶段要注意的问题是，由于进水的营养状况对微生物生长有不利影响，因此需适时投加营养物质来调整污水营养成分；另外，此阶段处理负荷不能提高太快，以免使活性污泥生长受到抑制，时间为 4～6 周。③满负荷运行，主要使活性污泥安全适应污水特性并形成优势菌种，时间为 4～5 周。

污泥驯化过程中发现，在连续运转情况下，发生轻微跑泥的现象。经分析认为是沉淀船的出水堰长度不够，导致沉淀时间不够使得流速大于沉淀速度而出现污泥随着出水从出水堰溢出，导致出水水质中 SS 达不到出水水质要求。改进措施是，根据早晚进水水量变化大的特征，将连续运转方式改为间歇运转方式，以减缓出水流量和流速，同时将消毒池作为沉淀船后端的二次沉淀池作用，结果效果较好，出水水质达到要求。

经过 5 个月的运行调试，通过对系统运行方式及有关参数进行改进，活性污泥生长良好。出水平均水质达到 GB 8976—1996 一级排放标准，见表 6-15。通过实际运行，可以看到一体化氧化沟技术用于含工业废水较多的车站废水处理，取得了较为理想的运行效果，且具有流程简单、出水水质较高、污泥沉降性能好、耐冲击负荷等优点，并且该污水处理厂的所有主要运行设备已实现了自动化 PLC 控制，运行管理方便，适合中小型污水处理厂的应用。同时应当指出，转刷曝气器是氧化沟工艺的关键设备，它的正常运转与否将直接影响到整个处理工艺的效果，所以应根据污水的处理规模、水质情况以及构筑物结构尺寸选择合理的转刷功率。

表 6-15 进、出水水质　　单位：mg/L

项目	进水		出水	
	范围	平均值	范围	平均值
BOD_5	86～127	103	8～20	15
COD	150～236	181	25.9～40	39
SS	120～162	148	16～21	19
NH_3-N	7.2～14.3	11	1.6～2.3	1. 8
TP	1.7～2.5	2.1	0.5～0.9	0. 7

（十一）北京怡生园国际会议中心污水处理与回用工程

1．工程背景

北京怡生园国际会议中心位于北京市顺义县潮白河东岸的马坡乡，占地面积 24.8 hm^2，是以会议、休闲和娱乐为主的四星级高档公共休闲度假场所，会议中心内有面积 2 万 m^2，有效水深 1.5 m 的人工湖一座。中心的两侧临近水源保护区，不得有新建排污口。为了满足污染零排放的要求，于 1997 年建成了一座日处理能力 300 m^3 的地埋式污水处理工程，利用生物接触氧化技术进行污水处理。由于对用水量的估计不足，污水排放量远远大于污水处理设施的处理能力。为了保护当地环境，新建二期处理工程，并将一期出水提升进入二期污水处理系统合并处理。

二期工程污水处理能力为 700～1 100 m^3/d，生活污水全部收集处理，核心单元采用氧化沟+混凝气浮工艺，处理后的出水注入人工湖中储存，作为消防储水、景观、绿化和道路喷洒的用水，达到污水零排放。污水处理设施的建设形式采用了地上半开放式，占地面积为 370 m^2。

原水水质情况为：COD 质量浓度为 250 mg/L、BOD_5 质量浓度为 150 mg/L、SS 质量浓度为 100 mg/L，pH 6～8，LAS 质量浓度为 5.0 mg/L。污染物负荷为：COD 为 200 kg/d，BOD_5 为 120 kg/d，SS 为 80 kg/d。

设计出水水质根据《北京市中水水质标准》及《生活杂用水水质标准》（CJ25.1—89）要求，处理后出水的主要水质指标为：COD 质量浓度为 50 mg/L，BOD_5 质量浓度为 10 mg/L，SS 质量浓度为 10 mg/L，pH 6～9，LAS 质量浓度为 0.5 mg/L。出水注入会议中心的人工湖，为确保人工湖湖水水质处于良好的稳定状态，人工湖水质另有循环水处理设施得以保证[29]。

2．工艺流程

考虑一期污水处理设施的过滤系统工作不够理想，二期与一期衔接。污水经提升流入二期污水处理系统，首先进入生物选择器及氧化沟。在该系统中，水中绝大部分有机污染物被去除，并在后续的气浮设备中实现固液分离。为了确保气浮效果，在进入气浮池前向水中投加混凝剂聚合氯化铝（PAC），处理后的出水经加药消毒后排入人工湖，系统中产生的少量剩余污泥由污泥泵输送到化粪池进行厌氧消化，定期排走。污水处理流程见图6-27。

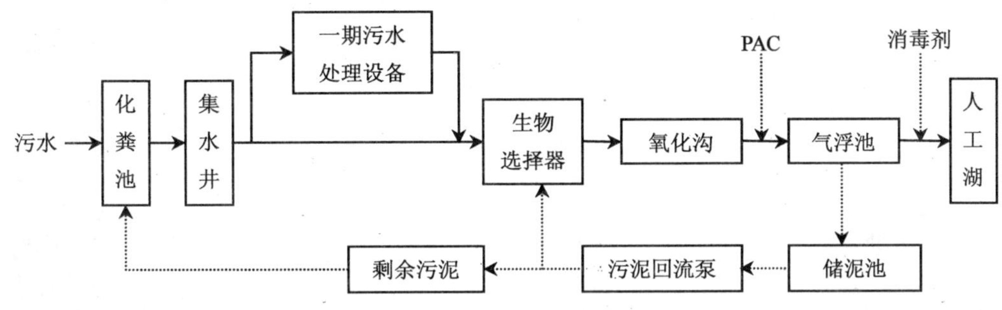

图6-27　污水处理工艺流程

二期工程的生物处理采用了带生物选择器的氧化沟工艺。采用了缺氧生物选择器作为生化处理系统的起始工艺。污水在进入氧化沟之前，与回流污泥在选择器内完全混合，使沉淀性能良好的菌胶团菌成为优势菌群，大大抑制了丝状菌的产生，从而避免了污泥膨胀，保证氧化沟的良好运行。采用了氧化沟作为生化处理的主体工艺，氧化沟采用膜片式微孔曝气器水下曝气。

氧化沟内设有缺氧段及好氧段，好氧段使得沟内循环的污水进行硝化反应，15%左右的缺氧段使得沟内循环的污水进行反硝化反应，因此此工艺具有脱氮能力。污水进入气浮池前投加PAC，不仅保证出水中SS降至10 mg/L以下，还有除磷作用。

工艺中泥水分离系统采用了高效气浮工艺，一方面可以提高回流污泥浓度，减少回流比，另一方面也可保证出水SS低于出水标准要求。高效气浮设备可以自动控制水中溶气量，自动刮沫，无须专人操作，出水管上的可调节套筒可以调节水池内的水位，以适应进水量的变化。由于气浮浮渣的含水率较低，大大减少了剩余污泥体积。

工程设计所遵循的《北京市中水水质标准》及《生活杂用水水质标准》（CJ 25.1—89）虽然对于总氮、磷没有明确的指标要求，但因为处理系统的出水要进入人工湖，为防止人工湖富营养化，在工艺设计中也适当考虑除磷脱氮，保证注入人工湖的水质。污水处理系统注意了与周围环境的协调，处理设施的建筑采用了与周围建筑群落相呼应的造型，与整体环境相一致。

3. 主要参数

工程采用了氧化沟作为生化处理的主体，氧化沟水下设有180个充氧曝气头，曝气头为膜片式微孔曝气器，水力特性好，微孔不易堵塞，污水不易倒流。曝气头直径为215 mm，微孔数量2 000个，曝气量1～3 m^3/h，服务面积0.5～1 m^2。水下同时设有2台流速为0.3m/s的水下推进器提供沟内循环动力。由于污水在沟中停留时间内要做数百次循环，沟中的流态近似于完全混合，因此对水温、水量、水质的变化有较强的适应性。氧化沟泥龄大于30 d，剩余污泥量较少。主要构筑物及设备的具体参数见表6-16和表6-17。

表 6-16　主要构筑物设计参数

构筑物	主要设计参数
生物选择器	HRT = 30 min
氧化沟	MLSS = 2.5～3.5g/L，SRT ＞30d，L = 32.6 m，H = 2.2 m
气浮池	$L×B×H$ = 5.0 m×1.6 m×2.2 m
污泥池	V = 30m^3，H = 2m

表 6-17　主要设备参数

设备	型号	功率/kW	数量
水下推进器	RW40S-4S	7.5	2 台同时工作
鼓风机	SSR-100	7.5	2 台，1 用 1 备
高效气浮设备	FA-120	20	1 套
污泥提升泵	CP-3085-MT	2.0	2 台，1 用 1 备
污泥回流泵	CP-3067-MT	1.2	2 台，1 用 1 备
电磁流量计	IFM3080-80		1 台
加药计量泵	R40811，R40911	0.2	2 台

4．处理效果

北京怡生园国际会议中心是北京建成较早，全部生活污水回用的工程之一。该工程建成至今，运转始终良好，出水达到回用水要求。全部生活污水回用既开发了新水源，又减轻了城市污水处理负担和排水设施的负荷，还减少了环境污染，同时运行管理方便，整个处理设施与中心的整体环境协调一致，具有良好的经济效益和社会效益，为污水回用提供了一个很好的工程实例。

（1）运行情况

怡生园国际会议中心的污水回用设施自 1998 年投入使用以来，运行稳定可靠，出水水质良好。以 2002 年 1 月—2002 年 3 月 COD 监测值为例，出水的 COD 平均值仅为 20 mg/L 左右，远远好于设计出水的水质要求。采用的气浮工艺使出水清澈，其 SS 小于 10 mg/L，优于水质标准。另外，整个处理工艺对污水中的氮、磷也有较好的处理效果，在运行期间，出水的 NH_3-N 质量浓度＜10 mg/L，总磷质量浓度＜0.5 mg/L。

处理系统耐冲击负荷。进水的水质和水量变化对出水水质影响较小，会议中心不论旺季还是淡季，处理系统均可保证稳定的出水。例如，7—8 月会议中心满负荷运行，以出水 COD 为例，平均监测值仅为 30～40 mg/L，说明处理系统适用于较宽的水质和水量的范围。

处理系统中的处理工艺便于管理。生物选择器、氧化沟无复杂设备，运行过程中无须人员操作管理。高效气浮装置配有自动控制系统，实现了运行自动化，只设置一名兼职管理人员，降低了运行成本。

处理系统的出水直接注入人工湖，人工湖作为会议中心的景观水体，夏季用于垂钓、鱼类观赏及绿化，冬季用于观赏及冰上运动，由于作为人工湖补充水源之一的污水处理系统的出水水质良好，减轻了人工湖循环水处理设施的负担，延长了循环周期。

污水处理成本包括电费、药剂费、人工费、折旧费、大修费、维修费及管理费用等。其中，药剂费只涉及 PAC，由于回用水绿化及养鱼垂钓的需要，目前没有投加消毒剂。人工费只考虑一名兼职人员。污水处理成本详细计算如下：

① 电费：46 kW×0.8×24 h×365 d/a×0.6 元/（kW・h）= 193 420 元/a；

② 药剂费：365 d/a×2 元/kg×2.5 kg/d = 1 825 元/a；

③ 人工费：800 元/月×1 人×12 月/a = 9 600 元/a；

④ 折旧费：3 000 000 元×4.6% = 138 000 元/a；

⑤ 大修费：3 000 000 元×2% = 60 000 元/a；

⑥ 维修费：3 000 000 元×1% = 30 000 元/a；

⑦ 管理费用等：取上述费用的 10%，43 285 元/a；

⑧ 年总处理成本：47.61 万元（含折旧），32.43 万元（不含折旧）；

⑨ 年总处理水量：29.2 万 m^3（以处理能力 800 m^3/d 计）；

⑩ 单位污水处理成本：1.6 元/m^3（含折旧），1.1 元/m^3（不含折旧）。

（2）经济效益

污水回用毕竟具有明显的环境效益，还具有良好的社会效益和经济效益。这些效益有些可直接计量，有些只能间接计量，而且有些效益是无形的，难以量化。仅从所节约的水资源费、净水边际费用、城市污水处理费等几方面，来表示此处理工程的直接经济效益：

① 回用水节省的水资源费。北京地区地表水的水资源费为 0.49 元/m^3，近期地下水的水资源费为 1.47 元/m^3，远期地下水的水资源费为 2.45 元/m^3。以最小投入的地表水源为例，节省的水资源费以 0.49 元/m^3 计。

② 回用水节省的净水边际成本。净水边际成本是指增加单位净水量所引起的总供水成本的增加量。以北京市某水厂为例，净水边际成本（不含折旧）为 2.14 元/m^3。

③ 节省的城市污水处理成本。经调查，污水处理运行成本（不含折旧）平均值为 0.72 元/m^3。

④ 投入产出分析。污水回用的投入，即单位污水处理成本，为 1.1 元/m^3（不含折旧）。污水回用的产出为：3.35 元/m^3（不含折旧，不计管道）。污水回用的投入产出比为 1∶3。上述分析中，净水边际成本和城市污水处理设施的处理成本均不包含设备折旧及管道的建设和运行成本。

投入产出分析中，仅考虑了污水回用系统可节约的水资源费和减少的城市给水排水工程建设费用及运行费用，未计入因节水而增加的国家财政收入，污染物排放对社会造成的损失费用等，因此分析结果是较为保守的。若将污水回用所带来的直接及间接的综合经济效益逐一量化，其投入产出比将大大提高。若北京怡生园国际会议中心的自来水价格以 5 元/m^3 计，其投入产出比还将进一步提高。

第七章 序批式活性污泥法（SBR）

一、技术原理

序批式活性污泥法（Sequencing Batch Reactor，SBR），也称间歇式活性污泥法，属传统活性污泥法的变型，是近十几年来应用最广泛的城市污水生物处理工艺之一。SBR的显著特点是，在单一的反应器内，在时间上进行各种目的的不同操作，故称之为时间序列上的废水处理工艺，它集调节池、曝气池、沉淀池为一体，不需设污泥回流系统。

SBR是传统活性污泥法的一种变型，它的反应原理和污染物质的去除处理机制和传统活性污泥法基本相同。其在流态上虽属完全混合式，但在有机物的降解反应的时间历程上属于推流式。典型的SBR工艺，其操作过程由进水、反应、沉淀、出水和待机5个基本过程组成，从污水流入开始到待机时间结束开始下一次进水，构成是一个周期。整个周期的所有过程发生在同一反应池内，池内设有进、出水以及曝气或搅拌装置。整个处理系统通过周期式的反复运行，一般需要至少2个SBR池，可使系统连续运行。在SBR的运行过程中，其各个过程是可进行灵活控制的，可以通过曝气方式和反应时间的控制，实现好氧、缺氧、厌氧的交替运行，实现氮、磷去除。其基本操作过程见图（彩）7-1。

表 7-1 SBR 反应池工作过程特征

过程	占池体容积比/%	时间/h	曝气状况
（1）流入	25～100	2～4	有/无
（2）反应	100	7～14	有/无
（3）沉淀	100	1.5～2	无
（4）排水	35～100	1～2	无
（5）待机	25～35	0.5～1	有/无

二、工艺类型

SBR工艺的运行方式，早在1914年就被英国学者Arden和Locker所提出，但由于曝气器及自控设备等原因，不久就演变成连续运行的传统活性污泥法。现今的SBR工艺，是在1971年由美国印第安纳州Natre Dame大学的R. L. Irvine教授等人首次提出的，其是将老式的充排系统改为间歇进水、间歇排水的SBR处理系统。20世纪80年代出现了连续进水的ICEAS（间歇式循环延时曝气活性污泥法），后来又发展到CAST（循环式活性污泥法）、DAT-IAT（连续流间隙曝气）等工艺。我国于20世纪80年代中期开始对SBR进行系统研究与应用，近年来由于新型检测仪器出现和自动控制系统的发展，使SBR系统运行逐渐实现了自动化，又由于 SBR 系统在去除有机物的同时还能很好地满足脱氮除磷效果，使其得到了越来越广泛的应用。

传统的 SBR 工艺虽然具有众多的优点，但是同时也存在着设备的闲置率较高、需要较大的调节池、无法解决大型污水处理项目连续进、出水的处理要求等问题，因此科技人员不断改进和开发了各种新型的 SBR 改进型工艺——ICEAS、CAST、DAT-IAT、MSBR、UNITANK 等。

（一）ICEAS 工艺

ICEAS 工艺，称为间歇式循环延时曝气活性污泥法（Intermittent Cyclic Extended Activated Sludge），是澳大利亚新南威尔士大学与美国 ABJ 公司的 Goronszy 教授合作研究开发的一种连续进水、间歇排水运行方式的 SBR 变形工艺。一般采用两个矩形池为一组的 SBR 反应器，每个池子的进水端增加了一个预反应区，一般处于缺氧状态，预反应区后为主反应区，是曝气反应的主体，占总池容积的 85%～90%。运行时，污水连续进入预反应区，并通过缓冲墙下端的小孔连续流入主反应区，沿主反应区池底扩散，不会对主反应区的混合液造成搅动，从而实现连续进水。

ICEAS 工艺与传统的 SBR 工艺相比，其能够实现连续进水更利于较大型污水处理厂，且运行周期更短，在处理市政污水和工业污水方面比传统的 SBR 工艺费用更节省、出水效果更好。但其也存在着一些问题，连续进水使沉淀期主反应区底部造成水力紊动，影响分离时间，故水量受到限制，设备利用率和容积利用率较低，且脱氮效果一般。

（二）CAST 工艺

CAST 工艺又称 CASS 或 CASP（Cyclic Activated Sludge System/Technology/Process 的缩写），即循环式活性污泥法，是在 ICEAS 工艺的基础上开发出来的。该工艺是利用不同微生物在不同的负荷条件下生长速率差异和污水生物除磷脱氮机理，将生物选择器与传统 SBR 反应器相结合的产物。与 ICEAS 相比，预反应区容积较小，并设计成为更加优化合理的生物选择器，而且增加了活性污泥的回流。CASS 反应器由 3 个区域组成：生物选择区、兼氧区和主反应器，各区的容积比为 1∶5∶30。污水首先进入选择区，选择区的停留时间一般为 1 h，之后污水与来自主反应器的混合液（20%～30%）混合，经过厌氧反应后进入主反应区。生物选择器通常在厌氧或兼氧的条件下运行，可以有效防止污泥膨胀的产生，在高浓度污泥条件下具有良好的释磷作用，另外在这个区内的难降解大分子物质易发生水解作用，对提高有机物的去除率具有一定的促进作用。污水在反应器内经历厌氧—缺氧—好氧过程，可以取得同时脱除氮、磷的效果。

CAST 工艺操作运行灵活，可连续进水，有较强的抗冲击负荷能力，且反应器在完全混合条件下运行而不发生污泥膨胀，具有的良好的污泥沉淀性能和良好的脱氮除磷性能，使得 CAST 工艺在全世界范围内得到广泛推广。

（三）DAT-IAT 工艺

DAT-IAT 工艺，是以由需氧池（Demand Aeration Tank）为主体处理构筑物的预反应区和以间歇曝气池（Intermittent Aeration Tank）为主体的主反应区组成的连续进水、间歇排水的工艺系统。污水首先进入需氧池（DAT），一般情况下 DAT 池连续进水，连续曝气，一部分剩余污泥由 IAT 池回流到 DAT 池，连续的高强度曝气强化了活性污泥的生物吸附作用，大部分可溶性有机物在“初期降解”中被去除。DAT 出水进入主反应区 IAT 池，在此可完成曝气、沉淀、滗水和排出剩余污泥工序，从 DAT 流入 IAT 的混合液流速很低，对 IAT 不产生扰动。由于 DAT 池的调节作用，提高了整个工艺的稳定性，使 IAT 进水水质稳定、负荷低，且能够提高硝化效果。

进水工序只发生在 DAT 池，排水工序只发生在 IAT 池，使整个生物处理系统的可调性进一步增强，有利于去除难降解有机物。与 CAST 和 ICEAS 工艺相比，DAT 池是一种更加灵活，完备的预反应池，从而使 DAT 池与 IAT 池能够保持较长的污泥龄和很高的 MLSS 浓度，对有机负荷及有毒物质有较强的抗冲击能力。且整个系统可以根据原水水质水量的变化调整运行周期，也可根据脱氮除磷要求，调整曝气时间，形成缺氧或厌氧环境，可以获得较高的脱氮效果。但是由于 DAT-IAT 工艺采用延时曝气，污泥龄较长，故除磷效率不会太高。

（四）MSBR 工艺

MSBR（Modified SBR）为改良型 SBR 工艺，其实质是由 A^2/O 工艺与 SBR 系统串联而成的，其具有生物脱氮除磷功能，可以连续进水、连续出水。一般采用单池多格方式，省去诸多的阀门，增加污泥回流系统，无需设置初沉池、二沉池，且在恒水位下连续运行。SBR 池一般起着好氧氧化、缺氧反硝化、预沉淀和沉淀的作用。其运行原理是污水进入厌氧池，回流活性污泥中的聚磷菌在此释磷，然后混合液进入缺氧池进行反硝化。反硝化后的污水进入好氧池，有机物被好氧降解、活性污泥充分吸磷后再进入起沉淀作用的 SBR 池，澄清后污水排放。此时另一边的 SBR 在 1.5 倍回流量的条件下进行反硝化、硝化，或进行静置预沉。回流污泥首先进入浓缩池进行浓缩，上清液直接进入好氧池，而浓缩污泥进入缺氧池。这样，一方面可以进行反硝化，另一方面可先消耗掉回流浓缩污泥中的溶解氧和硝酸盐，为随后进行的缺氧放磷提供更为有利的条件。在好氧池与缺氧池之间有 1.5 倍的回流量，以便进行充分的反硝化。

MSBR 工艺结构简单紧凑、占地面积小、土建造价低、自动化程度高，同时可以获得良好的除磷脱氮和有机物的降解效果，并可以维持较高的污泥浓度，使污泥具有良好的沉降和脱水性能，出水水质好。

（五）UNITANK 工艺

UNITANK 系统是 20 世纪 90 年代初，比利时 SEGHERS 公司提出一种连续进水、连续出水的 SBR 变型工艺。其由 3 个矩形池组成，通过共壁上的开孔实现水利连接，无需用泵输送。每池配有曝气系统并配有搅拌，外测两池有滗水器并有污泥排放装置，两池交替作为曝气池和沉淀池，污水可以进入三池中任意一个，系统实现连续进水、连续排水。从整个系统来看，它已经不属于 SBR 了，与交替运转的三沟氧化沟非常相似，更接近于传统的活性污泥法。

UNITANK 工艺运行方式灵活，除保持原有的 SBR 自控以外，还具有滗水简单，池子构造简化，出水稳定，不需回流系统，通过进水点的变化达到回流、脱氮除磷的目的，是一种高效、经济、灵活的污水处理工艺。但同时，其也有与三沟氧化沟的相类似的缺点，即三池的作用不均等，存在中间池子污泥浓度高的情况。

三、处理效果

SBR 是一个间歇运行的污水处理工艺，其突出特点是将污水处理的全部过程放在同一反应器中进行，扩大了反应器的功能。起反应过程在时间上具有推流式的特点，处理效果较好，一般对 BOD 的去除率可达 90%以上，且由于沉淀过程属于理想的静止沉淀，固液分离效果好，SVI 值低，污泥的沉降性好，出水水质优良且稳定，剩余污泥含水率低，也为后续污泥的处置提供了良好的条件。另外，在时间序列可以实现了缺氧、厌氧和好氧的变化，从而有效脱氮除磷。

同时，由于反应历程具有推流式特点，有机物浓度存在较大的浓度梯度，有利于菌胶团细菌的繁殖，抑制丝状菌的生长，另外，反应器内缺氧好氧的变化以及较短的污泥龄也是抑制丝状菌的生长的因素，从而有效地防止污泥膨胀。反应系统可以根据废水水量水质的变化、出水水质的要求，调整一个运行周期中各个工序的运行时间、反应器内混合液容积的变化和运行状态，且池内有滞留的处理水，有稀释、缓冲作用，具有较好的难冲击负荷能力，使处理效果稳定。

SBR 法其典型的设计运行参数为：F/M（BOD_5/MLSS）值为 0.04～0.10 kg/（kg • d）；容积 BOD_5 负荷为 0.1～0.3 kg/（m^3 • d）；MLSS 为 2 000～5 000 mg/L；SRT 为 10～30 d；总 HRT 为 15～40 d。

四、适用范围

序批式活性污泥法（SBR），利用单一池体集进水、调节、曝气、沉淀、出水、排泥多功能于一体，不需设污泥回流系统，故与其他处理方法相比其突出的特点是结构流程简单，占地面积小，因此能够适应对于空间要求苛刻的处理系统。另外 SBR 工艺还具有，流程简单，运行费用低；固液分离效果好，出水水质好；运行操作灵活，效果稳定；脱氮除磷效果好；有效防止污泥膨胀；耐冲击负荷能力强等优点。其结构特点使其可以灵活的适应不同水质水量的要求，并获得稳定处理效果。20 世纪 90 年代，上海、北京、广州等地陆续引进了 SBR 处理系统，处理效果良好，目前该工艺已成为城市污水处理中应用最广泛的工艺之一，尤其是在小型污水处理系统中，SBR 工艺应用更为广泛。

此外，由于 SBR 法拥有良好的耐冲击能力，能很好地适应水质水量的变化，并具有较强的降解难降解物质的能力，所以 SBR 工艺还广泛地应用于有机工业废水的处理中，例如造纸废水、啤酒废水、屠宰废水、制药废水、餐饮废水、化粪池出水等。

五、工程实例

（一）佳木斯东区污水处理厂

1. 工程背景

佳木斯位于黑龙江省东北部，松花江、黑龙江、乌苏里江汇流而成的三江平原腹地，属高寒地区，冬季漫长严寒。佳木斯东区污水处理厂一期工程设计规模为 6 万 m^3/d，工程投资 8 900 万元，采用 SBR 工艺，于 2005 年 6 月开工，2006 年 10 月 12 日开始进水调试，采用了生物强化低温快速启动技术，于 2006 年 11 月进入商业试运营。

佳木斯东区污水处理厂设计流量 6 万 m^3/d，设计进出水水质见表 7-2，出水执行《城镇污水处理厂污染物排放标准》（GB 18918—2002）二级标准。

表 7-2 污水处理厂设计进出水水质 单位：mg/L

指标	COD_{Cr}	BOD_5	NH_3-N	SS	TP
进水	350	160	35	200	
出水	≤100	≤30	≤30	≤30	≤3.0

2. 工艺流程

佳木斯东区污水处理厂主体工艺采用序批式活性污泥法（SBR），城市污水通过沿江的截流管道汇入污水厂，污水首先经过粗格栅去除杂物和垃圾，再进入提升泵站进行提升，提升后污水再经过细格栅进一步去除杂物，之后污水流入旋流沉砂池去除砂粒和其他无机颗粒，随后污水进入主体生化处理单元 SBR 池，污水在 SBR 池中经历生化处理并沉淀分离后，出水达标排放，剩余污泥排入剩余污泥储池，再送入污泥浓缩脱水间进一步浓缩脱水，脱水后的干污泥外运处置。其整体工艺流程见图 7-2。

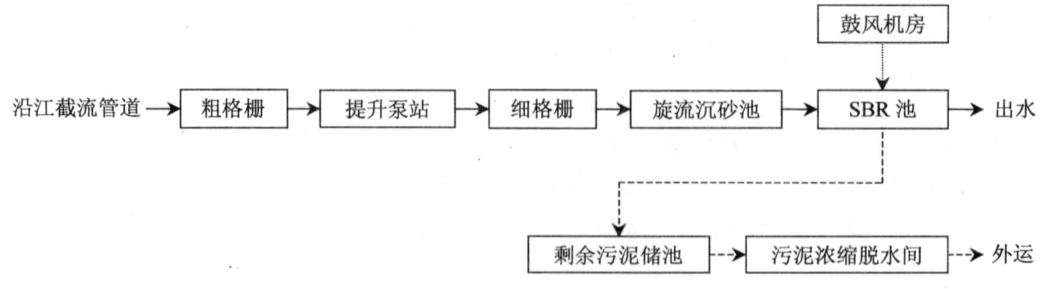

图 7-2 佳木斯东区污水处理厂工艺流程

3. 主要参数

污水处理厂设 4 组 SBR 池，每组 2 座，每座池子的平面尺寸为 51.5 m×21.6 m，池深 5.85 m，有效水深 5 m。SBR 反应池沿池长方向设计为两部分，前部为生物选择区也称预反应区，后部为主反应区。每座 SBR 池内设 6 台水下搅拌器，进水混合段 1 台，厌氧段 3 台，好氧段 2 台，好氧段池底安装有微孔曝气器，其主反应区后部安装了可升降的滗水器，滗水量为 2 100 m^3/h。SBR 池内混合液污泥质量浓度（MLSS）为 4 000 mg/L，污泥（MLSS）BOD_5负荷为 0.125 kg/（kg·d）。

SBR 反应池每日运行 4 个工作周期，每周期 6 h，运行方式为：边进水边搅拌 1 h，边进水边搅拌边曝气 0.5 h，边搅拌边曝气 2.5 h，沉淀 1 h，排水 1 h。整个工艺的曝气、沉淀、排水等过程在同一池子内周期循环进行，省去了常规活性污泥法的二沉池和污泥回流系统，同时可连续进水，间断排水。

4. 处理效果

佳木斯东区污水处理厂于 2006 年 10 月完成工程建设并开始进入启动调试阶段，调试工作由哈尔滨工业大学“黑龙江省环境生物技术重点实验室”负责。10 月 12 日开始进水调试，由于此时佳木斯已进入冬季，气温在－10～10℃变化，水温在 14℃左右波动，低温条件下污水处理厂的调试是城市污水处理中的一个难题，为按期完成调试任务（仅有 18 d 的时间），采用了生物强化低温快速启动技术。

（1）具体启动方案的确定

由于沿江截流主管道的污水水量波动较大，且启动期间还经常发生机械设备故障，导致断水事件时有发生。另外进水水温较低，且接纳的主要是生活污水，水中有机物含量低，如采用直接培养法（同步法）则培养时间长、见效慢。接种培养法虽见效快，但是 SBR 池有效容积约为 5 000 m^3，按 SV_{30}=10%计，需要湿污泥量为 500 m^3，而佳木斯附近没有大型的城市污水处理厂，其启动所需污泥将需全部由哈尔滨太平污水处理厂提供，路途较远，运输不方便；同时活性污泥中菌胶团的形成一般需要数周时间，无法满足快速启动的要求。在这种情况下，采用了生物强化的先异步后同步复合培菌法，即向池中投加工程菌剂与剩余污泥，并定期投加粪便水提供生物体生长繁殖所需的营养，进行初期污泥的培养，然后连续进水、微量曝气，同步完成污泥的快速培养与驯化。该方法可有效提高菌胶团的形成速度和污染物的去除能力，实现污水处理厂的快速启动。调试分两阶段进行，即第一阶段完成 4 个池子的启动调试，第二阶段对剩余 4 个池子进行启动调试。

（2）菌剂的准备

将黑龙江省环境生物技术重点实验室库存菌种（主要包括低温 COD 降解菌、脱氮菌和产絮菌）构建后进行菌种的一级扩大培养、二级扩大培养和三级扩大培养，再用发酵罐进行工业生产，制成对城市污水中有机物质有高效降解能力的复合工程菌剂。

（3）启动程序

在部分机械设备和仪器仪表未完全到位的情况下，于 2006 年 10 月 12 日进行了生化池的强行人工启动。在投加了粪便水和工程菌剂后，工程菌剂的强化作用和粪便水的营养补给作用得到了迅速发挥，使生化池污泥在短期（7 d）内完成了对数增殖和适应性驯化，保证了生化池污泥的活性和生物量，在平均水温为 14℃的低温条件下，用 9 d 时间完成了 2 号、4 号、5 号、7 号 SBR 池的启动。具体启动过程如下：

① 污水经预处理后进入 2 号和 4 号 SBR 池，采用间歇培养和连续培养相结合的异步培菌法进行培菌和污泥驯化，投加剩余污泥与投菌同步进行。

② 打开 SBR 池进水阀，将细格栅出水引入生化池，在水位达到 3 m 时开始供氧和搅拌，此时的供风量为单池 375 m^3/d，供风 2 h 后调至 200 m^3/d，控制 SBR 池 DO 为 2 mg/L。在曝气的同时向池中投加二沉池脱水污泥 20 m^3（分 2 d 投加），一次性投加菌剂Ⅰ、Ⅱ、Ⅲ、Ⅳ、Ⅴ各 1.25 m^3（Ⅰ为碳水化合物降解菌、Ⅱ为蛋白质降解菌、Ⅲ为油脂降解菌、Ⅳ为脱氮菌、Ⅴ为除磷菌），粪便水 30 m^3（分 2 d 投加），曝气 2 d。

③ 曝气培养 2 d 后，关掉曝气和搅拌装置，静沉 2 h 后滗水 2 m，然后打开进水阀，并开启搅拌 0.5 h，后启动鼓风机曝气，待水深为 5 m 时，停止进水，并投加粪便水 30 m^3，继续曝气 2 d。

④ 自第 6 天开始向正常的运行周期靠拢，由 1 天 1 周期改为 1 天 2 周期，直至第 8 天实现 1 天 4 周期，其间定期监测各项出水指标，为正常运转的可行性提供依据。

⑤ 自第 7 天开始由 2 号、4 号 SBR 池向 5 号、7 号 SBR 池输泥，每次输泥高度为 1 m，同时向 5 号和 7 号 SBR 池投加工程菌剂Ⅰ、Ⅱ、Ⅲ、Ⅳ、Ⅴ各 1.25 m^3，粪便水 30 m^3。

⑥ 到第 8 天，2 号和 4 号 SBR 池启动完毕，MLSS 质量浓度增至 1 700 mg/L，此时活性污泥具有良好的絮凝沉降性能，污泥内含有大量的菌胶团和原生动物（钟虫、前口虫、豆形虫），达到了污水净化要求，至此完成了 2 号、4 号 SBR 池的快速启动。

⑦ 到第 9 天已向 5 号和 7 号 SBR 池输泥 3 次，出水 COD_{Cr} 能持续稳定在 60 mg/L 以下，并实现了正常运转（1 天 4 周期）。

⑧ 第 10 天开始，将 2 号、4 号、5 号、7 号 SBR 池中的活性污泥分别就近导入 1 号、3 号、6 号、8 号 SBR 池，同时分别向 1 号、3 号、6 号、8 号 SBR 池投加工程菌剂 MF1 和 MF2（产絮菌）各 1.5 m^3 和粪便水 15 m^3，连续输泥 3 次，使相应的 SV_{30} 基本相同，并按 1 天 4 周期正常运行。

⑨ 到第 14 天，所有 8 个 SBR 池的出水已全部稳定达标，对 8 个 SBR 池的污泥进行了重新分配，使各池 SV_{30} 基本相同，至此，完成污水处理厂 SBR 池快速启动工作。

（4）启动结果

佳木斯东区污水处理厂通过采用复合生物菌剂、粪便水和活性污泥同时投加、先异步后同步的复合培菌方法的生物强化低温快速启动技术，有效克服低水温、贫营养、缺水、跑泥等问题的不利影响，仅用 15 天即完成了污水厂的低温快速启动，在进水 COD、NH_3-N 和 TP 分别在 140～430 mg/L、20～40 mg/L 和 2～3 mg/L 大幅度波动的情况下，实现出水的快速持续稳定达标，其平均出水质量浓度分别为 COD：42.1 mg/L、NH_3-N：6.4 mg/L 和 TP：0.9 mg/L，远优于设计标准，几项主要指标甚至达到 GB 18918—2002 中的一级 A 标准，并没有因为低温和缺水影响出水水质。在完成快速启动后，佳木斯东区污水处理厂经稳定运行，各项出水水质指标均达到或优于设计目标。

（二）东莞市虎门镇瑞智压缩机厂污水处理站

1. 工程背景

东莞市虎门镇瑞智压缩机厂污水处理站位于广东省东莞市虎门镇，是为瑞智空压机项目配套的生活污水处理设施。该厂建有职工宿舍与员工餐厅，生活污水主要为厨房、浴室、卫生间及洗衣用水。污水处理站为室外半地上结构，动力设备及控制箱置于邻近的设备房内，设计排水量为 250 m^3/d，24 h 运行，采用 SBR 工艺，工程总投资 38 万元，于 2001 年底建成并投入运行。

该污水处理站进、出水水质指标见表 7-3，设计出水水质达到《污水综合排放标准》（GB 8978—1996）一级标准。

表 7-3 污水处理站设计进、出水水质指标

项目	COD/（mg/L）	BOD_5/（mg/L）	SS/（mg/L）	pH	NH_3-N/（mg/L）	TP/（mg/L）	动植物油/（mg/L）
进水	300	200	200	6～8	35	4	40
出水	100	30	70	6～9	15	0.5	20

2. 工艺流程

该工程主体工艺采用序批式活性污泥法（SBR 工艺），原污水首先进入格栅槽去除较大悬浮物及漂浮物，再经过沉砂池去除相对密度较大的砂粒等无机颗粒后，注入集水池以调节水质水量。集水池的水由潜污泵定量打到 SBR 反应池中，进行有机物的降解后再排入消毒池进行进消毒处理，消毒后污水达标排放回用，剩余污泥和沉砂池沉渣则一起排入污泥干化池进行自然干化，干化后的污泥定期外运处置，而干化污泥产生的滤出液则回流至进水端。其整体工艺流程见图 7-3。

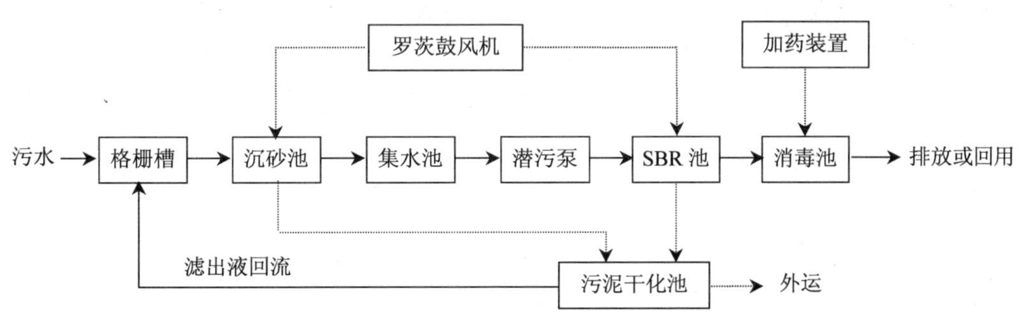

图 7-3 工艺流程

SBR 反应池集均化、初沉、生物降解、沉淀等功能于一体，它的操作模式由进水、反应、沉淀、出水和待机等 5 个基本过程组成。进水工序是反应池接纳污水的过程。在

污水流入开始之前是前一个周期的排水或待机状态，因此反应池内剩有高浓度的活性污泥混合液。这相当于传统活性污泥法中污泥回流的作用，此时反应池内的水位最低。在进水过程所确定时间内或者说在到达最高水位之前，反应池的排水系统一直是在关闭状态。进水工序进行搅拌可达脱氮的目的。反应工序即当废水注入到预定容积后，进行曝气，以达到去除 BOD、硝化、除磷的目的。沉淀工序相应于传统活性污泥法中的二次沉淀池。停止曝气和搅拌，活性污泥颗粒进行重力沉淀和上清液分离。传统活性污泥的二沉池是各种流向的沉降分离，而 SBR 的沉淀工序是静止沉淀，因而有更高的沉淀效率。沉淀出水的同时进行排泥，以防沉淀下来的磷在厌氧状态下再度释放。待机工序沉淀之后到下个周期开始的期间称为待机工序。待机工序进行搅拌，不仅节省能量，同时利于保持污泥的活性。

3. 主要参数

该污水处理站各主要处理单元设计参数及说明如下：

（1）格栅槽

设置 1 座格栅槽，用于隔除工厂所排生活污水中的悬浮物，例如袜子、头发等，防止堵塞水泵，影响处理系统正常运行。

（2）沉砂池

设平流式曝气沉砂池 1 座，以去除水中密度较大的无机颗粒，保护机件和管道免受损失，同时还可降低 SBR 池的负荷。

曝气沉砂池的优点如下：较普通沉砂池处理效果好，可以去除普通沉砂池不能去除的被有机物包覆的砂粒；由于曝气的作用，废水中的有机颗粒经常处于悬浮状态，砂粒互相摩擦并承受曝气的剪切力，砂粒上附着的有机污染物能够去除，有利于取得较为纯净的砂粒。从曝气沉砂池中排出的沉砂，有机物只占 5%左右，一般长期搁置也不腐败。

（3）集水池

设置集水池 1 座，有效池容 32.4 m^3，用以均化进水水质，集水池设两台带自藕装置的潜污泵，用以定量的向 SBR 池打入污水。

（4）SBR 反应池

设有 SBR 反应池 2 座，交替运行，运行周期 6 次/d，反应 2 h，沉淀 1 h，排水 1 h，污泥（MLSS）BOD_5 负荷为 0.07 kg/（kg・d）。SBR 反应池内安装潜水式曝气、搅拌机，它的特点是可单独进行曝气和搅拌，气体来源为罗茨鼓风机，可满足 SBR 反应池反应时曝气和待机、进水时搅拌的要求。因为 SBR 反应池内厌氧、缺氧及好氧状态交替进行，所以在去除有机物的同时，可以达到除磷脱氮的目的。

（5）消毒池

设消毒池 1 座，用于杀死 SBR 反应池出水中的微生物与细菌。消毒池采用折流式反应槽，接触时间为 30 min，消毒药剂采用漂水。消毒池出水直接排放或回用。

（6）污泥干化池

设置污泥干化池 1 座，有效池容 8 m^3，沉砂池沉渣与 SBR 反应池剩余污泥被污泥泵送入污泥干化池进行自然干化，然后再定期清运。

各主要构筑物设计参见表 7-4，主要设备的参数见表 7-5。

表 7-4 主要构筑物设计参数

构筑物名称	数量/座	规格	有效容积/m^3	有效水深/m
格栅槽	1	1.0 m×0.6 m×1.0 m	0.6	1.0
沉砂池	1	2.0 m×4.0 m×3.0 m	17.4	2.7
集水池	1	3.0 m×4.0 m×3.0 m	32.4	2.7
SBR 反应池	2	5.0 m×8.0 m×4.0 m	148	3.7
消毒池	1	5.0 m×1.85 m×3.0 m	25	2.7
污泥干化池	1	2.0 m×4.0 m×1.0 m	8	

表 7-5 主要设备参数

设备名称	数量/台	规格	使用数量/台	功率/kW	每天运行时间/h
潜污泵	2	Q=21 m^3/h，H=10 m	1	2	12
罗茨鼓风机	1	Q=170 m^3/h，P=39.2 kPa	1	4	12
污泥泵	2	Q=10 m^3/h，H=10 m	3	1	2
潜水曝气、搅拌机	2		2	2.2	12
滗水器	2	Q=50 m^3/h，H=1 m	2	0.2	6

4. 处理效果

该工程于 2001 年底经东莞市环保局验收，各项指标均达到国家《污水综合排放标准》（GB 8978—1996）一级标准。其运行监测数据见表 7-6。工程总投资 38 万元，污水处理站日耗电量为 102.8 kW•h，电费以 0.8 元/kW•h 计，则日耗电费为 82.24 元，处理费用为 0.33 元/t（水）（不计人工费与折旧费）。该工程的建成具有明显的社会效益和经济效益。工程建成后每年可减少 COD 排放量约 22.08 t，减少 BOD_5 排放量约 10.16 t，减少 SS 排放量约 15.38 t，减少氨氮排放量约 1.065 t，减少磷排放量约 0.13 t，污水处理站出水还可回用作洗地板及淋花用水。

表 7-6 监测数据指标

项目		1 组	2 组	3 组	4 组	平均值	去除率
pH	进水	6.8	6.7	7.0	6.9	6.8	
	出水	6.7	6.6	6.8	6.8	6.7	
COD/（mg/L）	进水	325.9	268.4	222.7	302.4	279.9	82.5%
	出水	62.6	44.3	40.8	50.3	49.5	
BOD_5/（mg/L）	进水	154.0	137.6	122.3	150.1	141.0	87.2%
	出水	18.8	17.9	17.6	17.6	18.0	
SS/（mg/L）	进水	246.5	250.2	240.3	251.0	247.0	83%
	出水	41.3	43.2	40.5	42.5	41.9	
氨氮/（mg/L）	进水	32.6	32.4	31.7	30.5	31.8	67%
	出水	10.6	10.9	10.8	9.3	10.4	
总磷/（mg/L）	进水	2.1	2.6	1.2	1.9	2.2	79%
	出水	0.48	0.50	0.38	0.46	0.46	
动植物油/（mg/L）	进水	37.8	36.8	36.5	33.4	36.1	86.6%
	出水	5.6	4.8	4.7	4.2	4.8	

（三）平顶山煤矿生活废水处理改造工程

1. 工程背景

平顶山天安煤业股份有限公司十三矿是一个年产 180 万 t 原煤的大型现代化矿井，地处河南省北汝河流域襄县境内，北汝河是许昌市饮用水源保护地。其生活废水煤泥含量大，且水质不稳定，于 2002 年 5 月建成一座设计能力为 3 000 m^3/d 的废水处理站，生化处理系统主体采用 SBR 工艺，但由于工艺和设备等原因，该处理站废水不能达标排放，该矿决定在充分利用原有废水处理设施的基础上，进行改扩建，使出水能够达标排放。

该工程的废水处理系统是用来处理矿区生活废水及工业广场高浓度煤尘的生产废水，水中煤尘主要来自于澡堂污水、矿井水处理系统排污水、工业广场地面冲洗水等，废水中煤尘在沉砂池中不能有效去除，导致后序处理单元不能正常运行。废水需作适当的预处理，脱除煤尘后再进入生化处理系统。要求出水执行《污水综合排放标准》（GB 8978—1996）一级排放标准。具体水质、水量及排放标准见表 7-7。

表 7-7 废水水质、水量及排放标准

项目	水量/（m^3/d）	COD/（mg/L）	BOD_5/（mg/L）	SS/（mg/L）	pH
废水	3 000	140～390	55.8～207	26～3 500	7～8.1
排放标准	—	100	30	100	6～9

2. 工艺流程

原废水处理工程于 2001 年 5 月建成并投入运行，工艺流程见图 7-4：

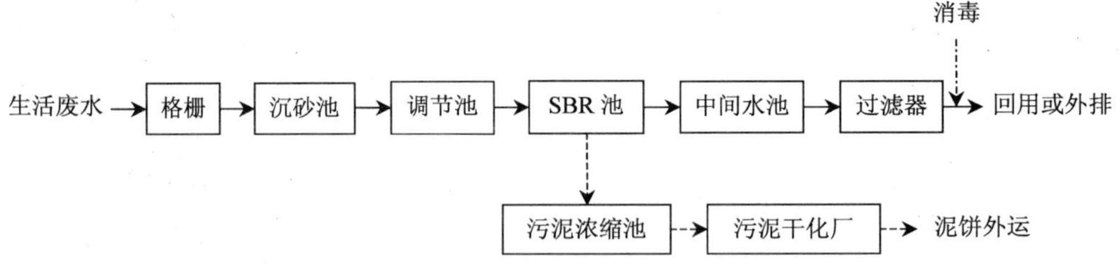

图 7-4 平煤十三矿原污水处理系统流程图

根据实际运行效果来看，原有系统处理效果较差，分析其主要原因有：

① 水量比较集中、水质不均匀，煤泥水较多，煤泥含量大，生活污水较少，且无法进行分流控制。

② 污水在沉砂池停留时间短，大量煤泥进入生化反应装置，导致生化系统无法正常运行。

③ 曝气软管易脱落，易堵塞，不能正常曝气，导致出水水质达不到要求。

④ 过滤器处理量小，无法满足设计处理量要求，且滤料流失严重，无法正常使用。

该废水的治理难点在于：废水中含有浓度较高的煤尘，如果不进行有效的脱除，会导致生化系统不能正常运行，针对原设计在运行中出现的一系列问题（主要是水量比较集中、煤泥含量高、沉淀时间短、曝气效果差、过滤效果差），通过分析，确定了工程改造方案，在充分利用原有废水处理设施的基础上，决定采用化学混凝+SBR 生化处理的组合工艺路线。改造工程主要包括增设平流沉淀池进行预处理，改造 SBR 反应器的曝气系统和排水装置，以及将原有的压力过滤器改造为无阀过滤器。增设平流式沉淀池主要是针对废水水量比较集中、煤泥含量高、沉淀时间短、沉淀效果不理想的特点，对其进行化学混凝处理，在沉淀池前端设置加药系统，使进入沉淀池的污水尽快进行泥水分离，以保证沉淀效果，减轻后续处理设施的负荷。改造后的工艺流程见图 7-5。

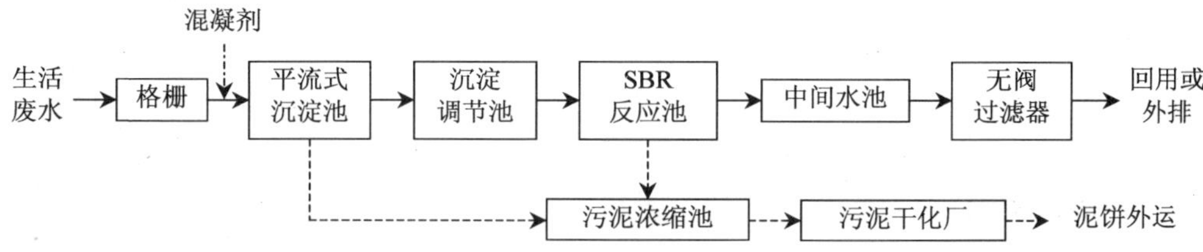

图 7-5 改造后煤矿生活污水处理工艺流程图

3. 主要参数

改造工程充分利用原有废水处理设施的基础，保持了原处理系统的主要构筑物，增设一座平流式沉淀池，同时对 SBR 反应器和过滤器进行了改造，其余构筑物基本不变。各主要构筑物设计参数如下：

（1）格栅

格栅用来截留粗大的杂物，以免影响泵的运行并减轻后续处理设施的负荷，使之运行正常。格栅外形尺寸为 1 000 mm×800 mm，栅条宽度 50 mm，栅条厚度 10 mm，栅条净间距 60 mm。格栅的清渣方式为人工清渣。

（2）平流沉淀池

增设平流沉淀池一座，采用钢混结构，池体尺寸为 30 m×15 m×4.5 m，容积为 2 000 m^3，停留时间 6 h，分为两格，不设刮泥设备，原废水由排水沟自流进入沉淀池，废水加混凝剂后在池内缓慢流动，煤泥靠重力与水分离，溢流出水至原沉淀调节池，沉淀的煤泥由泥浆泵输送到污泥浓缩池。

（3）沉淀调节池

SBR 法一般不需要设置调节池，但考虑本工程生活污水排放的不均衡性，及生活污水需提升进入 SBR 反应池的实际情况，本工程设置调节池用来调节原水水质、水量，以保证后续处理设施的正常运行。容积 400 m^3，设提升泵 3 台，2 台工作，1 台备用。水泵工作参数为 Q=190 m^3/h，H =20 m。

（4）SBR 反应池

SBR 反应池为工程的核心处理设施，设计为地上式，采用利浦罐结构，材质为镀锌钢板。反应池共设 2 个，单池尺寸为ϕ14.0×5.5 m，有效水深 5 m，有效容积 750 m^3。单池运行周期 8.0 h，其中进水约 2.0 h，曝气约 4.0 h，沉淀约 1.0 h，排水约 1.0 h。控制沉降比 SV 在 25%～30%，SVI 为 100 左右，DO 为 2～4 mg/L。根据建设单位要求，SBR 反应池采用手动方式运行。对于 SBR 反应池的改造主要是改造其曝气系统和排水系统。

原曝气系统采用 SSR-150 型罗茨风机 3 台，单台风量：24 m^3/（min・台），风压：49×10^3Pa，每个反应池底布置 SL 型散流式曝气头 340 个。由于原曝气软管易老化、曝气量充足时软管易断裂或微孔变大时而进入污泥，再者也易从接口处脱落而进入大量污泥，管理维护困难。改造工程将原曝气导管拆除，安装 HMD 膜片式微孔曝气器，曝气器通过膜片上的微孔产生 1～2 mm 的气泡，并迅速扩散到水中，以达到较高的氧转移率，HMD 膜片式微孔曝气器可以克服曝气软管的上述缺点。

针对原设计 SBR 反应器排水装置落后，排水管曝气时易沉淀活性污泥等缺点，改造时，将原有排水管取消，增设 MRD200 型滗水器排水，其流量为 200 m^3/h，撇水深度为 1.5～2.0 m，电机功率为 0.37 kW・h，整机重量为 1 200 kg。滗水器采用自由升降式，可以保证排放上清液。同时，它占地面积小，结构简单，安装维修方便，避免了排水时操作繁杂、易带走污泥现象，提高了排放水水质。

（5）中间水池

SBR 反应池出水进入中间水池，经中间水泵加压后送至过滤器过滤。中间水池有效容积 450 m^3。中间水泵 2 台，1 台工作，1 台备用。水泵工作参数为 Q=190 m^3/h，H=26 m。

（6）过滤器

将原有 3 台压力过滤器及房间拆除，在原址上安装无阀过滤器一组，滤速为 200 m^3/h，取代原有压力过滤器。因为无阀过滤器滤速高，出水水质稳定，维护操作方便，自动化程度高，因而即能保证出水水质，以能满足处理水量的需要。

（7）消毒方法

原系统消毒采用液氯消毒。加氯机选用瑞高（Regal）210 型加氯机，共设 2 台，1 用 1 备。

（8）污泥浓缩池

生活污水处理过程中产生的污泥均送到污泥浓缩池浓缩，污泥浓缩池有效容积 40 m^3，停留时间 24 h。

（9）污泥干化场

污泥浓缩池浓缩后的污泥排至干化场晾干后混饼外运，干化场占地面积 280 m^2。

4. 处理效果

在改造工程完成后，按设计流量和设计参数连续运行 3 个月后，对系统各处理单元的处理效果进行监测，监测结果见表 7-8（表中数据为连续 5 天的平均值），结果表明改造后系统净化效果稳定，出水优于设计指标。该改造工程于 2006 年 3 月通过了许昌市环境监测站的验收监测，验收后一直正常运行至今。

整个改造工程总投资为 78.10 万元，其中土建投资为 47.6 万元，设备投资为 30.5 万元。处理站设操作人员 3 名，工资及福利费为 4.32 万元/a，电机每天能耗为 2 869.84 kW・h，当地电价为 0.53 元/（kW・h），则电费为 55.51 万元/a，若设备维修费按 2 000 元/a 计，则总运行费用为 59.62 万元/a，吨水处理费用为 0.54 元。

表 7-8　改造后系统各单元的处理效果

项目	平流沉淀池			SBR 反应器			过滤器			排放标准
	进水	出水	去除率	进水	出水	去除率	进水	出水	去除率	
pH	7.3	7.2	—	7.1	7.2	—	7.3	7.2	—	6～9
BOD_5/（mg/L）	100	80	20%	64	19.2	70%	19.2	<20	—	30
COD/（mg/L）	250	200	20%	160	56	65%	56	<60	—	100
SS/（mg/L）	681	44.2	93.5%	44.2	26.4	40.2%	26.4	<20	24.2%	100

（四）上海市宝山区江扬居住区污水处理站

1. 工程背景

上海市宝山区江扬居住区，占地 73 hm^2 左右，现住人口 11 000 余人，规划居住人口约 22 600 人。由于该地区暂时没有城市污水管网，污水经化粪池后直接排入苏州河支流，对河道水环境造成污染。根据国家有关的环保法规，住宅开发商决定修建污水处理站。上海市宝山区江扬居住区污水处理站设计日处理量 6 000 t。污水处理厂占地 4 000 m^2，采用 ICEAS（间歇式循环延时曝气活性污泥法）工艺。工程于 2002 年 7 月建成并投入运行，2003 年 12 月通过上海市环保局的验收。出水达到《上海市污水综合排放标准》（DB 31/199—1997）二级排放标准。该工程投资近 800 万元。设计进、出水质指标见表 7-9。

表 7-9　设计进、出水水质指标　　单位：mg/L

水质指标	COD	BOD_5	NH_3-N	SS
进水	350	200	35	300
出水	100	30	15	30

2. 工艺流程

上海市宝山区江扬居住区污水处理站采用 ICEAS 工艺，该工艺与传统 SBR 工艺相比，允许连续进水，控制操作更为方便，工艺也较为简洁。江扬居住区生活污水由污水管集中输送至污水处理站。污水先经过自动格栅去除颗粒较大的固体杂物，进入集水池。集水池污水经水泵提升至钟式沉砂池进行预处理。污水经配水渠均匀不断地流入两个 ICEAS 池，先进入预反应池。污水中约 85%可溶性 BOD_5 很快地被活性污泥吸附，然后进入主反应池。ICEAS 池通过微孔曝气头将鼓风机输送的空气与活性污泥接触，使之搅拌和吸附有机物。污泥在 ICEAS 池内经好氧（曝气）、缺氧和厌氧（沉淀和滗水）周期循环处理，BOD 氧化降解并完成脱氮处理，上清液经专用设备滗水器（由驱动器驱动）滗出。整个过程由中央控制室内的计算机进行控制。在处理过程中，生成的少量污泥，由潜水泵抽至污泥浓缩池，经浓缩后，用螺杆泵把含水率为 98%的污泥输送到经带式脱水机脱水后，形成含水率为 75%～80%的泥饼定期外运，由污泥浓缩池排出的上清液和脱水机房的污水返回集水池重新处理。上海市宝山区江扬居住区污水处理站整体工艺流程见图 7-6。

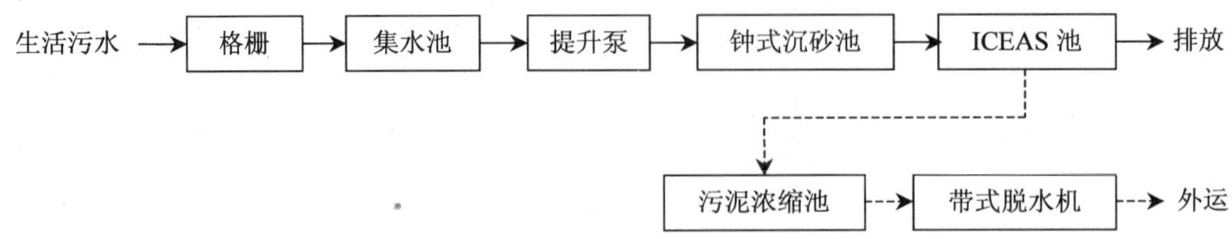

图 7-6 江扬居住区污水处理站工艺流程图

3. 主要参数

该工程 ICEAS 工艺主要设计参数为：平均日处理量 6 000 m^3/d；ICEAS 反应池 2 座，单池尺寸：$L\times B\times H$=35.0 m×9.0 m×6.0 m，操作周期 4 h，每日运行 6 个周期，每次循环中曝气 2 h、沉淀 1 h、滗水 1 h。每池滗水器数量为 2 台，滗水器溢水有效长度 6.4 m/套。污泥（MLSS）BOD_5 负荷 F/M=0.10～0.15 kg/（kg・d），设计 SVI=150，MLSS 质量浓度=4 000～6 000 mg/L，剩余污泥产率 0.4，HRT=12.2，污泥龄为 20 d。

ICEAS 反应池为该工程的关键，为确保处理效果，ICEAS 系统配备一套自动控制系统。控制系统由计算机发出指令，使整个 ICEAS 工艺过程的曝气、沉淀、滗水、排泥均能实现自动化，并可根据水质水量，对不同的运行周期进行方便设置。系统还配备了应急和后缓措施，以确保其正常运行。

4. 处理效果

该工程于 2002 年 7 月建成，随即投入启动试运行。启动分为两个阶段，第一阶段为污泥菌体接种及低负荷驯化阶段，接种污泥选用上海城市污水处理厂二沉池的回流污泥，将接种污泥浓质污水引入两个 ICEAS 池进行闷曝数小时，然后少量进入污水以补充营养，两周后，MLSS 质量浓度增至 1 500 mg/L，用显微镜观察微生物生长，发现已有肾形虫、豆形虫等游动性纤毛虫类出现，说明污泥的日趋成熟。按照 F/M（BOD_5/MLSS）=0.04～0.05 kg/（kg・d）进行运行，此时，系统进入试运行的第二阶段，即逐步提高负荷，以达到设计处理能力。在此阶段运行过程中，观察下列几项指标的变化情况：1）进水 COD 质量浓度的变化；2）MLSS 质量浓度的变化；3）DO 值的变化。根据以上的参数变化情况调整鼓风曝气量的大小及曝气时间，进水量的选择，曝气及沉淀滗水时间的设定等。四周后，MLSS 质量浓度增至 4 500 mg/L，污泥的沉降比为 30%，用显微镜观察有钟虫等固着型纤毛虫出现，污泥沉降性好，上清液清澈透明，进水量接近设计能力，经过试运行，处理水的各项指标达到《上海市综合排放标准》二级标准。

2002 年 12 月上海市宝山区环保局检测中心对上海市宝山区江扬居住区污水处理站处理水进行各项指标测试，其运行情况正常，系统运行稳定，出水质标均符合《上海市综合排放标准》（DB 31/199—1997）二级排放标准要求。在系统运行过程中，水处理成本为 0.2 元/m^3。环保检测数据详见表 7-10。

实际运行结果表明 ICEAS 工艺流程能适应江扬居住区的污水处理特性：

① 由于住宅小区的流量变化大、短时间的有机负荷和水力负荷增加较快，这一点正适应于 ICEAS 工艺的特性。ICEAS 工艺能够通过调节周期来适应进水量和水质的变化，

在暴雨时，可经受晴天平均流量 6 倍的高峰流量冲击，而不需要独立的均衡池。

表 7-10　环保检测数据表

水质指标	COD/（mg/L）	BOD_5/（mg/L）	NH_3-N/（mg/L）	SS/（mg/L）
进水	452	225	40	212
出水	40	12	10	28
排放标准	100	30	15	30
去除率/%	91	95	90	87

② 由于 ICEAS 技术将传统活性污泥工艺中的初沉池、曝气池、二沉池这三个池子功能合为一个反应池，故构筑物简洁，明显节省占地面积和投资。

③ ICEAS 工艺中活性污泥性能好，反应池中活性污泥吸附了一定量的有机物，因此在曝气的初期和末期，ICEAS 池内存在较高的 BOD 负荷和随时间变化的 BOD 浓度差，而且在一个池内交替进行曝气和沉淀，反复出现好氧—缺氧—厌氧状态的有效平衡，这样不但有利于菌胶团细菌的生长，使污泥结构紧密，沉降性能好，SVI 一般在 100 之内，不易产生污泥膨胀。

④ 江扬居住区污水处理站工艺布置简洁，由于 ICEAS 集曝气、沉淀等于一池，操作管理方便，系统自动化程度高，整体环境整洁，因 ICEAS 工艺生化作用完全，故整个厂区在夏季无异味。

⑤ 江扬居住区污水处理站在设计过程中由于采用了先进的 ICEAS 工艺以及在一级处理阶段采用自动格栅，大大减轻了工人操作的劳动强度，鼓风机采用消声装置以及在鼓风机房内设置隔音措施，使整个厂区在运行时不影响周围环境。

⑥ ICEAS 工艺过程控制的自动化程度高，而且安全可靠，生化反应的周期设定和运行都由计算机控制。操作简便，保证了出水的处理效果。

（五）北京航天城 CASS 工艺污水处理厂

1. 工程背景

北京航天城污水处理厂是跨世纪国家重点工程——北京航天城的配套设施。根据首都规划委员会和北京市环保局有关文件的指示精神，污水处理厂建在航天城北 1.4 km 处，处理厂分两期建设，一期工程于 1996 年 12 月破土动工，至 1998 年 4 月建成并投入设备调试及试运行，同年 7 月经北京市环保局验收后转入正常运转。近期排放污水量 7 200 m^3/d，远期 14 400 m^3/d。废水主要包括生活污水、工业废水和医院污水，各自所占比例为 81.5%、18.0%、0.5%，其污水主要是生活污水，主要污染物包括：有机物、悬浮物和油类等，污水经二级生化处理后排入友谊渠，最终汇入南沙河[13]。

工程选用周期循环活性污泥法（Cyclic Activated Sludge System，CASS），具有操作灵活，可连续进水，抗冲击负荷能力强，且不易发生污泥膨胀等优点，同时还可以获得良好的脱氮除磷效果。工程设计出其水水质达到北京市综合废水排放二级标准，进出水水质及排放标准见表 7-11。

表 7-11 设计进出水水质及排放标准

项 目	COD/（mg/L）	BOD_5/（mg/L）	SS/（mg/L）	pH	矿物油/（mg/L）
进水	350	250	220	6.5～8.5	5.8
出水	＜50	＜15	＜30	6.0～8.5	＜3
排放标准	60	20	50	6.0～8.5	4

2. 工艺流程

该工程采用改进的 SBR 工艺——CASS 工艺，其工艺流程见图 7-7。污水中含有大量较大颗粒的悬浮物和漂浮物，经过格栅截留，除去上述污物，防止后续处理构筑物管道、阀门和水泵机组堵塞。污水经集水井用潜污泵打至沉砂池，在沉砂池中可除去相对密度较大的无机颗粒如砂等，使无机颗粒与有机污物分离，定期将砂排入晒砂，干化后清除。污水经沉砂池后由配水管自流进入 CASS 池进行生物处理，处理达标后排放，其中部分用航天城绿化和农场灌溉用水，污泥则进入污泥浓缩罐，再经污泥脱水机脱水后外运。

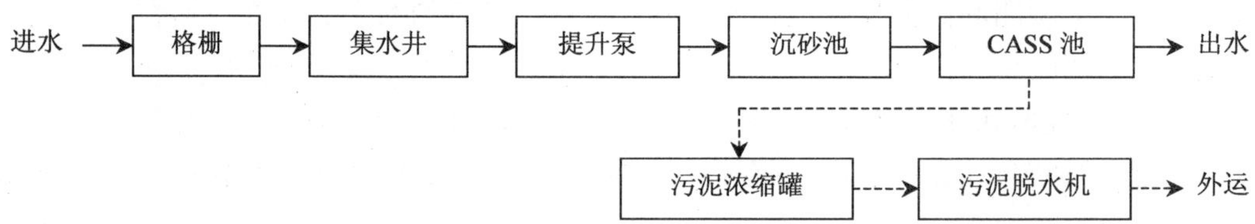

图 7-7 北京航天城 CASS 工艺污水处理工艺流程

CASS 池是污水处理厂的核心，它在 SBR 的基础上前部设置了生物选择区，后部安装了可升降的自动滗水器，曝气、沉淀、排水均在同一池子内周期性循环进行。生物选择区和主反应区之间由隔墙隔开，污水由生物选择区通过隔墙下部进入主反应区，托动水层缓慢上升，其结构见图（彩）7-8。在预反应区内，微生物通过酶的快速转移机理迅速吸附污水中大部分可溶性有机物，经历一个高负荷的基质快速积累过程，这对进水水质、水量、pH 和有毒有害物质起到较好的缓冲作用，同时对丝状菌的生长起到抑制作用，有效防止污泥膨胀，随后在主反应区经历一个较低负荷的基质降解过程。CASS 工艺对污染物讲解，在时间上是一个推流过程，微生物处于好氧—缺氧—厌氧周期性变化之中，因此，CASS 工艺具有较好的脱氮、除磷功能。其采用连续进水，一个完整的操作周期包括，曝气阶段、沉淀阶段、滗水阶段和闲置阶段四个步骤。CASS 工艺无需初沉池、二沉池，具有建设费用低，占地面积省，运行费用低，自动化控制程度高，管理方便，氮、脱磷去除效果好，出水稳定，运行可靠，耐负荷冲击能力强，不发生污泥膨胀等优点。

3. 主要参数

北京航天城污水处理厂占地总面积 6 708 m^2，其中建（构）筑物面积 2 910 m^2，道路面积 1 806 m^2，绿地面积 1 990 m^2，绿化率 30%。

CASS 池是工程的关键构筑物，整个 CASS 池平面尺寸为 24 m×24 m，有效容积 2 880 m^3，主反应区和预反应区长度分别为 19.25 m 和 3.75 m，宽度方向分 4 格，每格可独立运行，池深 5 m，有效水深 4.5 m（污泥区高 1.3 m，缓冲区高 1.7 m），活性污泥界面以上最小水深为 1.34 m，每周期排水比约为 1/3，设计污泥（MLSS）BOD_5 负荷为 0.11 kg/（kg • d）。CASS 池采用每周期 4 h，其中曝气 2.0 h，沉淀 1.0 h，撇水 0.5 h，闲置 0.5 h。其他构筑物和设备参数见表 7-12。

表 7-12　北京航天城污水处理厂处理构筑物尺寸及主要设备型号

构筑物或设备名称	构筑物尺寸或设备型号	数量	备注
格栅	SGS-1000 型旋转格栅除污机	2 座	栅距 15 mm
集水池	$L×B×H$=9.8 m×7.4 m ×5.3 m	1 座	有效调节容积为 384.4 m^3；位于泵房下部
潜污泵	Q=150～240 m^3/h（30 kW）	3 台	2 用 1 备；扬程 15～20 m
CASS 反应池	$L×B×H$= 24 m×24 m ×4.5 m	2 座	有效容积为 2 880 m^3
水下曝气机	每台功率 5.5 kW	24 台	
滗水器		1 台	下降过程为：下降 10 s，静止滗水 30 s，循环运行
污泥浓缩罐	ϕ2 600 mm×3 000 mm，容积 42 m^3	2 台	污泥产生量 417.6 kg/d，含水 99%
污泥脱水机	GGT-1000 型转鼓辊压式污泥脱水机	2 台	脱水能力 1.5～2.0 m^3/h，污泥含水 80%

4. 处理效果

北京航天城污水处理厂一期工程总投资 587.1 万元，污水厂直接运行成本 0.2 元/m^3，工作管理人员共计 8 人。该工程投入实际运行后，运转效果良好，平面布置合理，自动控制可靠先进，运行管理方便。目前实际运行中，从每天监测的水质情况看，进水的污染物浓度较低，实际进水水质为 COD_{Cr} 质量浓度＝70～80 mg/L，BOD_5 质量浓度＝30～35 mg/L，pH＝6.8～7.5；处理效果稳定，出水水质优秀，出水经常保持在 COD_{Cr} 质量浓度＝20 mg/L 以下，BOD_5 质量浓度=7 mg/L 左右，SVI＝80～100 mL/g，SV=18%～20%，pH＝6.8～7.5，出水水质优于回用水水质标准。

运行实践来表明，CASS 工艺处理效果稳定，出水水质好，污泥产生量较少，污泥性质稳定，具有良好的沉降、絮凝、脱水性能。

（六）抚顺市三宝屯污水处理厂

1. 工程背景

抚顺三宝屯污水处理厂是抚顺市城市污水治理工程的重要组成部分，是实施辽浑太流域治理的优先进行的项目之一，主要接纳抚顺城市生活污水和大部分工业废水，其中生活污水占 70%，工业废水占 30%。该厂二级处理主体工艺采用的是连续进水、间歇排水的改进型序批式活性污泥法工艺——DAT-IAT 处理工艺，也是我国最大的一座 DAT-IAT 城市污水处理厂。污水厂自从 2002 年 4 月开始试运行以来，处理效果稳定，先后被评为“辽宁省先进污水处理厂”和“全国先进污水处理厂”。抚顺污水厂的成功运行，对于采用 DAT-IAT 工艺的其他北方污水厂有一定的指导和借鉴意义。

抚顺污水厂的设计处理规模为：粗格栅、进水泵房平均设计流量为 50 万 m^3/d，峰值设计流量为 110 万 m^3/d（雨季）；细格栅、沉砂池设计规模为 55 万 m^3/d；二级生物处理、污泥处理的规模为 25 万 m^3/d。工程总占地面积为 14.5 hm^2，工程概算总投资 2.59 亿元。其设计进出水质见表 7-13。

表 7-13 抚顺污水厂进出水水质设计值 单位：mg/L

项目	COD	BOD_5	SS	NH_3-N
进水	450	190	204	30
出水	100	25	25	15

2. 工艺流程

抚顺污水厂的工艺流程见图 7-9。原污水由厂外进水方涵（双孔 2 600 mm×2 000 mm）进入厂区的粗格栅井，经两道粗格栅去除水中较大的悬浮物质后进入进水泵房，进水泵房峰值设计流量为 110 万 m^3/d。污水经过进水泵房提升后，55 万 m^3/d 污水进入两组沉砂池及计量槽，其余部分进行第一次超越。污水在沉砂池中去除污水中的无机物质，再进入配水闸井，在此进行配水和第二次超越。配水井将沉砂池出水中 25 万 m^3/d 的污水量通过 3 条 DN1200 钢筋混凝土管进入 3 组 DAT-IAT 池，进行二级处理，其余部分通过厂内超越方涵排到厂外（第二次超越）。SBR 池出水进入接触池进行消毒处理，消毒后的污水排到厂外的李石河。

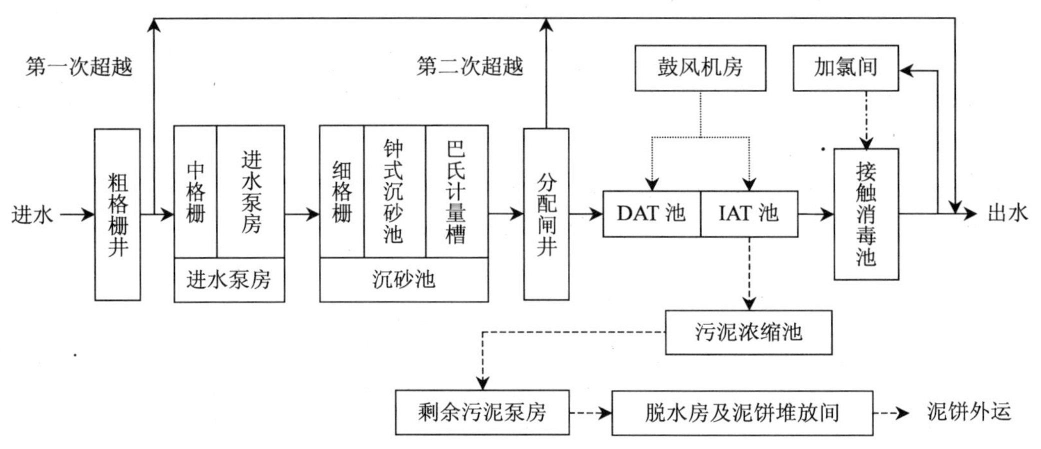

图 7-9 抚顺三宝屯污水厂处理工艺流程

全厂共设 3 组 SBR 池，每组 3 池。每池间歇排泥，排泥时间 1 h，交替进行，这样对于每组池排泥是连续的。SBR 池的剩余污泥由潜污泵提升，经管道流入污泥浓缩池。污泥浓缩后，由剩余污泥泵房中的螺杆泵抽升到脱水机房的混合池，然后进入离心脱水机进行脱水，脱水后的泥饼运到污水厂附近的垃圾填埋场进行卫生填埋。另外，为了节省自来水用量，降低运行费用，加氯用水采用处理后的二级出水，同时在水射器的进水管上串联了 2 组 Y 型过滤器，以防止管道堵塞。

3. 主要参数

抚顺三宝屯污水厂主要构筑物及其设计参数如下：

（1）进水粗格栅井

污水厂进水为双孔 2 600 mm×2 200 mm 方涵，在进厂处设置了粗格栅井。粗格栅间隙为 100 mm，以去除体积较大的悬浮垃圾、木块等杂物。粗格栅井上设罩棚。栅渣用皮带输送机输送到污渣斗内。

（2）进水泵房

进水泵房的峰值设计流量为 110 万 m^3/d，选用 10 台潜水泵（9 用 1 备）。为防止水泵倒灌和方便维修，在每台水泵的出水管上安装有止回阀和手、电两用闸阀。在进水处设 6 台宽度 2 m 的回转式固液分离机。集水池分为 3 格，便于集水池放空清淤及设备检修。

旱季时 5 台泵运行，雨季时启动其他水泵。55 万 m^3/d 的污水进入一级处理构筑物，其余污水近期直接排放。

（3）沉砂池

共设 2 个系列，每个系列设 2 座钟式沉砂池，沉砂池直径为 5.8 m，下部为砂斗，每池处理能力为 1 750 L/s。2 座沉砂池共用 1 台砂水分离机，处理能力为 100 m^3/h 砂水混合液或 1.5 t/h 砂。

每个沉砂池进水渠上设置 1 台细格栅，细格栅选用自清洗细栅过滤器，直径 2.4 m，过滤水深 1.4 m，栅条净距 10 mm。在细格栅上设操作间，并设置采暖设施。

在沉砂池的出水渠道上设巴氏计量槽计量污水量，喉宽为 1.75 m。

（4）DAT-IAT 反应池

DAT-IAT 反应池是抚顺污水处理厂的核心处理单元，全厂共设 9 座 DAT-IAT 反应池，在控制上，3 座为 1 组。每座反应池的平面尺寸为 83.7 m×40.7 m，钢筋混凝土结构，水深 5.11～6.0 m，超高 0.5 m，由 1 个 DAT 和 1 个 IAT 串联组成。DAT 连续进水，连续曝气，IAT 也是连续进水，但间歇曝气，清水和剩余活性污泥均由 IAT 排出。

DAT-IAT 工艺与传统的 SBR 工艺不同的是，污水连续进入 DAT-IAT 系统。连续进水使进水的控制大大简化，也减少了管路及进水电动阀门的费用。DAT 池连续曝气，池中水流呈完全混合流态，绝大部分有机物在此池中降解。经 DAT 池处理后的混合液通过两池间的双隔墙导流系统连续不断进入 IAT 池中，双隔墙导流系统有效地防止了水力短流和对沉淀污泥的扰动。IAT 池反应过程每一个运行周期为 3 h，分为曝气、沉淀、滗水 3 个阶段，每个阶段运行 1 h。

每座 DAT-IAT 反应池设计水量 2.78 万 m^3/d，设计水力停留时间 16.59 h，污泥负荷 0.085 kg（BOD_5）/[kg（MLSS）· d]，IAT 池向 DAT 池回流活性污泥混合液最大回流比为 200%，DAT-IAT 反应池设计污泥龄 20 d，全厂每天产剩余污泥总量 31 t，剩余污泥含水率为 99.4%。

在每组池的 IAT 端部设 2 组旋转式滗水器，每组滗水器由 2 个堰长 L 为 8.5 m 的旋转式滗水器组成，每池每周期设计排水量 3 472 m^3。单组滗水器滗水量 1 736 m^3/h，滗水器设计堰口负荷 28.5 L/（s · m），设计滗水深度 0.9 m，滗水器滗水深度可在 0.5～1.5 m 范围内调整。

每座 DAT 池采用直径 192 mm 橡胶膜式微孔曝气器 2 880 个，单只供气量大于 2.2 m^3/h。每座 IAT 池采用德国进口 GVA 橡胶膜式微孔曝气器 1 326 个，直径 300 mm，单只供气量大于 6.9 m^3/h。

在 IAT 两侧墙处设 2 套回流污泥泵，单台泵流量 385 L/s。

每周期排剩余污泥 1 次，每池设剩余污泥泵 1 台，流量 72 m^3/h。

（5）加氯间及氯库

按季节性加氯考虑，设在线余氯分析仪实时监测出水余氯量，并输出 0～20 mA 的信号到分控站，并以此控制加氯量。设计加氯量为 7.0 mg/L，选用真空加氯机 2 台（1 用 1 备），加氯能力为 75 kg/h，同时配套提供全套的管路系统。在加氯正压区设置了氯气报警器，报警信号可在值班室及总控室显示，同时还发出音响报警，为防止意外事故发生，设置 1 套 1 000 kg 级的漏氯吸收装置。所有设备均在分控站 PLC 的控制下自动运行。

加氯点设在污水处理厂的接触池的进水口处，为保证加氯用水射器的背压，设置离心加压泵 2 台，流量为 50 m^3/h，扬程为 40 m。为节省自来水源，加氯背压水采用处理后的出水，同时增设了必要的防堵塞措施。

（6）消毒接触池

设计接触时间为 30 min。接触池分为 2 格，由闸门控制，必要时可通过闸门控制超越其中 1 座。每格长 40 m，宽 20 m，有效水深 4 m。为防止短流，每池设 6 个廊道。为了测量二级出水流量，在出水堰上设置了超声波明渠流量计。为了减少堰上水头，出水堰做成折线形，超声波明渠流量计的计算模型采用了先进的自校正模型。基本原理是：在原明渠矩形薄壁堰的公式的基础上，引入一个校正系数，该系数可根据巴式计量槽的计量结果进行自动校正（在不进行第二次超越时，二者应相等）。这样可减少接触池的池深及整个流程的水头损失。

（7）鼓风机房

鼓风机房用 4 台可调导叶片的单级高速离心风机，3 用 1 备，鼓风机单台设计流量为 24 000 m^3/h，设计风压为 0.07 MPa，配套电机功率 630 kW。鼓风机采用水冷方式，冷却系统主要设备：逆流式玻璃钢冷却塔 1 套，流量为 86 m^3/h，安装在室外屋顶上；冷却循环水泵流量为 50 m^3/h，扬程为 60 m，2 台（1 用 1 备）。

为减小鼓风机的噪声，每台风机进出风管及放空管均设隔音罩，另外出风管设置于地下管廊中，进一步降低噪声。为了保证微孔曝气器的正常工作，在进风廊道的 4 个进风口处设置了 4 台自动卷绕式空气过滤器，该设备对于大于 1 μm 的灰尘，去除率为 70%；对大于 5 μm 的灰尘，去除率大于 80%；对大于 8 μm 的灰尘，去除率大于 96%。

（8）浓缩池

设 2 座辐流式浓缩池，上口直径 22 m，池边有效水深 4.3 m，超高 0.3 m，池底坡度 0.15。池内设 1 台带搅动栅的中心传动刮泥机，并带工作桥。为便于清通维修，进泥管采用上部进泥，每池进泥管上设手、电动闸阀 1 个，可控制两池进泥状态。

（9）剩余污泥泵房

设 1 座半地下式剩余污泥泵房，安装 2 台螺杆泵直接从浓缩池内抽吸污泥，并送至脱水机房的混合池。螺杆泵的主要设计参数为：流量为 55 m^3/h、扬程为 10 m。

（10）脱水机房

脱水机房由污泥混合池、脱水机房及泥饼堆放间合建而成，污泥混合池平面尺寸为 7.5 m×2.5 m，有效水深 3.5 m。为了避免剩余污泥在混合贮池内沉淀，设潜水搅拌机 1 台。脱水间平面尺寸为 18.74 m×12 m，分上下两层，底层安装制药液装置 1 套，最大制备能力 10 kg/h 聚合物粉末，药液浓度 0.5%。投药用计量泵 3 台（2 用 1 备），流量为 0.5～1.5 m^3/h，扬程为 20 m。另外设螺杆泵 3 台（2 用 1 备），从混合池抽吸污泥到脱水机。脱水机安装在二层，设脱水机 3 台（2 用 1 备，与螺杆泵和投药泵一一对应），处理能力为 30 m^3/h。脱水后污泥通过安装在二层楼板下的无轴螺旋输送机输送至污泥堆放间，最后运到污水厂附近的垃圾填埋场进行卫生填埋。上述所有设备在分控站 PLC 的控制下自动运行。

污泥堆放间与脱水机房合建。为防止冬季泥饼冻结，堆放间内考虑采暖。

4. 处理效果

抚顺污水厂于 2001 年底竣工，当时正是北方的寒冷季节，污水温度低于 8℃以下，非常不利于活性污泥培养，考虑到低温下启动调试的困难，故推迟活性污泥培养驯化的时间，但同时北方的雨季在 6 月中旬至 8 月中旬，也对活性污泥的培养很不利。因此活性污泥的培养驯化时间选择在水温达 10℃以上的 4 月下旬来完成。

启动调试过程中，抚顺污水厂采用了流态连续式进行活性污泥的培养，按 PLC 程序进行，DAT 连续进水，IAT 连续进水，间歇曝气，间歇出水，同时关闭剩余污泥泵，当 MLSS 质量浓度达到 1 000 mg/L 时开启剩余污泥泵。这种培养方法虽然增加了培养时间，但与设备运行方式结合紧密，有利于运行人员及早熟悉设备运转和工艺特点。

抚顺污水厂稳定运行后的进出水监测结果见表 7-14，运行结果表明，抚顺污水厂的出水水质稳定，处理效果较好（三项常规项目优于国家污水综合排放标准城镇二级污水处理厂一级标准）。同时因为抚顺污水厂自动化程度高、运行人员少、设备利用率高，再加上严格的管理，运行费用一直较低，2003 年单位处理成本为 0.23 元/t，远远低于传统处理工艺 0.35～0.40 元/t 的处理成本。

表 7-14 抚顺污水厂的进、出水水质

指标名称		2003 年 9 月	2003 年 10 月	2003 年 12 月	2004 年 2 月	2004 年 4 月	2004 年 6 月	2004 年 8 月
COD/（mg/L）	进水	235.5	275.7	325.6	311.4	274.6	294.5	222.8
	出水	33.9	33.4	33.2	32.1	42.0	48.8	32.5
	去除率/%	85.6	87.8	89.8	89.6	84.7	83.4	85.4
BOD_5/（mg/L）	进水	112.6	123.6	153.7	139.4	138.7	150.1	90.5
	出水	8.0	5.0	5.3	6.2	6.2	6.0	5.8
	去除率/%	92.8	95.9	96.5	95.5	95.5	96.0	93.5
SS/（mg/L）	进水	156.7	184.5	124.5	136.7	128.7	192.2	150.4
	出水	7.8	7.7	11.7	9.4	7.4	7.6	6.5
	去除率/%	95.0	95.8	90.6	93.1	94.2	96.0	95.6
NH_3-N/（mg/L）	进水	20.3	19.8	13.4	16.7	15.3	24.5	17.6
	出水	3.4	1.7	1.8	2.4	0.9	2.9	3.5
	去除率/%	80.7	97.7	90.3	87.2	92.6	83.8	82.8

污水厂实际运行后，暴露出现了一些问题，针对这些问题厂方订出了解决措施。

（1）格栅设计缺陷

抚顺污水厂的粗格栅栅距为 100 mm，中格栅栅距为 25 mm，细格栅栅距为 10 mm。在实际运行中发现，粗格栅栅距过大，很少有栅渣，造成浪费的同时又增加了中格栅的负荷。细格栅栅距也过大，由于 DAT-IAT 工艺不设二沉池，又没有除渣装置，葵花子等漂浮物极易通过细格栅，在IAT池沉淀和滗水时大量漂浮在水面上，影响出水的效果。

（2）进厂水泵提升能力远低于设计流量

抚顺污水厂的潜水泵单泵流量为 5 063 m^3/h，在实际运行中出现流量过低。经分析有两个原因，一是因为泵的叶轮上缠绕着大量纤维类物质，引起泵的效率降低；二是集水池水位低，使抽水量降低。抚顺污水厂采取了频繁更换潜水泵，利用泵启动时的瞬间抽力将缠绕物抽走，并且保持集水池水泵在高水位运行解决了这个问题。泵的轮换使用也避免了泵的管路堵塞，同时又对泵有一定的保养作用。

（3）回流系统效率较低

DAT-IAT 工艺的活性污泥回流由 DAT 池回流到 IAT 池中，回流比一般为 200%左右。DAT-IAT 工艺的活性污泥回流是靠安装在 IAT 池两侧墙处设 2 套回流污泥泵，单台泵流量 385 L/s。回流污泥管在 DAT 池四角布置，末端设喷管，喷口指向 DAT 池中心，以加强混合搅拌效果。实际运行中发现，靠近 DAT 池进水口的两个喷口不起作用，原因是设计时四个喷口大小相同，靠近 DAT 池出水口的两个喷口离回流污泥泵近，所受阻力小，回流量大，喷射效果明显，而靠近 DAT 池近水口的两个喷口离回流污泥泵远，所受阻力大，回流量非常小，几乎没有喷射现象，这大大地减弱了完全混合效果。抚顺污水厂通过缩小靠近 DAT 池出水口的两个喷口口径，增大了喷射阻力，解决了该问题。

（4）PLC 分站的设置问题

抚顺污水厂自控采用集散型控制系统，三级构成：第一级，就地控制（MCC 控制）；第二级，现场控制站（PLC 控制）；第三级，中央控制室（操作站）。根据污水处理过程各个分区的功能不同，在污水处理厂生产区内共设置 5 个现场控制站。其中分控站 PLC2 设置在细格栅间内，没有任何的防潮措施，细格栅间内由于污水通过潮气较大，导致了分控站 PLC2 内的模块腐蚀，影响了工艺的运行和造成了经济损失。考虑到迁移分控站 PLC2 不可能，抚顺污水厂在分控站 PLC2 外加了一个防护罩，同时加放干燥剂，解决了该问题。

（七）湖南某五星级宾馆生活废水处理系统

1. 工程背景

湖南某五星级宾馆为实现生态型宾馆建设，兴建了其配套的生活废水生化处理系统。日产生活污水 1 500 m^3，主要污染物为 BOD、COD 及石油类，污染物浓度的波动性比较大，采用通常的生物化学方法来处理这类废水，效果不够稳定，为保证处理效果，同时节省占地面积，工程选用了 SBR 的改良工艺 DAT-IAT 技术。实践证明，采用 DAT-IAT 工艺处理宾馆废水，其效果良好，且占地小，同时还能进行脱氮除磷深度处理。该工程的设计水量水质见表 7-15。

表 7-15 工程设计进、出水水质指标

项目	pH 值	COD/（mg/L）	BOD_5/（mg/L）	SS/（mg/L）	NH_3-N/（mg/L）
进水	6～9	240～300	120～150	150～170	20～25
出水	6～9	60	20	20	15

2. 工艺流程

污水经收集管网收集后进入格栅井，在格栅井内经过粗格栅和细格栅的双重截流，去除污水中的大颗粒污染物和漂浮物，保护水泵及其他处理设施能正常运行。格栅井的污水由一级潜污泵提升至旋流沉砂器，砂粒被分离出来，保证生化部分活性污泥的活性免受无机物干扰。去砂后的污水自流入调节池，在此通过潜水搅拌机的作用调节水量、均衡水质，调节池出水由二级潜污泵提升输送至 DAT-IAT 反应池。污水首先经 DAT 段的初步生化后再进入 IAT 段，由于 DAT 段连续曝气起到了水力均衡作用，提高了整个工艺的稳定性，然后在 IAT 段通过微生物的降解作用进一步去除污水中的有机污染物。一部分活性污泥由 IAT 段回流到 DAT 段。经生物处理的污水直接达标排放到城市下水道。剩余污泥经泵送入污泥浓缩池，反应池平均流量的水力停留时间 HRT=16.5 h，污泥龄为 44.3 d，污泥基本稳定，污泥经浓缩后可直接脱水，浓缩后的污泥经带式压滤机脱水后外运。污水处理系统的整体工艺流程见图 7-10。

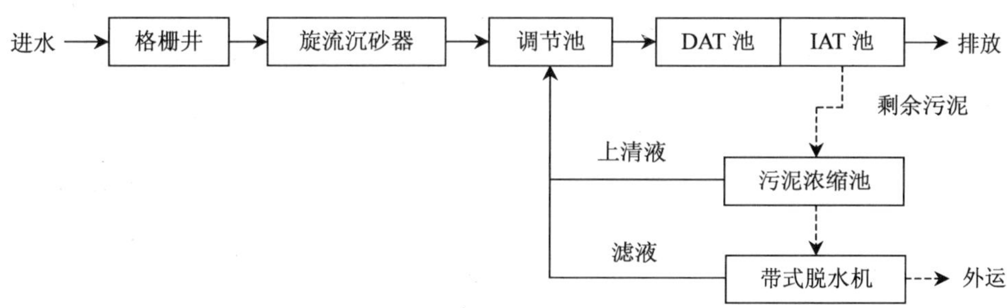

图 7-10　污水处理系统工艺流程

3. 主要参数

该宾馆污水处理工程主要处理单元的设计参数见表 7-16。

表 7-16　工程主要处理单元设计参数

处理单元	规格尺寸/（m×m×m）	设计参数
提升泵站	—	平均设计流量 Q=30 m^3/h
闸门井	1.4×1.4×6.0	—
格栅井及污水泵房	—	平均设计流量 Q=32.5 m^3/h
旋流沉砂器	—	设计流量 Q=125 m^3/h
调节池	—	设计流量 Q=62.5 m^3/h，HRT=5.0 h
反应池	—	设计流量 Q=62.5 m^3/h，HRT=16.5 h
污泥浓缩池	6.30×2.90×3.50	浓缩前污泥含水率 99.8%，浓缩后污泥含水率 97%
综合楼	21.0×6.0×3.9	—
计量槽	0.6×1.2×4	—

4. 处理效果

该宾馆污水处理设施建成运行半年后，湖南省环境监测中心站对该工程进行了验收监测，水质监测数据见表 7-17。监测结果表明：该污水处理站出水主要指标均达到《污水综合排放标准》（GB 8978—1996）一级标准的要求，出水水质良好。

该处理工程总投资 35.98 万元，处理水量 1 500 m^3/d，吨水占地面积 0.72 m^2，运行费用 0.68 元/t，劳动定员 6 人。实际运行结果表明，采用 DAT-IAT 工艺处理宾馆废水，在获得优良处理效果的同时，还具有投资省，运行费用低，管理方便，运行灵活的特点。

表 7-17 废水监测结果

项目	pH 值	COD/（mg/L）	BOD_5/（mg/L）	NH_3-N/（mg/L）	石油类/（mg/L）	LAS/（mg/L）
原水	6.17～7.26	183.0～566.5	109.2～255.9	4.18～6.58	9.86～22.5	3.17～4.82
出水	6.99～7.35	7.06～25.9	2.0	0.10～0.18	0.25～1.34	0.08～0.13
排放标准	6～9	100	20	15	1.0	5.0
去除率/%	—	93.5	98.7	97.3	97.1	97.3

（八）深圳盐田污水处理厂

1. 工程背景

深圳盐田污水处理厂位于盐田港码头附近一片填海区，工程设计总规模 20 万 m^3/d，分期建设，近期工程规模 12 万 m^3/d，工程远期总控制用地 11.4 hm^2（含深度处理及污泥消化用地），近期占地 6.33 hm^2。近期工程已于 2001 年建成并投入运行。由于污水处理厂总用地面积紧张，故污水处理采用了用地省且除磷脱氮效率较高的可集约性布置的 MSBR 工艺，污泥处理采用一体式离心浓缩脱水工艺。近期工程设计概算投资 24 045 万元。盐田污水处理厂是国内第一座采用 MSBR 工艺的污水工程。

工程设计进水水质：BOD_5 质量浓度=150 mg/L（校核值 200 mg/L）；SS 质量浓度=150 mg/L（校核值 200 mg/L）；COD_{Cr} 质量浓度=250～400 mg/L；TN 质量浓度=35 mg/L；TP 质量浓度=4 mg/L。

工程出水排放标准：近期工程按《污水综合排放标准》（GB 8978—1996）一级标准，并考虑了广东省深圳市环保部门的有关规定，排放标准为：BOD_5 质量浓度≤20 mg/L；COD_{Cr} 质量浓度≤60 mg/L；SS 质量浓度≤20 mg/L；NH_3-N 质量浓度≤15 mg/L；TP 质量浓度≤0.5 mg/L。

2. 工艺流程

盐田污水处理厂于国内首次采用了 MSBR 工艺，污水由进水闸门进厂后先经粗格栅截流漂浮物后，由潜水泵提升进入细格栅渠和比氏沉砂池，进一步去除杂物和无机颗粒。经预处理后污水进入核心处理单元 MSBR 系统，污水在 MSBR 系统中完成生物降解和沉淀分离过程后，排入接触池消毒，达标后作为出水外排，剩余污泥送入一体式离心浓缩脱水机，脱水后的泥饼外运处置。近期工艺流程见图 7-11。

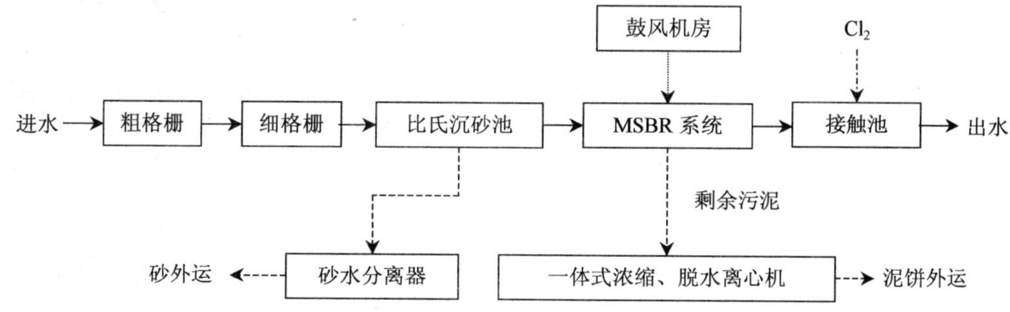

图 7-11 盐田污水处理厂工艺流程

该污水厂中心处理构筑物为 MSBR 系统，它担负着降低 BOD、SS、脱氮除磷的任务。MSBR 即改良型 SBR，它实际是由 A^2/O 工艺与 SBR 系统串联而成，可以连续进水、连续出水，与传统的 SBR 有着本质的区别。

该污水厂的 MSBR 系统由 7 个单元组成，7 个单元组合设计成 1 座矩形池，MSBR 系统工作原理及流程见图 7-12。1#单元和 7#单元是 SBR 池，其功能是相同的，均起着好氧氧化、缺氧反硝化、预沉淀和沉淀作用；2#单元是污泥重力浓缩池，被浓缩的活性污泥进入 3#单元，上清液（富含硝酸盐）则进入 6#单元或 5#单元；3#单元是缺氧池，不但回流污泥中溶解氧在本单元中被消耗掉，而且污泥中硝酸盐也被微生物的自身氧化所消耗；4#单元是厌氧池；原污水由本单元进入 MSBR 系统；回流污泥在本单元吸收低分子的有机物同时完成磷的充分释放；5#单元是缺氧/厌氧池，当 BOD_5 质量浓度＞150 mg/L 时，污水与由 6#单元（曝气池）回流至此的混合液混合，完成生物脱氮过程，当 BOD_5 质量浓度＜150 mg/L，6#单元就不必回流混合液至 5#单元而是回流至 6#单元，5#单元也作为厌氧池，强化生物除磷效果；6#单元是好氧主曝池，其作用是氧化有机物并对污水进行充分的硝化，让聚磷菌在本单元中过量吸磷。

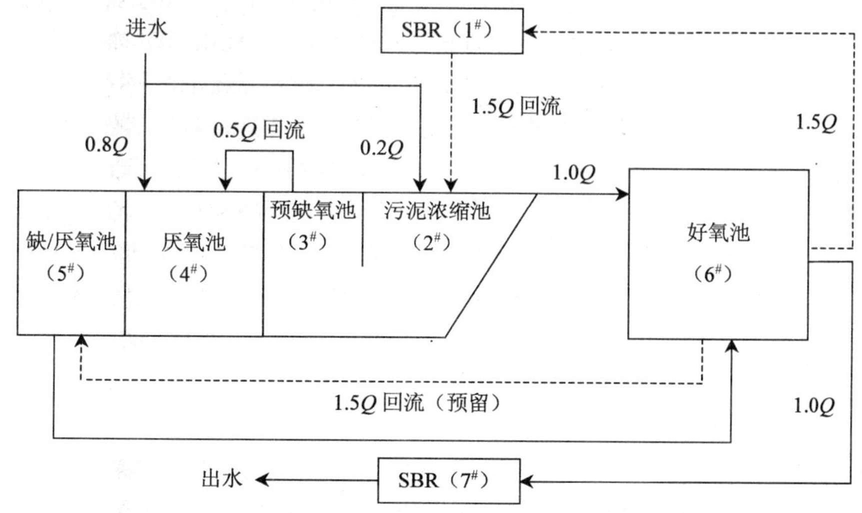

图 7-12 MSBR 系统工作原理及流程

MSBR 系统被设计为两点进水：80%流量进入厌氧池（4#），20%流量进入污泥浓缩池（2#），可实现进水的灵活性和运行方式的多样性。2#单元浓缩后的污泥流入 3#单元再回流至 4#单元，和 80%的进水混合后流至 5#单元、6#单元。2#单元浓缩后上清液直接流至好氧池（6#）。出水采用空气堰控制出水，通过空气堰的控制可实现 1#单元和 7#单元 SBR 池自动交替出水。

盐田污水处理厂工艺设计的特点：

① 针对本工程用地紧张的实际情况在国内首次采用了 MSBR 工艺，MSBR 是由 A^2/O 工艺与 SBR 系统串联而成的一座矩形池，它具有曝气池和二沉池的综合功能，因此该工艺集约程度高、占地省、工艺先进、可靠。

② 本工程在生化池系统内采用浮筒式搅拌器、可升降曝气器及空气出水堰等新型设备，这在国内尚属首次，这些设备先进且维修方便，可以在 MSBR 系统不停产的情况下进行设备检修、维护和运行观察，使用十分方便，实际应用中发现供气环网支口与可升降曝气器进气口之间的软连接管长度不够，无法将曝气器提升到接近水面上的位置来观察曝气管膜的具体运行状况，难以确切找出管膜破损或漏气的部位。

③ 在 MSBR 系统中设置了回流污泥浓缩池，浓缩后污泥流入厌氧池，上清液直接流至好氧池或缺氧池，这样避免了浓缩污泥中硝酸盐对厌氧池释磷的影响，减少 SVFA 因回流而造成释稀，实际增加了厌氧区的有效停留时间，从而强化了系统生物除磷功能，此回流污泥浓缩技术属美国专利技术，通过几年的运行证实这项技术生物除磷效果十分优良和有效。

④ MSBR 系统内增加了低水头、低能耗的回流设施，从而极大地改善了系统中各单元 MLSS 的均匀性，即增加了连续运行单元的 MLSS（特别是提高了硝化反应的反应速率）和减少了 SBR 池的 MLSS 浓度，提高了系统的运行效率。

⑤ MSBR 系统具有多种运行模式，根据进出水水质可按倒置 A^2/O 工艺（运行中可停用 6#单元好氧池到 5#单元缺氧池的回流泵，将 5#单元也作为厌氧池使用，这时反硝化反应主要在 2#单元预缺氧池内完成）；或五段式 Bardenpho 工艺（SBR 池可以好氧运行，也可以按缺氧/好氧运行，运行方式和时间可调。A^2/O 后接 SBR 运行时，整个系统实际包含了厌氧/缺氧/好氧/缺氧/好氧五段），或改良 A^2/O 工艺（MSBR 系统被设计为两点进水：80%进入厌氧池，20%进入污泥浓缩池）等多种方式灵活运行，目前按改良 A^2/O 工艺运行，出水水质良好。

⑥ 根据污水处理厂软土地基且细砂层液化问题严重的情况，经过多方案研究采用了经济可靠且施工方便的端扩加锚筋碎石桩地基处理技术，很好地解决了大型水池地基承载力及抗拔力和淤泥质细砂层的液化问题，经多年使用也未出现水池沉降等不良现象。

3. 主要参数

盐田污水处理厂主要处理构筑物设计参数如下：

（1）粗格栅与提升泵房

粗格栅与提升泵房合建。总进水闸门井尺寸为 2.4 m×2.4 m×5.97 m，粗格栅间尺寸 7.20 m×10.8 m×5.97 m，泵坑尺寸为 13.6 m×6.30 m×7.72 m。粗格栅井与泵坑均分为 2 格。粗格栅井设 2 台机械粗格栅，型式为钢丝绳牵引式，B = 1.5 m，b = 20 mm，安装倾角α= 80°。泵坑内设潜水泵 4 台，3 用 1 备。潜水泵用引进 CP3356/605-810 潜水泵，Q = 0.375 m^3/s，H = 9 m，N = 45 kW。

（2）细格栅渠与沉砂池

细格栅渠与沉砂池合建，土建按 20 万 m^3/d 规模设计，设备按 12 万 m^3/d 规模安装。细格栅渠共 4 条栅渠，近期在 2 条栅渠中安装细格栅。采用回转式细格栅，B = 1.2 m，b = 5 mm，安装倾角α=75°，栅前水深 1.5 m，过栅流速 v = 0.88 m/s。沉砂池采用 360° 比氏沉砂池，直径 6.1 m，共 2 座。

（3）MSBR 系统

MSBR 系统包括 7 个单元，7 个单元组合成 1 座矩形池，单座池设计规模 4×10^4 m^3/d，尺寸 66.9 m×57.8 m×6.9（8.9）m，它由回流污泥浓缩池（2#单元）、缺氧池（3#单元）、厌氧池（4#单元）、缺氧/厌氧池（5#单元）、好氧池（6#单元）、2 个 SBR 池（1#单元、7#单元）组成。单座 MSBR 系统水力停留时间 HTR=14.31 h，各单元分配见表 7-18。

单元 1 或单元 7 尺寸为 41.6 m×20.2 m×6.9 m，水深 6 m。内设带除渣浮筒式搅拌器（N=15 kW）2 台，升降式曝气器 10 套，空气堰系统 1 套（包括 3 个出水槽），剩余污泥泵（Q=115 m^3/h，H=7.6 m）1 台，污泥回流泵（Q=2 500 m^3/h，H=0.95 m）1 台。

单元 2 尺寸为 10.1 m×16.4 m×8.9 m，水深 8 m，池子前端设 1.5 m 宽回流污泥配水槽，后端设 0.8 m 宽上清液出水槽，单元 2 与单元 3 在底部相通，以便浓缩污泥重力流入单元 3。

表 7-18 MSBR 系统各单元容积和 HRT

单元	容积/m^3	水力停留时间/h
1#	5 033	3.02
2#	1 015	0.61
3#	1 094	0.65
4#	1 647	0.99
5#	1 367	0.82
6#	8 670	5.2
7#	5 033	3.02
合计	23 859	14.31

单元 3 尺寸为 8.15 m×16.4 m×8.9 m，水深 8 m，内设带除渣浮筒式搅拌器（N=7.5 kW）1 台，浓缩污泥提升泵（Q=840 m^3/h，H=0.91 m）2 台。

单元 4 尺寸为 12.15 m×16.8 m×8.9 m，内设带除渣浮筒式搅拌器（N=11 kW）1 台。

单元 5 尺寸为 10.1 m×16.8 m×8.9 m，水深 8 m，内设带除渣浮筒式搅拌器（N=7.5 kW）1 台，单元 5 与单元 6 通过 2 根 DN1400 管道相连。

单元 6 尺寸为 25.0 m×57.8 m×6.9 m，水深 6 m，内设不带除渣浮式搅拌器（N=18 kW）2 台，可升降式曝气器 18 套，混合液回流泵（Q=2 500 m^3/h，H=0.95 m）2 台。

（4）消毒接触池

接触池近期建 1 座，尺寸为 29.20 m×21.50 m×5.10 m，水深 4.5 m，停留时间为 32 min。加氯点设在接触池前的阀门井内，氯水与处理后污水在管道中混合后进入接触池充分接触消毒。在接触池出水堰前安装有 2 台中水取水泵，单泵流量为 Q=50 m^3/h，H=25 m，该泵出水管接到厂内自用中水系统。

（5）鼓风机房

鼓风机房土建按远期设计规模一次建成，设备分期安装，平面尺寸为 33.0 m×12.0 m，层高 10.80 m。近期工程总需氧量为 32 400 kg（O_2）/d，近期安装 5 台离心鼓风机，单台风机 Q= 162.5 m^3/min，H=7.5 m（H_2O），N=250 kW，V=380 V，调整范围 45%～100%。

（6）加药、加氯间

加药间和加氯间为合建式建筑物，总尺寸为 39.0 m×12.0 m×6.90 m，其中加药间尺寸为 18.0 m×9.0 m，氯瓶间尺寸为 18.0 m×12.0 m，加氯机间尺寸为 6.0 m×3.9 m，漏氯处理间 6.0 m×8.1 m。加药间为污水除磷加药服务，化学药剂采用 $FeSO_4$，$FeSO_4$ 产品纯度以 90%计，溶解度按 15%计，近期（12 万 m^3/d）纯 $FeSO_4$ 设计投加量 1 474 kg/d，商品 $FeSO_4$ 设计投加量 1 638 kg/d。加药间内设计有 2 套溶药池、吸液池，单池尺寸为 2.5 m×2.5 m×1.0 m，每座池内设 N=4.0 kW 搅拌器 1 台，药液采用计量泵投加，近期共设 4 台泵（3 用 1 备），Q=167 L/h，H=0.3 MPa。加氯间为加氯系统服务，消毒药剂采用液氯，设计最大加氯量 10 mg/L。

（7）污泥浓缩脱水间

污泥浓缩脱水间土建按远期设计规模一次建成，设备分期安装，平面尺寸 36.0 m×15.0 m×8.0 m。近期设计干泥量 15.6 tDs/d，进泥含固率 0.8%，出泥含固率 22%。近期安装 3 台一体式浓缩、脱水离心机，Q=40 m^3/h，$N_{主机}$=75 kW，$N_{副机}$=15 kW。

（8）自用中水系统

污水厂中水系统设计规模为 100 m^3/h，由压力滤池、中水调节水池和中水泵房组成。压力滤池采用纤维球过滤器，共 2 台，单台处理量 50 m^3/h。过滤器直径Φ1.6 m，滤速 v=25 m/h，进水压力 P=0.15～0.4 MPa，反冲洗压力 0.15 MPa。调节水池尺寸为 8.25 m×8.0 m×3.6 m，分 2 格。中水泵房和压力滤池加药间合建，尺寸为 20.4 m×6.0 m×6.7 m。中水泵房内设加压泵（兼做反冲泵）3 台，2 用 1 备，单台流量 Q=30～35 m^3/h，扬程 H=29～32 m。加药间内设 PAC 药剂制备罐 2 台，1 用 1 备，单台容积 0.5 m^3，制备浓度 10%，最大投加量 10 mg/L，加药计量泵 2 台，单台流量 Q=0.3～34 L/h，H=4.1bar。

（9）软弱地基处理设计

本污水处理厂场地是经海域填土形成的陆地，除上部为填土外，下卧软弱土层有淤泥及细砂层，淤泥层厚 0.5～7 m，天然含水率 59.6%～90.1%，孔隙比 1.67～1.9，细砂层厚 0.7～8.5 m，天然含水量为 11.5%～37%，孔隙比 0.44～1.02。软弱土层总厚度为 0.7～8.9 m，细砂层具轻微～中等液化性，同时场地地下水对钢结构及钢筋混凝土中的钢筋具有中强腐蚀性。本场地地基条件较差，经过大量的研究及调查工作，对大型 MSBR 池采用了经济、可靠的端扩加锚筋碎石桩进行地基处理，该桩型是一种三合一复合桩处理地基液化以及满足构筑物承载力和抗浮力要求的新方法。根据 MSBR 池的承载力要求，采用挤密碎石桩和端扩加锚筋碎石桩复合桩型并按等腰三角形布置，挤密碎石桩和端扩加锚筋碎石桩桩径均为 d_e= 500 mm，单桩截面积 A_d =0.196 m^2，单桩加固面积 A = 2.25 m^2，其面积置换率 m = 8.7%，端扩加锚筋碎石桩由抗拔锚固头（夯扩头）、抗拔钢筋及碎石桩三部分组成。端扩加锚筋碎石桩锚筋采用增加腐蚀余量及防腐涂层厚度的方法来提高抗腐蚀能力，满足端扩加锚筋碎石桩设计基准期 50 年的要求。

4. 处理效果

盐田污水处理厂近期工程于 2001 年建成并投入运行，投产运行多年以来，运行正常，出水水质优于设计水质，完全达到《城镇污水处理厂污染物排放标准》（GB 18918—2002）中的一级 B 标准要求，部分指标还达到一级 A 标准要求。2005 年平均出水水质见表 7-19，从表中运行结果，可以看出在平均进水 BOD_5、SS、COD_{Cr}、NH_3-N、TN、TP 等值超过设计值时，出水水质较稳定且优于设计值。

MSBR 工艺设计泥龄为 8～12 d，MLSS 质量浓度设计值为 2 000～3 000 mg/L，实际运行中可基本保持其他运行参数不变，调节剩余污泥排放量，总结不同 MLSS 与除磷脱氮的关系，通过多次观察发现随着 MLSS 的增加，污泥泥龄的延长，出水 TP 上升而出水 NH_3-N 下降。从实际运行数据来看，6#单元的 MLSS 质量浓度维持在 2 000～2 500 mg/L，泥龄为 8～10 d，MSBR 系统脱氮除磷能同时达到较好的效果。污泥脱水系统设计进泥含固率为 0.8%，实际运行进泥含固率为 1%，主要是进泥储泥池起到了一定的重力浓缩作用，离心脱水机脱水污泥设计含固率 22%，实际出泥含固率≥24%。污泥系统设计泥量为 15.6 t（DS）/d，实际产泥量比设计值大，通常为 18～20 t（DS）/d，因此设计污泥系统时应考虑一定的处理余量，以满足污泥处理量的变化。

表 7-19 2005 年 1—12 月平均进、出水水质 单位：mg/L

月份	SS		BOD_5		COD_{Cr}		NH_3-N		TN		TP	
	进水	出水	进水	出水	进水	出水	进水	出水	进水	出水	进水	出水
1	168	7	147	4	273	41.3	21.0	10.5	35.8	13.3	4.63	0.17
2	140	9.4	135	6.9	253	43	20.3	8.38	35.0	13.3	4.44	0.37
3	144	9	147	6.5	268	39	22.3	8.88	37.4	14.1	4.35	0.2
4	123	7	156	7	284	40	23.7	7.93	38.0	13.9	4.19	0.25
5	149	9	159	5	277	48.9	25.6	7.81	39.4	13.9	3.94	0.28
6	146	9	127	6	265	43.7	21.2	9.34	36.2	13.9	3.16	0.25
7	162	9	127	5	240	19.9	22.3	7.78	37.4	13.9	3.33	0.52
8	162	8	144	6	261	20.5	18.5	7.46	33.9	13.6	2.95	0.17
9	128	6	117	7	200	24.9	19.5	7.64	34.7	13.9	3.12	0.28
10	130	8	139	7	265	35	25.1	7.20	40.5	14.2	3.56	0.35
11	124	8	143	8	248	31.2	30.3	7.26	42.7	14.1	4.97	0.45
12	174	8	192	5	305	37.5	29.7	7.60	43.6	13.7	5.75	0.47

盐田污水处理厂近期工程在多年的实际运行中，暴露出了一些工艺设计的缺陷和实际运行的问题，通过对这些问题的分析和解决，总结出了一些工程设计和运行经验：

（1）沉砂池的选择

通过运行发现，所采用的比氏沉砂池抗冲击负荷能力不太强，同时提砂泵系统采用的真空系统和囊阀故障率较高，造成沉砂池运行不很正常，且除砂、除油效果也不理想，因此建议污水处理厂宜采用气提式旋流沉砂池或曝气沉砂，对 MSBR 工艺的污水处理厂应强化除油、除渣的设计。目前盐田污水处理厂为了解决附近较多工业废油排入污水处理厂的问题，在沉砂池出水端增设除油池，强化进水除油。

本工程沉砂池按远期规模设计且仅设 2 座，故单座处理规模为 10 万 m^3/d，但近期实际进水量小，造成沉砂池旋流速度小，使得沉砂较果较差，设计时应根据近、远期水量合理确定沉砂池的座数或分格数。

（2）渠道关断措施选择

细格栅前后渠道上采用叠梁门关断，运行发现叠梁门关闭不严且操作十分笨重，后改为不锈钢电动渠道钢闸门后运行操作方便且使用正常。

（3）除渣设备的选择

MSBR 池是集生化池和沉淀池为一体的集约型池，不带刮渣功能，运行发现进水中浮渣经常进入 MSBR 池富集在池面上，影响观感及出水水质，原设计在预缺氧池、厌氧池、SBR 池均设了浮渣收集管，但没有刮渣装置，仅靠水流推动浮渣进入浮渣收集管，效果欠佳，因此对于 MSBR 工艺（含 SBR、CASS、UNITANK 工艺）应强化除渣设计，细格栅应选择栅隙小且除渣效果好的转鼓式或阶梯格栅。

（4）MSBR 空气出水堰的采用

MSBR 系统原采用的空气出水堰罩控制简单、设备少，但运行发现空气罩及管路容易漏气，控制空气堰的液位计容易产生误动作，造成系统故障率较高，且采用堰罩出水后 SBR 水面的浮渣无法随水流走，使得 SBR 池面富集较多浮渣，影响了运行、管理且水面感观效果差，同时空气堰最大的问题是容易产生出水虹吸现象，造成 SBR 池出水不均，同时出水中跑泥，影响出水水质，现该空气堰系统已改为可调节电动出水溢流堰，避免了以上情况的发生。

（5）曝气器的选用及布置

MSBR 系统原采用的可升降式微孔曝气器膜片的材质为三元乙丙橡胶，运行发现由于进水含油量高，膜片老化、损坏严重，同时由于好氧池曝气器非均匀布置，曝气不均匀，使曝气系统运行受到一定的影响，现已将曝气管更换为硅橡胶膜曝气管，而且为了使曝气均匀，将好氧池内的曝气器改为均匀布置，取消了好氧池原来配置的 2 台起混合作用的搅拌器。

（6）SBR 池出水端增设曝气装置

SBR 池（1#、7#单元）出水端均沿水流方向布置了 3 条空气堰，此区域池底未布置曝气器，同时设于 SBR 池中部的浮筒搅拌器也无法影响到此区域，运行 2 年发现此区域池底沉泥现象较严重，池底污泥发生厌氧反应，同时也经常发生污泥上浮，影响了出水水质，现在此区域增设了 2 套可升降式曝气器，当 SBR 池处于曝气阶段时开启此曝气器，经过一段时间运行，此区域池底基本未发生污泥沉积且改善了出水水质。

（7）消毒方式的选择

为了降低运行成本和保证系统设备运行的可靠性，当时盐田污水处理厂设计采用液氯消毒，但后来周边建造了许多工厂、办公楼，考虑到运行安全问题，液氯系统一直未投入使用，目前已改为紫外线消毒，因此污水处理厂建设时应综合考虑运行安全、运行成本及排放水体的功能要求等诸多因素来合理确定消毒方式。

(九) 广东佛山大沥污水处理厂

1. 工程背景

大沥污水处理厂位于广东省佛山市南海区大沥钟边胜唐村，规划建设总规模为 3×10^4 m^3/d，其中首期建设规模为 1.5×10^4 m^3/d，为提高脱氮除磷效果生化处理工艺采用了增设厌氧池的 UNITANK 工艺。工程设计出水水质执行《城镇污水处理厂污染物排放标准》（GB 18918—2002）一级 B 标准及广东省《水污染物排放限值》（DB44/26—2001）一级标准，其设计进、出水水质见表 7-20。

表 7-20　设计进、出水水质　　单位：mg/L

水质指标	COD	BOD_5	SS	NH_3-N	TN	TP
进水	≤380	≤180	≤250	≤30	≤38	≤4
出水	≤40	≤20	≤20	≤8	≤1.5	≤20

2. 工艺流程

佛山大沥污水处理厂采用了 UNITANK 工艺，原污水首先进入粗格栅去除流漂杂物后，粗格栅与进水泵房合建，经粗格栅后污水由潜水泵提升进入细格栅渠与曝气沉砂池，进一步去除杂物和砂粒等无机污染物。经预处理后污水进入生化处理部分，该工程为强化除磷效果，在 UNITANK 池前增设厌氧反应池，回流污泥与污水首先在该厌氧池混合，使污泥中的聚磷菌有效释磷，之后混合液进入核心处理单元 UNITANK 池，UNITANK 池采用鼓风曝气，污水在 UNITANK 池中完成生物降解和沉淀分离过程后，排入接触池消毒，消毒达标后排放，剩余污泥排入污泥储池，再送入污泥脱水机房，脱水后的泥饼外运处置。一期工程工艺流程见图 7-13 所示。

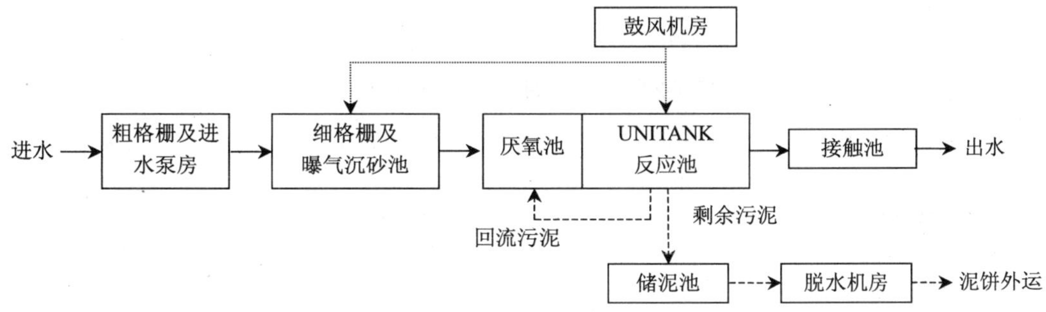

图 7-13　大沥污水处理厂一期工艺流程

UNITANK 工艺为，一种可连续进水、连续出水的 SBR 变型工艺，UNITANK 反应池由 3 个矩形池组成，通过共壁上的开孔实现水利连接，3 池均安装有微孔曝气系统和潜水搅拌机，外侧两个边池（A 池，C 池）设有出水堰和剩余污泥排放装置，两池交替作为曝气池和沉淀池。污水通过闸门控制可进入任一个池子，系统周期交替运行，实现连续进水、连续出水。通过控制搅拌机和进气阀的开启度可实现时间和空间上的厌氧、缺氧和好氧状态，为生物除磷脱氮提供了条件。

UNITANK 工艺按周期运行，一个周期包括两个主体阶段、两个过渡阶段和两个沉淀阶段。具体运行方式是：

① 主体阶段污水首先进入 A 池（通过调节进气阀和搅拌机的启闭可实现厌氧、缺氧和好氧状态），B 池曝气。因上个阶段进行沉淀出水操作，已积累了大量活性污泥且浓度较高，进水与活性污泥混合后有机物被吸附且部分被降解，同时兼性菌以污水中的有机物作为电子供体，将前半周期的 NO_3^--N 反硝化；然后利用原水中易降解碳源（VFAs）释放上一阶段运行时沉淀的含磷污泥中的磷。在推流过程中，A 池中的活性污泥先进入 B 池，再进入 C 池，实现污泥在各池的重新分配，最后在 C 池进行泥水分离，处理后的出水通过出水堰渠排放。

② 过渡阶段为 A 池曝气，污水进入 B 池。依据处理水质要求，B 池亦可实现厌氧状态，原出水 C 池仍处于出水状态。

③ 沉淀阶段为 A 池停止曝气，开始静沉，为出水做准备，污水仍由 B 池流入，C 池流出，之后改变流向，分别依次重复①～③的处理过程。因为边池在曝气状态时出水槽内积满泥水混合液，所以边池进入沉淀状态后，开始的出水不能作为处理后出水直接排放。该厂采用切换后边池前 10 min 的出水作为反冲洗用水，冲洗出水经管渠排入处理厂进水泵房。剩余污泥采用间歇排泥方式，排泥时间设在静沉末期。

3. 主要参数

该工程为提高除磷效果，在 UNITANK 池前端设置了厌氧池。UNITANK 池的设计流量为 0.174 m^3/s，污泥负荷为 0.097 3 kg（BOD_5）/[kg（MLSS）·d]，污泥回流比为 30%～50%，污泥龄为 13 d，平均污泥浓度为 4 000 mg/L，水力停留时间为 13.7 h（厌氧池水力停留时间为 1.3 h），需氧量为 290 kg（O_2）/h。反应池平面尺寸为 42 m×34 m（厌氧池的尺寸为 18 m×8 m×6 m），有效水深为 6.0 m。UNITANK 工艺设计运行状态如表 7-21 所示。

表 7-21　UNITANK 池设计运行状态

工艺状态/（时间）	边池 A	中间池 B	边池 C
状态 a（120 min）	I/A/J	A/J	O
状态 b（50 min）	S	I/A/J	O
状态 c（10 min）	W	A/J	I/A/J
状态 d（120 min）	O	A/J	I/A/J
状态 e（50 min）	O	1/A/J	S
状态 f（10 min）	1/A/J	A/J	W

注：I.进水；A.曝气；S.沉淀；W.反冲洗；O.出水；J.搅拌。

4. 处理效果

大沥污水处理厂一期工程启动调试工作采用接种培养法培养活性污泥，泥种取自镇安污水处理厂的污泥浓缩池，污泥浓度为 12～20 g/L。具体的培养过程如下：

（1）污泥接种

将接种污泥同原水一起用泵提升至生化反应池，接种污泥量为 720 m^3，2 d 后池内污泥浓度达到 1 600 mg/L 以上。

（2）间歇换水

每次换水量为反应池容积的 1/2，每 12 h 换水一次，3 d 后污泥浓度大于 1 800 mg/L，污泥沉降比大于 10%。通过镜检发现活性污泥絮体结构良好，原生动物种类及数量相对稳定，主要为带柄固着型纤毛虫（如钟虫、枝虫等），并伴有后生动物出现，这说明活性污泥菌胶团已基本成熟。

（3）连续进、出水

活性污泥菌胶团基本成熟后，开始按照工艺设计连续运行。连续进、出水运行 7 d 后混合液污泥质量浓度＞2 500 mg/L，各项出水指标达到设计标准，标志着污泥培养工作结束。

大沥污水处理厂一期工程经过 3 个月的调试运行，出水各项指标均达到设计标准，实际运行效果见表 7-22。该工程采用增设厌氧池的 UNITANK 工艺，出水水质良好，全部出水指标达到设计标准，部分指标优于设计标准。前端设置的厌氧池有效提高了 UNITANK 工艺的除磷效果，为 UNITANK 工艺的不断改良提供了新思路。

表 7-22　大沥污水处理厂一期工程实际运行效果

项目		COD/（mg/L）	BOD_5/（mg/L）	SS/（mg/L）	色度/倍	TP/（mg/L）	TN/（mg/L）	NH_3-N/（mg/L）
进水	平均值	190.3	92.1	226.0	28.3	4.97	21.38	12.70
	波动范围	59～742	21.3～344	20～928	17～60	0.92～13.8	4.93～38.5	1.78～25.2
出水	平均值	13.0	2.9	7.2	4.0	0.48	10.18	0.90
	波动范围	5.0～24.0	1.6～10.1	4.0～24.0	2.0～6.0	0.15～1.19	2.74～18.4	0.04～3.82
平均去除率		93.2%	96.8%	96.8%	86.1%	90.3%	52.4%	92.9%

第八章　生物接触氧化技术

一、技术简介

生物接触氧化法（Biological Contact Oxidation），又称淹没式生物滤池或接触曝气法，是介于活性污泥法与生物滤池之间的，采用接触曝气方式的一种生物膜法处理工艺。

接触氧化法概念，最早于 19 世纪末就被 Waring、Ditter 等人提出，1912 年 Closs 在德国取得了接触氧化法的专利登记。早期的接触氧化法，是在活性污泥曝气池中，添加石棉板、塑料板及水泥板等作为微生物生长载体，并取得了良好的净化效果。20 世纪 50 年代初，接触氧化技术在欧美已被广泛应用于小型污水处理厂中，其具有生物量高和净化效果较好等优点，但同时也存在着布水布气不易均匀，环境卫生条件较差，生产费用高以及填料易堵塞等问题，故有逐渐被活性污泥法取代的趋势。20 世纪 70 年代以后，随着新型高分子材料，如聚乙烯、聚苯乙烯和聚酰胺等被广泛用于制造新型填料，使接触氧化法得到了新的发展。我国对于接触氧化技术的研究和应用始于 20 世纪 70 年代末，目前主要集中于开发新型填料和曝气系统，接触氧化在我国已广泛应用于处理生活污水、城市污水、有机工业废水和微污染源水。

生物接触氧化法其属于生物膜法的一种，由生物滤池发展而来，典型的工艺由氧化池（生物反应器）、填料（载体）、布水装置和曝气系统四部分组成。其技术实质是在反应池内充填填料，使污水浸没全部填料，并使污水以一定速度流经填料，与填料上生长的生物膜充分接触。由于曝气作用，池内形成液、固、气三相共存体系，充氧效率高，适宜微生物的生长。填料表面布满生物膜，形成了生物处理的主体，能够高效地吸附、降解污水中的有机污染物，使污水得到净化，见图（彩）8-1。同时在曝气的作用下老化的生物膜不断脱落更新，使反应器内微生物保持高的活性。其兼具活性污泥法和生物膜法的优点，因而得到了广泛的应用。

二、工艺类型

生物接触氧化池可根据进水水质和处理程度，采用一段式或二段式，甚至是多段式处理流程。接触氧化池平面形状一般为矩形，有效水深一般为 3～5 m，在构造形式上，按曝气装置的布置可分为分流式和直流式，分流式又可分为，中心曝气接触氧化池和单侧曝气接触氧化池。中心曝气接触氧化池，采用填料两侧布置，中心为曝气区，中心进气，底部进水，形成循环流。单侧曝气接触氧化池，采用填料单侧布置，另一侧为曝气区，侧部进气，上部进水，形成循环流。分流式接触氧化池，充氧曝气区与填料区分隔，填料区水力条件缓和，DO 充足，营养条件好，利于微生物生长，但也存在着冲刷力较弱，生物膜更新缓慢，易增厚形成厌氧层，并容易堵塞等问题。一般国外采用分流式较多，国内多采用直流式接触氧化池。直流式接触氧化池，填料床采用全池布置，直接在填料底部曝气，采用底部进水、进气，在填料上形成上向流，生物膜受气流、水流的冲击、搅拌作用不断脱落、更新，使生物膜保持较高活性，同时避免堵塞，气流在与填料的撞击中，不断被剪切，提高了充氧效率。

填料是影响处理效果的重要因素，是生物膜的载体，是接触氧化处理工艺的关键部位，也是建设费用中的一个大部分。生物接触氧化池应采用填料的基本原则是，填料本身对微生物无毒害、形状规则、表面粗糙、易挂膜、比表面积大、空隙率高、质量轻、强度高、抗老化以及便于运输安装，同时还要考虑经济因素。目前常用的填料有：蜂窝状填料、波纹板状填料、软性填料、半软性填料和悬浮状球形填料，此外也有一些处理厂仍然沿用着砂粒、碎石、无烟煤、焦炭、矿渣以及瓷环等不规则填料。

三、处理效果

接触氧化工艺是一种高效能的生物处理技术，其是将生物滤池和活性污泥法有机结合在一起，同时具有两种方法的优点。从微生物的生长和附着方式上看，其与生物滤池相同，属生物膜法，但在力学条件和曝气方式上，其又与活性污泥法相似，流态上属完全混合式。

运行时填料全部浸没在污水中，利用机械装置向水体充氧，生物膜附着于固体填料表面，其上的微生物种类丰富，除细菌外还有多种原生动物和后生动物，并且表面生长有大量丝状菌，形成密集的生物网，对有机污染物有很强的吸附和过滤作用，能够有效提高净化效果，并且不会发生污泥膨胀现象。生物膜的增长、代谢过程与溶氧值密切相关，生物膜厚度随微生物增殖而不断加厚，当生物膜表层的滞流水层中溶解氧被膜表层微生物耗尽时，膜内层形成厌氧区，厌氧微生物大量滋生，使内层微生物群不断死亡、解体，降低了生物膜与填料表面的黏附力，同时厌氧发酵产生的 H_2S、NH_3 气体及膜内噬膜微型动物，也会影响生物膜在填料表面的附着，使过厚的生物膜在水流作用下脱落更新。同时，由于生物膜内部可以形成缺氧的微环境，能够同步实现硝化和反硝化作用，运行得当可以获得较高的脱氮效果。

生物接触氧化法，采用比表面积大的填料，其比表面积可达 130～2 000 m^2/m^3，可以极大地提高反应池内的生物量，折算为 MLSS 可达 13 000 mg/L 以上，使接触氧化法的容积 BOD_5 负荷可高达 3～10 kg/（m^3·d），是普通活性污泥法的 3～5 倍，可极大地提高有机物的去除效率，有利于缩小池容，减小占地面积。生物接触氧化池可根据进、出水水质要求，采用一段式或二段式处理流程，可以作为独立的二级处理系统，也可以作为三级处理系统使出水达到回用水水质标准。对于城市污水，二级处理系统单独考虑碳氧化时，容积 BOD_5 负荷一般为 2.0～5.0 kg/（m^3·d），当考虑硝化脱氮时容积 BOD_5 负荷一般为 0.2～2.0 kg/（m^3·d），而作为三级处理时，其容积 BOD_5 负荷一般为 0.12～0.18 kg/（m^3·d）。

四、适用范围

近 20 年来，接触氧化法在国内外得到了深入的研究和广泛的应用，在新型填料开发与选择、供氧传递方式和机理、新型反应器的研制与开发，高效菌种的筛选和强化等多方面有了很大的进展。其与传统的活性污泥法和生物滤池法相比，在处理效率、运行稳定性、工程投资和运行费用等方面具有明显的优势。其处理效率高，抗冲击负荷能力强，对水质变化适应范围宽；系统产污泥量少，且主要为脱落的生物膜，沉降性好，出水水质稳定，且不发生污泥膨胀，可不设置污泥回流；反应器内，微生物浓度高，污泥龄长，生物膜适应性强，能够去除一些难降解和分解速度慢的物质，运行稳定性好；系统总水力停留时间短，处理相同水量，反应器体积小，占地面积少，工程投资少，设备简单易操作，维修方便，运行费用低，综合能耗低。

由于接触氧化工艺突出的优点，并且随着近些年工艺技术的逐渐成熟，其得到了更加广泛的应用。目前，在我国接触氧化技术广泛应用于城市污水的二级处理和中水回用处理，尤其是在中小型处理系统中应用更为广泛。同时，由于其具有抗冲击负荷和降解难降解物质的能力，已广泛应用于石油化工、农药、印染、轻工造纸、食品加工、发酵酿造、制药等行业的有机工业废水，甚至还可用于处理含苯酚、丙酮等难降解物质的有毒废水。此外，在微污染源水处理中的应用，也得到了人们的重视。

五、工程实例

（一）鄂尔多斯市污水处理厂

1. 工程背景

鄂尔多斯市位于鄂尔多斯高原中部，年平均气温 5～7℃，冬季最冷月污水厂进水温度为 8～15℃，市区面积 78 km^2，人口 5 万余人。针对鄂尔多斯市地处内蒙古，污水浓度普遍偏高且水温较低的特点，在工艺选择时因地制宜地采用了高效、低耗、低成本的生物膜工艺技术——二段生物接触氧化工艺（以下简称二段法）。处理后的出水不仅能够满足污水排放标准的要求，而且投资及运行费用较省。污水厂占地 4×10^4 m^2，设计规模 4.5×10^4 m^3/d，其中，一期规模除生化组合池按 2×10^4 m^3/d 设计、建设外，其他建筑物均按 4.5×10 m^3/d 进行设计、建设。工程投资 2 557.9 万元。

该市污水收集系统基本为合流制，根据历年监测数据和水质水量测算及《污水综合排放标准》（GB 8978—1996）确定工程设计规模及进出水水质：流量近期为 2.0×10^4 m^3/d，远期为 4.5×10^4 m^3/d；进水水质 COD 质量浓度为 500 mg/L、BOD_5 质量浓度为 250 mg/L、SS 质量浓度为 200 mg/L；设计出水水质 COD 质量浓度为 120 mg/L、BOD_5 质量浓度为 30 mg/L、SS 质量浓度为 30 mg/L。

2. 工艺流程

鄂尔多斯市污水处理厂的污水处理采用二段生物接触氧化工艺。原水为生活污水与工业污水混合污水，原水由管道进入格栅间，由于厂址选择时充分利用当地有利的地势，改造了部分排水管网，使进出水口落差达到 12 m，整个污水厂工艺流程完全依靠重力流经各个构筑物，而无需提升泵，大大降低了污水厂的日常运行和维护费用。污水经粗、细格栅后，进入曝气沉砂池进一步去除颗粒物，后进入调节池，进行调质、调量。由于该市规模小，且有几个大的羊绒制品生产企业，污水排放量较为集中，水质水量波动大，所以设置了缓冲调节池，内置 3 台滗水器，使后续构筑物进水能够持续稳定，从而保证整个工艺的正常运行。污水经初沉池取出一部分污染物后，依次进入一级氧化池、一沉池、二级氧化池、二沉池和消毒池，达标后排放。初沉池、一沉池和二沉池底排出的污泥进入污泥浓缩池，系统没有污泥回流，无需设污泥回流泵房，工艺流程简洁、设备少、工程投资低。污泥处理采用浓缩、带式脱水后外运填埋的方式，工艺流程见图 8-2。

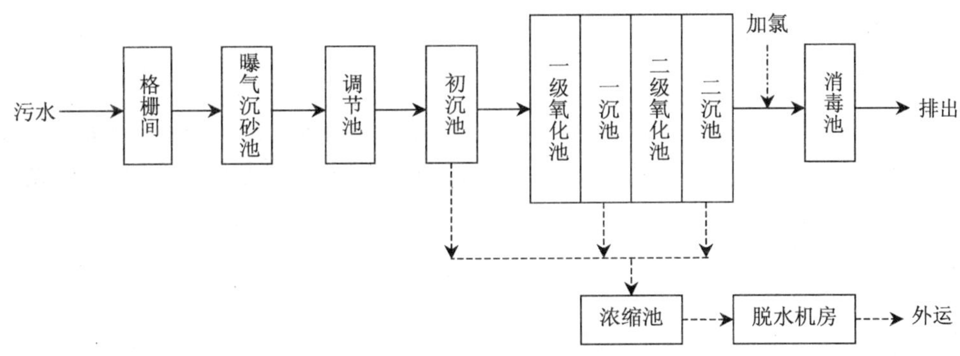

图 8-2　鄂尔多斯市污水处理厂工艺流程

鄂尔多斯市污水处理厂采用二段生物接触氧化工艺，并在设计时考虑了冬季低温对生物处理系统的影响，其工艺上具有一定的工艺特色：

① 生化池内生物量、生物活性及传质效率较高。二段法的曝气系统设在填料下面，不仅供氧充足，而且对生物膜起到了扰动作用，加速了生物膜的更新，可使生物膜保持较高的活性。经测定，二段法第一氧化池中，微生物耗氧速度较活性污泥法高 1.8 倍左右。

② 采用适于冬季的鼓风曝气方式，可提高部分水温且传质条件好，氧的利用率高。一般情况下，普通活性污泥法在水深 3.5～4.5 m 内，氧的吸收率为 5%～10%，动力效率为 1.2～1.8 kg/（kW・h），而同等条件下的二段法氧的吸收率达到 12.7%～16.9%，动力效率高达 3.0 kg/（kW・h）以上，从而大大节省了鼓风动力的消耗，降低了运行费用，同时水温得到提高。

③ 设备维护简单。寒冷地区污水厂冬季的设备维护维修始终是运营中的难点，污水厂冬季的设备维护成本较平时大幅度提高，而二段法工艺本身的设备较少，没有二沉池的刮吸泥机、曝气池的微孔曝气器及水下搅拌器等设备，使冬季工艺具有易维护、成本低的特点。

④ 工艺能够适应冬季水质水量的波动，具有较好的抗冲击负荷能力。二段法第一氧化池中微生物处于高活性“吸附合成期”，在较短的时间内可将污水中 60%～80%的有机

质储存在细胞体内或吸附在细菌表面，在未进入内源代谢之前，就通过反应条件的控制使其以“合成污泥”的形式排出，为进一步提高出水水质创造了有利条件。

⑤ 固定膜工艺处理低温污水时比分散生长工艺更稳定，处理效率更高。

3. 主要参数

该污水厂设计时充分考虑了水质、水量变化特点和冬季低温对生物处理的影响因素，并相应采取了以下技术措施：1）适当降低了一氧池和二氧池的设计负荷和接触沉淀池的上升流速；2）增加调节池进行水质水量调节，减少对后续处理单元的负荷冲击；3）提高鼓风机进风温度，将冷空气温度加热以提高曝气池水温，这样可使曝气池水温在最冷月份保持在 8℃以上；4）充分利用当地的有利地形，将主要构筑物建于地下，只留超高部分于地面；5）增加池深，减少平面散热面积；6）增加填料厚度，使池内保持高生物量；7）采用了带孔眼网格走道板，不用钢板或水泥板，保证了冬季运行安全；8）将大部分设备设于室内，管、阀均设于管廊、管沟内，室外设备采取了有效的保温措施。通过以上技术措施，保证了污水厂在冬季的正常运行，达到了预期效果。

该污水处理厂各构筑物的具体设计参数如下：

（1）格栅

由于没设污水提升泵站，所以污水厂的粗格栅与细格栅进行合建，采用 5.0 m×2.0 m×3.5 m 的钢筋混凝土池，栅条间隙分别为 25 mm 和 10 mm。安装倾角α=75°，设计流量 4.5×10^4 m^3/d，设计产渣量为 1.7 m^3/d。

（2）曝气沉砂池

污水厂除砂设计采用一座曝气沉砂池，设计流量 4.5×10^4 m^3/d，采用 8.0 m×4.5 m×4.5 m 的钢筋混凝土池，共二格，合用 1 套吸砂机，最大流量时水力停留时间 3 min，曝气量为每立方米水 0.21 m^3 空气。

（3）调节池

为防止企业和生活污水集中排放引起的水量水质波动对污水厂造成负荷冲击，设计时增设 1 座调节池，设计流量 4.5×10^4 m^3/d，采用 12.0 m×7.5 m×6.0 m 的钢筋混凝土池，并在调节池底部设计数条曝气管路，上部设计 3 套滗水器，以保证出水的持续和稳定。

（4）初沉池

2 座，单座设计水量 1.0×10^4 m^3/d，D=20.0 m，H=3.5 m，采用辐流式钢筋混凝土池，设计 HRT=2.6 h，表面水力负荷 1.5 m^3/（m^2 • h）。

（5）组合池（二段生物接触氧化池）

2 座，每座分两组，并用管廊相连，每组又分为四格：第一氧化池、第一沉淀池、第二氧化池和第二沉淀池。单座池设计水量 1.0×10^4 m^3/d，为四池联壁式钢筋混凝土结构，各池的设计参数见表 8-1。

生化池填料是生物膜法技术核心，填料性能的优劣直接影响生化池的净化效能，本工程采用的填料是强化炉渣和聚丙烯复合填料。其性能指标分别见表 8-2 和表 8-3。

表 8-1　组合生化池设计参数

项目	第一氧化池	第一沉淀池	第二氧化池	第二沉淀池
BOD 容积负荷/[kg/（m^3·d）]	2.47	—	1.16	—
表面负荷/[m^3/（m^2·h）]	4.48	4.48	3.42	2.97
有效水深/m	6.5	6.0	5.5	5.0
HRT/h	0.8	0.8	1.3	1.5
单位 BOD 污泥产率/（kg/kg）	0.4	—	0.3	—

表 8-2　强化炉渣各组分质量分数及理化性能

测试项目	范围	平均值	组分	范围	平均值
堆积密度/（kg/m^3）	450～889	699.67	SiO_2/%	41.09～54.74	43.81
空隙率/%	48～60	52	Al_2O_3/%	12.54～40.04	27.91
比表面积/（m^2/m^3）	60～200	130	Fe_2O_3/%	1.33～20.06	9.72
粒径/mm	30～80	—	CaO/%	0.56～6.80	3.32
上层（1 m）粒径/mm	30～40	34	MgO/%	0.39～1.50	0.82
下层（1 m）粒径/mm	60～80	65	TiO/%	0.94～1.62	1.41
极轴比	1.1～1.3	1.2	SO_3/%	0.03～0.45	0.21
抗压强度/（kg/cm^2）	50～100	70	K_2O/%	0.43～1.32	0.74
磨损率/%	1～3	2	Na_2O/%	0.22～0.47	0.39

表 8-3　聚丙烯填料理化性能参数

项目	范围
堆积密度/（kg/m^3）	20
密度/（g/cm^3）	1.02
空隙率/%	75～85
比表面积/（m^2/m^3）	200～300
抗压强度/（kg/cm^2）	10
使用年限/a	30

（6）液氯消毒池及加药间

加氯消毒池 2 座，单座设计水量 1.0×10^4 m^3/d，接触时间 30 min，采用 10.0 m×7.5 m×3.5 m 的钢筋混凝土池。加药间 1 座，加氯质量浓度 10 mg/L，氯库储量 15 d，设有漏氯报警装置，加药点设于消毒池进水管处，便于液氯在消毒池内接触混合。

（7）污泥处理系统

采用 2 座直径 8 m 的污泥浓缩池，总设计进泥量 100 m^3/d，固体负荷采用 30 kg/（m^3·d），浓缩时间 16 h。浓缩后的污泥进入贮泥池，再经带式压滤机脱水后外运。

（8）曝气系统

曝气系统由 3 台离心风机供气，水气比采用 1∶7，空气干管由管廊接入，并分配支管到两组池中，在每池支管上设电动阀门，细支管上设手动蝶阀，以调节每池的进风量。

4. 处理效果

运行结果表明：在污水温度为 8～15℃，进水 COD、BOD_5 和 SS 分别为 475.49 mg/L、251.69 mg/L 和 298.67 mg/L 的情况下，出水水质分别为 49.68 mg/L、21.62 mg/L 和 24.60 mg/L，污染物去除率分别达到了 89.6%、91.4%和 91.7%，出水水质稳定且全部达到或优

于国家《污水综合排放标准》（GB 8978—1996）中的二级标准要求，见表 8-4。从实践上说明了二段式接触氧化工艺处理低温污水的可行性。

表 8-4 2002 年污水厂进、出水水质

		COD/（mg/L）	BOD_5/（mg/L）	SS/（mg/L）
2 月	进水	471	205	224
	出水	48	18	41
3 月	进水	576	302	357
	出水	52	24	56
4 月	进水	432	247	315
	出水	48	21	47
平均值	进水	475	251	298
	出水	49	21	22
去除率/%		89.6	91.4	92.6

污水厂的吨水投资若按流量 2.5×10^4 m^3/d 计算为 1 023.16 元，若按流量 4.5×10^4 m^3/d 计算为 568.42 元。由于污水厂除生化池外，其他构筑物全部按 4.5×10^4 m^3/d 污水进行设计建设，所以污水厂的吨水投资应小于 800 元，因此，从吨水投资上来看二段法是比较经济的。经过 2 年多的运行，污水处理厂的运行成本夏季在 0.23 元/m^3，冬季的运行成本在 0.29 元/m^3，二段法的吨水运行费用也是比较合理的，尤其是在冬季，能够将吨水的运行成本控制小于 0.3 元，这在低温污水厂中也是比较少见的。因此，二段法工艺具有低的吨水投资和冬季运行费用，具有很高的经济性。

（二）广东省佛山市高明第二污水处理厂

1. 工程背景

广东省佛山市高明第二污水处理厂采用二段生物接触氧化法处理工艺，其污水来源主要是附近小区的生活污水和工业园的工业废水，设计处理水量一期工程为 2 000 m^3/d。

采用二段生物接触氧化法，第一段氧化池充分利用微生物处于对数增长期的吸附特性，以低能耗、高负荷、快速的生物吸附和合成为主，能够去除污水中 70%～80%的有机物，称为吸附合成期；第二段氧化池在低负荷下利用微生物的氧化分解作用，对污水中残留的有机物进行氧化分解，以进一步改善出水水质，称为氧化分解阶段。由于进行了分段，可充分发挥同类微生物种群间的协同作用，克服不同微生物种群间的拮抗作用，故处理效率大大提高，具有抗冲击负荷能力强、运行稳定、出水水质好的特点。经运行监测实践表明，该法处理效果稳定，时间短，管理操作简便，较好地满足了实际需要[14]。

2. 工艺流程

生活污水与工业污水在管道内混合后，经格栅、提升泵房进入调节池，进行调质、调量，然后依次进入一级氧化池、一沉池、二级氧化池、二沉池和消毒池，达标后排入沧江。而沉淀污泥从一沉池和二沉池底排入污泥浓缩池，经压滤处理后定期排放。系统不设污泥回流，无需设污泥回流泵房，工艺流程简洁、设备少、工程投资低。二

段法采用四池联壁式组合结构，节省了占地和土建费用，同时能方便操作管理和运行，维护并能减少水头损失使厂区总体布局合理、工艺流程简洁流畅。二段法在第二段接触氧化池前后各设一座接触沉淀池能够截留污水中的悬浮物质并能将一段和二段完全分开使其各自成为独立系统以充分发挥各自的效能。高明第二污水处理厂的二段法工艺流程见图 8-3。

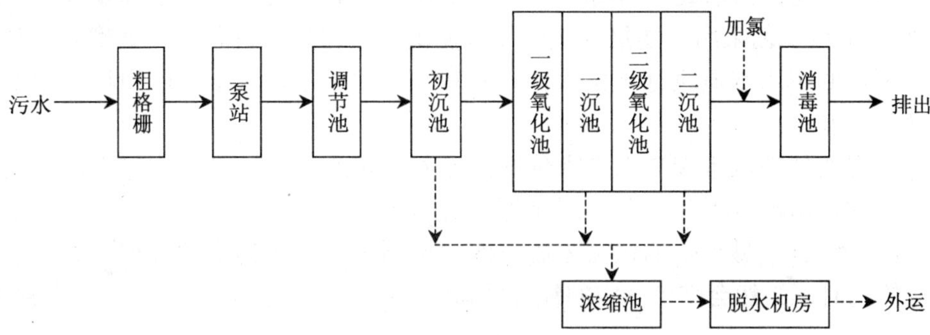

图 8-3 高明第二污水处理厂工艺流程

3. 主要参数

高明区第二污水处理厂出水的收纳水体为沧江，根据沧江的规划水体类型，该处理厂出水水质标准执行广东省地方标准《水污染物排放限值》（DB 44/26—2001）中第二时段的一级标准、《城镇污水处理厂污染物排放标准》（GB 18918—2002）中一级标准的 B 标准。同时根据《关于印发佛山市 2004 年、2005 年度珠江综合整治工作要点和考核实施细则的通知》（佛珠整治委［2004］1 号）的规定，该厂出水 COD_{Cr} 执行 40 mg/L 的标准。

该处理系统主要设计运行参数为：容积负荷为 1.2～2.0 kg（BOD_5）/（$m^3 \cdot d$）；接触停留时间共 4.08 h，其中一级氧化池 2.16 h，二级氧化池 1.92 h；一级氧化池有效容积 1 800 m^3，二级氧化池有效容积 1 600 m^3；总气水比 14∶1，其中一级氧化池为 8∶1，二级氧化池为 6∶1。

4. 处理效果

广东省佛山市高明区第二污水处理厂，采用两端式接触氧化工艺，该法投资少，占地面积小，运行操作管理简便，运行实践表明，该处理工艺能够获得稳定的处理效果，出水水质良好，处理效果见表 8-5。

表 8-5 实际运行进、出水水质（2007 年 5 月平均值）

项目	BOD_5/（mg/L）	SS/（mg/L）	总氮/（mg/L）	氨氮/（mg/L）	磷酸盐/（mg/L）
进水	180	254	38	30	4.0
出水	12	10	11	5	0.4
排放标准	20	20	20	8	1.0
去除率/%	93	96	70	83	90

（三）沈阳中远颐和小区污水处理及回用工程

1. 工程背景

沈阳中远颐和地产开发有限公司为建设的绿色生态小区，控制污染物排放，在沈阳中远颐和小区内建设污水处理/中水回用设施。工程设计总处理水量 800 m^3/d，中水回用率为 50%，主体工艺采用生物接触氧化加过滤消毒，对污水进行深度处理后部分实现再生水的回用，回用水水质执行再生水作为景观环境用水水质标准，回用途径主要为绿地浇灌等景观用水。

中水回用的处理成本较自来水水价低，本着“优水优用，劣水劣用”的原则，以中水代替生活饮用水冲洗卫生器具、绿化等，可节约很大部分高质水量。这不仅节约了宝贵的水资源，缓解了城市水的供需矛盾，而且也减轻了城市污水的处理压力。它在创造环境效益的同时，必然会带来一定的经济效益。

2. 工艺流程

沈阳中远颐和小区污水处理及回用工程设计方案选择了工程投资省、运行成本较低的生物接触氧化中水工艺。污水通过排水收集管网输送至污水处理站，首先经格栅去除较大颗粒的悬浮杂质再进入水质水量调节池，污水在调节池内停留 12 小时，完成均质均量，然后用泵提升进入初次沉淀池，使比重大的颗粒物质沉降分离，上清液自流依次进入生物接触氧化反应池、二沉池，最终经过过滤消毒后进入蓄水池，回用水经供水系统送至各用水点。生物接触氧化是该工艺的核心部分，池内装有大比表面积的弹性立体填料，使池内保持有多种生物相、生物群落及很高的以生物膜形式存在的微生物量，污水在池底部曝气头释放出气流的搅拌带动下，快速完成充氧、搅拌、混合、传质等过程，污水中的有机物在填料上微生物的作用下，发生吸附、降解、消化、吸收等一系列生物反应过程，使污水中的有机物绝大部分转化为无机物，污水得到有效净化。初沉池、二沉池污泥由环卫部门用吸泥车吸走。生物接触氧化工艺流程如图 8-4 所示。

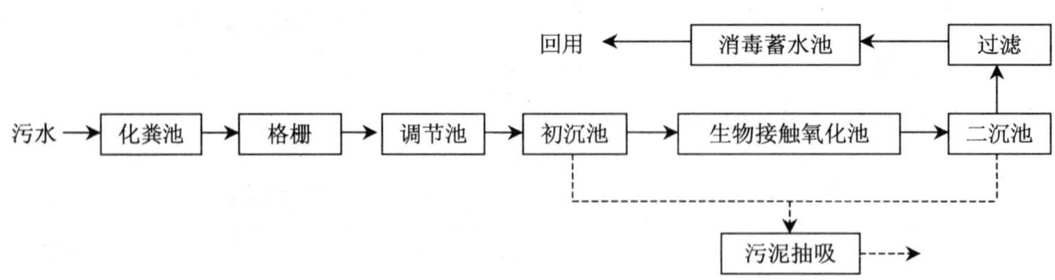

图 8-4 生物接触氧化工艺流程

3. 主要参数

工程设计总处理水量 800 m^3/d，中水回用率为 50%。参考《建筑中水设施规范》（GB 50336—2002）及相似工程的污水水质指标，将设计原水主要污染物指标定为：COD_{Cr} 质量浓度为 300 mg/L；BOD_5 质量浓度为 150 mg/L；SS 质量浓度为 150 mg/L；pH 值为 6～9。

回用水水质执行再生水作为景观环境用水水质标准，即：COD_{Cr} 质量浓度＜50 mg/L；BOD_5 质量浓度＜10 mg/L；SS 质量浓度＜10 mg/L；pH 值 6.5～9。

建设生活污水处理及回用工程在解决污水处理的同时，产生的中水可回用于绿化，创造了良好的环境效益和经济效益。工艺运行成本分析如下：

① 人工费。污水处理站工作人员设置 1 名，月薪 500 元，则吨水人员费用为 0.17 元。

② 电费。污水处理站吨水处理花费电费约 0.26 元。

③ 药剂费。采用氯片消毒，吨水消耗药剂费用为 0.13 元。

④ 合计污水处理成本。人工费+电费+药剂费= 0.56 元/t 水。

4. 处理效果

生物接触氧化工艺处理效果如表 8-6 所示，实践证明沈阳中远颐和小区中水回用工程，采用接触氧化工艺进行中水处理，出水水质可达到国家生活杂用水标准，再生水全部回用，并满足冲厕、绿化等用水需要。

表 8-6 生物接触氧化工艺处理效果

项目	调节池及初沉池			三级生物接触氧化池		二沉池		过滤及消毒		回用标准
	进水	出水	去除率/%	出水	去除率/%	出水	去除率/%	出水	去除率/%	
COD_{Cr}/（mg/L）	300	225	25	45	80	40	10	36	10	＜50
BOD_5/（mg/L）	150	120	20	15	85	13	10	9	20	＜10
SS/（mg/L）	150	150	—	90	40	45	50	9	80	＜10
大肠菌/（个/L）	—	—	—	—	—	—	—	＜100	—	＜500
pH 值	6～9	6～9	—	—	—	—	—	—	—	6.5～9

本工程可回用中水 400 m^3/d，每年节约用水 14.6 万 m^3。沈阳市自来水价格按 1.90 元/t 计，其他因素不考虑。预计每年可节约水费 27.74 万元，其节水的经济和社会效益十分显著。

（四）石家庄市民航机场综合污水处理工程

1. 工程背景

石家庄民航机场位于石家庄市北 34 km 处，西临京深高速公路，污水处理工程总投资 138.4 万元，工程占地 0.1 hm^2，日处理水量 1 400 m^3。工程采用二段生物接触氧化工艺，于 1992 年 11 月开始设计，1996 年上半年通过国家验收，现在该污水厂已稳定运行多年，出水效果良好。厂区绿树成荫，花团锦簇，环境幽雅。

污水来源主要是飞机修理及冲洗排放的含有油、泥、沙、灰尘等杂物的废水，以及机场工作人员及旅客旅行排放的生活污水。进水水质情况为：COD_{Cr} 质量浓度为 248.7～156.8 mg/L；BOD_5 质量浓度为 101.3～65.2 mg/L；SS 质量浓度为 254.2～60.6 mg/L。设计出水水质达到（GB 8978—88）一级排放标准，COD_{Cr} 质量浓度≤100 mg/L；BOD_5 质量浓度≤30 mg/L；SS≤70 mg/L。

2. 工艺流程

工程主体采用二段式生物接触氧化工艺，污水由污水管通过格栅，除去大的悬浮物，进入调节沉淀池，该池同时还能够调节水质、水量，并有沉淀泥砂功能，其污泥可由污泥泵排入污泥干化场。污水在调节沉淀池由泵一次提升，靠重力流依次经一级氧化沉淀池、二级氧化沉淀池、消毒池、最后自流入养鱼池。布气系统主要为一级氧化沉淀池、二级氧化沉淀池内微生物的繁殖提供足够的氧气，并可用来进行气水反冲洗，以防填料堵塞，保持生物膜的高活性。污泥处理系统接受由调节沉淀池和一级氧化沉淀池、二级氧化沉淀池产生的污泥，污泥靠水压自流入集泥井中，再排入污泥干化场，干化场污泥自然风干后作为农肥外运。其整体的工艺流程见图 8-5。

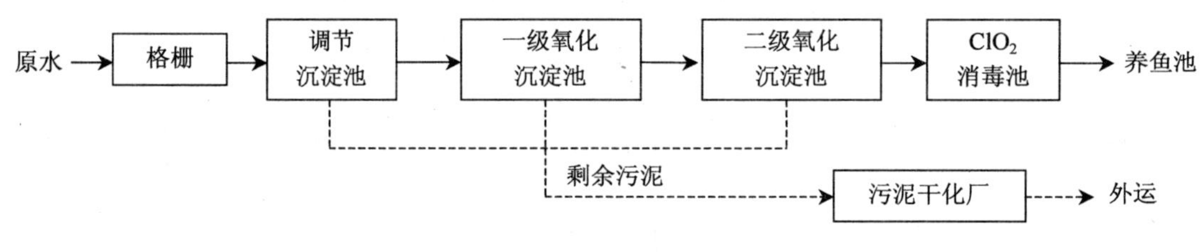

图 8-5 污水处理工艺流程

3. 主要参数

工程总投资 138.4 万元，占地 0.1 hm^2，日处理水量 1 400 m^3，主要工艺运行参数及主要构筑物参数如下：

（1）格栅渠（L 为长度，B 为宽度，H 为高度）：$L×B$=1.0 m×1.0 m，格栅间距：0.025 m（第一道）和 0.01 m（第二道），格栅放置仰角 60°。

（2）调节沉淀池：$L×B×H$=20 m×8.2 m×4.0 m，调节水量 600 m^3，最大流速 v_{max}=0.3 m/min，最小流速 v_{min}=0.15 m/min，最大流量时停留时间 10 h。

（3）一级氧化沉淀池：$L×B×H$=6.0 m×3.0 m×4.8 m，接触时间 24 min，沉淀时间 17 min，污水上升流速 5～6 m/h，气水比 8∶1。

（4）二级氧化沉淀池：$L×B×H$=5.2 m×3.0 m×4.8 m，接触时间 24 min，沉淀时间 13 min，污水上升流速 5～6 m/h，气水比 4∶1。

（5）消毒池：水力停留时间 30 min。

（6）干化场：$L×B$=10.0 m×15.0 m。

4. 处理效果

该厂污水 1996 年 5 月通过国家验收，其消毒池出水水质非常优异，各项指标不仅达到《污水综合排放标准》（GB 8978—88）的一级排放标准，而且达到景观环境用水水质标准，可以作为绿化用水等回用，其结果见表 8-7。

表 8-7 水质标准比较

	项目	进水口	一级氧化沉淀池出水	二级氧化沉淀池出水	消毒池出水	总去除率/%
5 月 8 日（平均）	COD_{Cr}/（mg/L）	196.30	58.89	11.78	8.26	95.8
	BOD_5/（mg/L）	98.48	31.20	6.91	2.10	97.9
	SS/（mg/L）	110.27	32.00	5.40	1.50	98.6
	pH	6.8	7.1	7.2	7.2	—
5 月 11 日（平均）	COD_{Cr}/（mg/L）	204.71	62.05	12.08	8.26	96.0
	BOD_5/（mg/L）	100.31	31.13	5.00	2.42	97.6
	SS/（mg/L）	130.54	39.21	6.53	4.29	96.7
	pH	6.5	7.1	7.2	7.2	—
5 月 14 日（平均）	COD_{Cr}/（mg/L）	196.63	59.04	11.94	8.64	95.6
	BOD_5/（mg/L）	97.25	28.19	5.27	3.28	96.6
	SS/（mg/L）	121.55	36.50	7.11	4.86	96.0
	pH	6.9	7.1	7.1	7.1	—
平均	COD_{Cr}/（mg/L）	199.21	—	—	8.39	95.8
	BOD_5/（mg/L）	99.01	—	—	2.60	97.4
	SS/（mg/L）	120.79	—	—	3.88	96.8

该工程采用生物接触氧化法处理机场综合污水，出水效果持续稳定，投资 1 000 元/m^3，占地 2.86 m^2/m^3，处理费用 0.19 元/m^3，低于其他污水处理方法。并且整个污水厂仅有一工人操作管理，管理技术水平要求很低，运行成本低，管理操作简便。

（五）SBQ 生物污水处理技术

1. 工程背景

SBQ 生物处理污水技术，是由河南省豫源清生物科技工程有限公司开发的一种改进型接触氧化工艺。该工艺在传统生物接触氧化工艺上增加水解酸化段，在水解酸化池中加入 SBQ 菌剂，其中的兼氧菌群能够把难降解的大分子有机物分解成易生物降解的有机小分子，并可根据水质、水量的不同，有针对性地添加不同种类和配方的菌剂，以实现污水处理效率的最大化。采用复合填料作为生物载体，通过固定化技术，使微生物附着于生物载体上，避免了高效菌种流失，采用微孔曝气系统及微生物生化反应过程的调控，实现城市污水高效处理。

目前采用该技术的城镇污水处理项目，已建成运营 7 家，它们是：三门峡市污水处理厂，处理规模 8 万 m^3/d；渑池县污水处理厂中水回用系统，处理规模 1 万 m^3/d；义马市污水处理厂中水回用系统，处理规模 2.5 万 m^3/d；灵宝市污水处理厂，处埋规模 3 万 m^3/d；陕县污水处理厂一期公程，处理规模 1 万 m^3/d；卢氏污水处理厂一期工程，处理规模 1.5 万 m^3/d；沁阳市污水处理厂一期工程，处理规模 2 万 m^3/d，截至 2007 年 5 月已全部投入生产。

2. 工艺流程

SBQ 生物处理污水技术是在传统的生物接触氧化技术基础上，增加水解酸化池，并投加 SBQ 高效菌剂，以提高污水处理效果，其工艺流程可见图 8-6。SBQ 生物处理污水技术的工艺特点为：

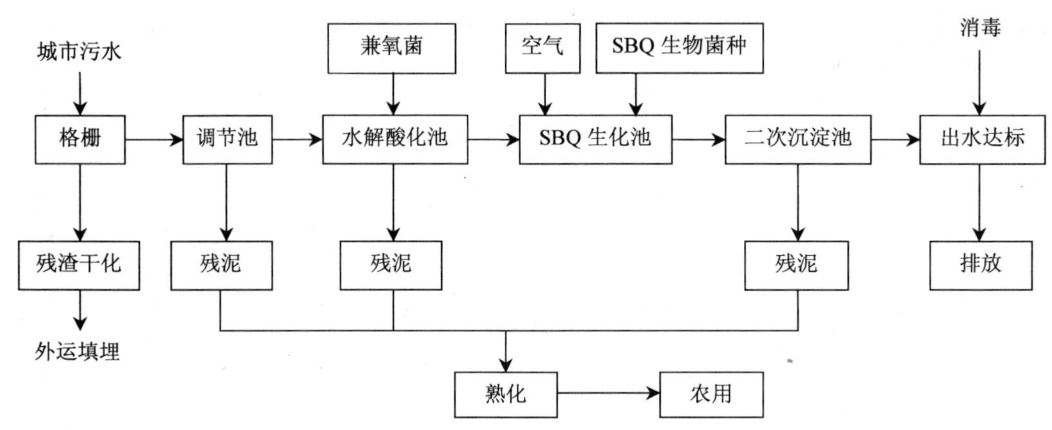

图 8-6 SBQ 生物处理工艺流程

① 可以根据污水中污染因子不同，选择降解性能最佳的优势菌群，配置成高活性、高浓度的 SBQ 系列菌剂，筛选出最佳的微生物酶及其他复合制剂以改善污水的可生化性，从而提高了污水的处理效率，降低了能耗、降低了运行费用。

② 该工艺将水解酸化和好氧、兼氧有机结合，使去碳、脱氮除磷一体化进行，增强了污水中有机物的处理效率，增强了抗冲击负荷能力，且产生的污泥较少，降低了污泥的处置、处理费用。

③ 采用复合填料，填料比表面积大，附着的生物量大，同时采用填料底部微孔管曝气，微孔曝气可增加水流的紊动性、加速生物膜的脱落更新，生物膜的脱落和增长可以自动保持平衡，使膜活性提高，可节省动力 30%以上。

④ 该工艺处理设施和处理构筑物内装置可进行模块化组合，根据进出水水质、水量要求的不同以最合理的方式进行组合，达到投资少、处理效果好、维修简便的目的。

⑤ 自动化程度高、操作人员少、管理方便，占地小、投资少、运行成本低，特别适合中小城市、城镇污水处理厂的建设与运营。

3. 主要参数

SBQ 生物处理污水技术主要设计及控制参数见表 8-8。

表 8-8 SBQ 生物处理污水技术设计及控制参数

参数名称	设计指标	参数名称	设计指标
容积负荷/[kg（BOD_5）/（m^3·d）]	1.0～1.5	吨污水电耗/（kW·h/m^3）	0.165
万吨水污泥产量/t	1	吨水投资/（元/m^3）	750
COD 去除率/%	＞90	直接运行成本/（元/t）	0.25～0.35
BOD 去除率/%	＞92	劳动定员/人	50
氨氮去除率/%	80～90	总投资/万元	6 000

注：上表数据以三门峡污水处理厂（8 万 t/d）为例。

4. 处理效果

经过近几年的生产实践证明，SBQ 生物污水处理技术处理效果稳定，出水水质好，COD 去除率达到 90%以上，氨氮去除率达 80%以上。出水水质达到国家《城镇污水处理厂污染物排放标准》（GB 18918—2002）一级 B 标准的要求，即 pH 6～9；COD_{Cr} 质量浓度≤60 mg/L；BOD_5 质量浓度≤20 mg/L；SS 质量浓度≤20 mg/L；NH_3-N 质量浓度≤15（8）mg/L（T≤12℃为 15 mg/L；T＞12℃为 8 mg/L）；TP 质量浓度≤1.5 mg/L。

该技术将污水集中处理后可改善中小城镇居民的生活、生产环境，同时有利于水生动植物的生长繁衍，增强了水体的自净能力。处理后的污水，可用于农田灌溉、景观用水；污泥熟化后，可作为有机肥料使用，对污染物总量减排具有非常重要的意义。

第九章 膜生物反应器（MBR）

一、技术原理

膜生物反应器（membrane bioreactor，MBR）是将膜分离装置和生物反应器结合而成的一种新的处理系统。20 世纪 60 年代，美国学者最先将活性污泥法与膜分离技术结合并应用于废水处理中。膜生物反应器是将膜分离工程与生物工程结合起来，故其技术原理可概括为以下两方面：1）生物降解作用：污水首先进入生物反应器，污染物在反应器中被微生物同化和异化，异化产物多为无害的 CO_2 和 H_2O，同化物质成为微生物的组成部分；2）物理截留作用：膜是具有过滤功能的媒介，具有选择透过性，可以使混合物中的一部分组分被截留，同时允许其他的组分通过，膜组件及膜面凝胶层可截留微生物、大分子难降解有机物以及细菌和病毒，进而控制微生物在反应器中的停留时间（污泥龄）及对出水进行有效的消毒。膜生物反应器实质就是用高效膜分离技术代替传统生物处理中的二沉池，从而获得高效的固液分离效果，并能有效地延长污泥停留时间，增加污泥浓度，使反应器具有污染物去除效率高、出水水质好、微生物浓度高的优点。典型的组件排列是生物反应器加膜过滤组件，通过该系统循环活性污泥，渗透液可通过膜而被抽出[15-16]。

MBR 与其他传统的污水生物处理方法最大的不同，在于其利用膜的选择透过性进行固液分离，这种选择性的强弱依赖于膜孔径的大小。膜的分离过程是一个物理过程，在膜分离的过程中，组分没有发生化学的、生物的或是热力学变化，图 9-1 给出了膜过滤基本原理。膜分类有不同标准，一般可以按照膜的结构、化学组成成分、分离机理和组建的几何形状等分类。一般应用于水处理的膜分类主要根据被截留的物质的粒径大小或分离过程原理来划分，可以分为微滤、超滤、纳滤、反渗透和电渗析膜，见表 9-1。常应用于膜生物反应器废水处理工艺中的是微滤膜和超滤膜，其中微滤可以去除达到 0.1 μm 悬浮物，超滤则可以截留粒径在 5～100 nm 的大分子或是截留分子量（molecular weight cut-off，MWCO）在几千到几十万道尔顿之间。超滤和微滤对细微颗粒物的去除机理属于表面过滤，超滤膜对水中的颗粒物的去除率与超滤膜分离层本身的孔径相关。电渗析、纳滤和反渗透膜可以部分或是接近完全脱除水中的离子，反渗透和电渗析膜可以用于苦咸水的脱盐。

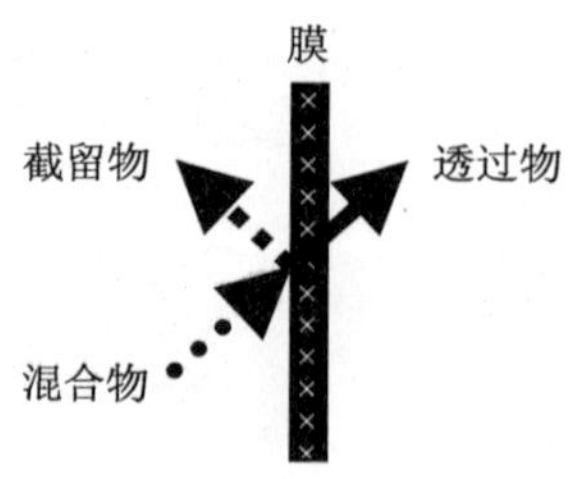

图 9-1 膜过滤基本原理

表 9-1 膜的分类

膜分离技术	主要机理	分离粒径	分离的目标
微滤（MF）	筛分与过滤	0.1～10 μm	悬浮固体包括微生物
超滤（UF）	筛分与过滤	5～100 nm	大分子溶解物和悬浮胶体
纳滤（NF）	筛分与扩散	1 nm	部分多价离子和某些荷电或极性分子
反渗透（RO）	筛分与扩散	0.1 nm	无机离子
电渗析（EDR）	电荷作用	0.1 nm	水中的离子或浓缩液中的离子

应用于膜生物反应器的超滤和微滤膜材料可以分为有机膜和无机膜，金属微滤膜也已经被开发出来。但是，目前无机膜（主要为陶瓷膜）和金属膜在膜生物反应器中的应用中还不是十分广泛。各种材料制成的超滤和微滤膜大多包含一个较薄的表皮层，表皮层下部为一层较厚的多孔的支撑层，一般来说，有机膜的膜表面空隙率较高。20 世纪 70 年代用于水处理的超滤膜以聚砜材料为主。90 年代随着应用领域的不断拓宽，对超（微）滤膜的机械强度、抗污染能力、化学稳定性、渗透性能和清洗恢复性等方面要求也提高，促成了超微滤膜技术的发展和多样性。目前，超（微）滤膜材料主要为聚醚砜（PES）、聚偏氟乙烯（PVDF）、聚砜（PS）、PAN（聚丙烯腈）、聚氯乙烯（PVC）等。膜组件形式主要有平板式、管式、中空纤维式、螺旋式、毛细管式等。

二、工艺类型

MBR 是由膜组件和生物反应器两部分组成，根据膜组件在 MBR 中的作用可将 MBR 反应器分为三种类型：膜分离生物反应器（Membrane separation bioreactor），用于截留和分离固体；膜曝气生物反应器（Membrane aeration bioreactor），能够进行无泡曝气，用于高需氧量的废水处理；萃取膜生物反应器（Extractive membrane bioreactor），用于工业废水中优先污染物的处理。其中，膜分离生物反应器是应用最广泛的一种膜生物反应器类型。膜分离生物反应器按照膜组件与生物反应器的组合方式，可分为分置式膜生物反应器和一体式膜生物反应器，另外按照是否需氧还可分为好氧和厌氧膜生物反应器[17]。

（一）分置式膜生物反应器

分置式膜生物反应器，也称为错流式膜生物反应器（Cross flow membrane bioreactor），其是将生物反应器与膜组件串联布置，如图（彩）9-2 所示。膜组件一般采用加压的方式，生物反应器中的混合液经循环泵增压后进入膜组件，在压力作用下透过膜成为系统处理水，而固形物、大分子物质等则被膜截留，随浓缩液回流至生物反应器内。分置式 MBR 的特点是生物反应器与膜组件独立设置，彼此干扰小，系统运行稳定可靠，易于清洗、更换及增设，膜组件一般可与各种不同的生物反应器结合，构成各种不同的分置式 MBR。但为减少污染物在膜表面的沉积、延长膜的清洗周期，需用循环泵提供较高的膜面错流流速，导致水流循环量增大、动力消耗升高，同时泵的高速旋转产生的剪切力会导致部分微生物失活。

（二）一体式膜生物反应器

一体式膜生物反应器，也称为浸没式膜生物反应器（Submerged membrane bioreactor），是将膜组件直接浸没于生物反应器内的活性污泥混合液中，见图（彩）9-3。原水进入生物反应器后，大部分污染物被混合液中的活性污泥降解，处理水通过负压抽吸或压差经膜表面流出，而得到滤液出水。曝气系统设置在膜组件下方，一方面为微生物分解有机物提供必需的氧气，另一方面促使混合液在膜表面形成上升流速，通过由此产生的剪切力和气泡的冲刷阻碍污染物在膜表面发生沉积。一体式 MBR 的特点是体积小、结构紧凑、工作压力小、无水循环、节能。由于一体式 MBR 不使用循环泵，可避免微生物菌体受剪切力而失活，但一体式 MBR 也存在单位膜面积的处理能力稍低、易被污染、产水率较低等缺点，此外为了膜面污染，延长运行周期，一般泵的抽吸是间断运行的，其运行稳定性、操作管理方面和清洗更换上不及分置式。

无论是一体式还是分置式膜生物反应器，它们都是以污泥过滤的形式实现了泥水分离，使得水力停留时间和污泥停留时间成为互不相干的两个量。污泥停留时间的延长使得某些难降解物质得以充分降解，污泥的完全截留也大大增加了污泥的浓度，这些都增强了污泥的生物降解能力和抗冲击负荷能力。另外从膜组件的形式上看，分置式膜生物反应器工艺中，平板式、管式等应用较多，而在一体式膜生物反应器多采用中空纤维式、平板式等。

三、处理效果

膜生物反应器具有许多其他污水处理方法所不具备的优点，如出水水质好、出水可直接回用、设备占地面积小、活性污泥浓度高、剩余污泥产量低和便于自动控制等，特别是其出水水质可满足目前最严格的污水排放标准。

由于膜及膜面凝胶层的过滤截留作用，MBR 出水水质优秀且稳定，悬浮物和浊度接近于零，细菌和病毒也得到有效去除，因此出水一般无需消毒。同时，膜组件的高效分离可强化系统对有机物及含氮化合物等的去除效果，这主要是因为 MBR 反应器内可维持很高的生物量，污泥质量浓度可达 10～20 g/L，在低 F/M 条件下，生化反应速率得以加快；污泥停留时间的延长，有利于增殖缓慢的微生物如硝化菌的截留与生长，提高系统硝化效率；颗粒物、大分子有机物及难降解有机物均被截留在反应器内，增加了与微生物的接触降解时间。根据大量研究显示，MBR 处理生活污水时对 COD 和 NH_4^+-N 的去除率分别在 90%～99%和 80%～100%，出水水质优于《城市污水再生利用城市杂用水水质标准》（GB/T 18920—2002），可以直接回用；对工业废水也取得了很好的去除效果。

MBR 的 COD 容积负荷一般为 1.2～3.2 kg/（m^3 • d），约为传统活性污泥法的 2～5 倍，且 MBR 无需二沉池，因此与传统活性污泥法相比，MBR 具有容积负荷高，占地面积小，系统结构紧凑等优势，一般可使反应器体积降为原来的 1/5～1/2。MBR 的污泥（MLSS）负荷 COD 一般为 0.03～0.55 kg/（kg • d），低于传统活性污泥工艺的 0.4～0.8 kg/（kg • d）。由于污泥负荷低，污泥产率也远远低于传统活性污泥工艺，大量减少剩余污泥量，可以大大降低污泥处理费用。膜组件的截留作用实现了 HRT 与 SRT 的完全分离，使运行控制更加灵活稳定，易于实现自动控制，操作管理方便。

但 MBR 也存在着不足，首先是膜造价高、使用寿命短，使 MBR 的基建投资高于传统二级生物处理工艺。其次，容易出现膜污染，膜的清洗（尤其是离线的化学清洗）给操作管理带来不便，同时也增加了运行成本。

四、应用范围

MBR 由于具有占地面积小且出水水质好的特点，现已大规模用于污水处理系统中。目前国际上，主要有四家大公司经营 MBR，它们分别是加拿大 Zenon 公司，日本 Mitsubishi Rayon 公司，法国 Suez-LDE/IDI 公司和日本 Kubota 公司。Zenon、Mitsubishi Rayon 和 Kubota 公司生产一体式聚合物中空纤维膜组件，而 Suez-LDE/IDI 生产分体式管式陶瓷膜组件。

目前，大部分应用于城市污水处理的 MBR 规模较小，处理能力多数小于 378.5 m^3/d，但处理能力高达 3 785～18 925 m^3/d 的 MBR 数量也在逐步增加。目前世界上已有上千座 MBR 污水处理厂建成运行，取得了良好的运行效果，并且还有很多正在兴建当中，其中绝大部分在日本，其余的分散在北美及欧洲。我国对于 MBR 的研究开始于“八五”期间，近几年来，MBR 在国内的研究和应用得到了广泛的开展。目前，MBR 被广泛用于小型化的城镇污水处理和中水回用处理工程，同时也广泛应用于化工、制药、制酒、造纸、食品、油田、养殖等废水的处理，由于其出色的处理效果，还被用于难降解有机废水和高浓度氨氮废水的处理。

尽管 MBR 的运行费用略高于常规生物处理方法，但由于其出水水质优秀，能达到中水回用的目的，且随着膜制造技术的进步，膜质量的提高和膜制造成本的降低，MBR 的投资、运行也会随之大幅度降低。另外，各种新型膜生物反应器的开发，也会使其运行费用大幅度下降。可以预见，膜生物反应器作为生活污水处理和中水回用技术将会愈来愈具有经济、技术上的竞争优势。

五、工程实例

（一）大连香格里拉大饭店中水回用工程

1. 工程背景

大连香格里拉大饭店原有的中水处理设施采用三级处理方法，处理效率低、占地面积大，没有实现完全的自动化，而且其处理能力远大于酒店最大回用水量，又无法灵活地调节，造成了人力、物力的浪费，增加了成本。为此酒店决定，采用 MBR 工艺对原有系统进行改造，设计建造规模为 60 m^3/d 的中水回用系统，工程于 2001 年 10 月建成投产。

因处理后中水主要回用于冲厕、绿化、洗车等方面，最大回用水量为 60 m^3/d，确定设计处理水量为 60 m^3/d，其原水水质为优质杂排水，其水质指标见表 9-2。

表 9-2 中水回用系统进水水质 单位：mg/L

参数	COD	BOD_5	SS
浓度	≤100	≤50	≤150

2. 工艺流程

大连香格里拉大饭店原有的中水回用系统是以接触氧化池、沉淀池和砂滤罐为主体，共占地 280 m^2，改造后以 MBR 为核心的中水回用系统仅占地 48 m^2，是原占地面积的 17%，为酒店节省了宝贵的空间。而且现有的中水回用系统将生物降解、沉淀、过滤集中为一体，减少了设备需求，可使运行成本降低，故障点减少。酒店回用水量会由于季节及客流量的变化有很大不同，而 MBR 系统可通过自吸泵间歇出水时间的调整以及鼓风机间歇曝气来进行调节并节省运行成本，具有高度的灵活性。

MBR 中水回用系统处理流程为，原水进入处理系统后，首先经过细格栅除去污水中较大颗粒杂质，以防止泵的阻塞和损伤，减轻负荷。酒店来水具有一定的作用水头，重力自流到细格栅，格栅出水重力自流入调节池。调节池用于均化水质水量，以保证后续处理工艺在相对稳定的条件下工作，同时配有曝气系统，用于除臭降温，并起到搅拌作用以防止悬浮物沉积，调节池出水由移送泵提升至 MBR 反应器。该系统采用的是一体式膜生物反应器，中空纤维膜组件置于 MBR 中，污水浸没膜组件，通过自吸泵的抽吸，利用膜丝内腔的抽吸负压来运行，调节池出水进入 MBR 池后，污水中的污染物被混合液中的活性污泥降解，处理水通过膜组件分离而得到滤液出水。MBR 出水由自吸泵抽送至回用水池，并在回用水池进水管中注入消毒剂，对出水进行消毒处理。MBR 中产生的剩余污泥由气提泵定量提升至污泥浓缩池，污泥在其中浓缩，并使污泥减容，上清液回流至调节池。整体工艺流程见图 9-4。

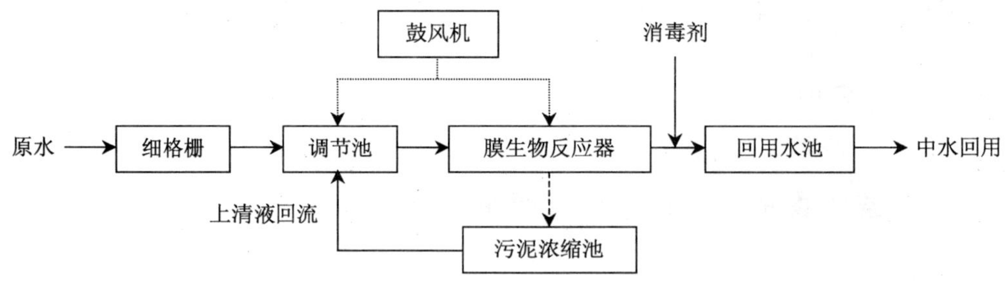

图 9-4 大连香格里拉大饭店中水回用系统工艺流程

MBR 中膜污染控制措施：膜污染是影响系统运行的关键问题，适当的操作方法可以有效地控制膜污染，提高膜的使用性能及寿命。本工程采用了低压、恒流、间歇抽吸出水和空曝气等方法来延缓膜过滤阻力的增加。

膜面凝胶层会在高的操作压力下变得更加密实，导致过滤阻力的增加。因此，本工程采用较低的操作压力，并且调节自吸泵出口的阀门，控制流量计的数值，保持恒定的出水流量，使系统在稳定的状态下工作。

为延缓膜污染速度，延长超滤膜使用周期而采取的措施还包括出水方式。在电控柜中设定自吸泵双计时器为 9 min“运行”，3 min“停止”，自吸泵的运转效率为 75%，每日运行时间为 18 h，从而保证 MBR 中一定的空曝气时间。自吸泵的间歇操作可通过定期地停止膜过滤，使混合液流向膜面的流速为零，而由于空曝气产生的剪切作用，使膜面沉积的污物脱落，膜过滤性能有所恢复。同时，在停抽过程中，由浓差极化引起的膜面有机物积累也会由扩散作用返回混合液主体。

众多措施的采取，使本工程中膜污染现象得到有效的控制，在污水回用系统启动后 3 个月时间内，MBR 操作压力仅由 2 kPa 上升至 6 kPa。

3. 主要参数

（1）细格栅

因来水为优质杂排水，水质较好，格栅采用无动力式，截留下来的污物沿格栅弧面下滑至下部渣斗，渣斗底部有箅子，污物在渣斗中沉积，含有的水分由箅子自流入调节池。

（2）调节池

调节池由原有水池改建而成，用以调节水量、均化水质，并设有风机曝气除臭降温，主要设计参数：有效水深为 2.5 m；有效容积为 48.7 m^3；HRT 为 19.5 h。

（3）MBR 池

MBR 由原水池改建而成，采用一体式膜生物反应器，反应器中设有中空纤维膜组件。膜组件由日本三菱公司生产，材质为聚乙烯。膜组件公称孔径为 0.4 μm，是悬浮固体、胶体等的有效屏障；中空纤维膜丝较细，有较好的柔韧性，能保持较长的寿命，即使有膜丝破损的现象发生，由于膜丝内径仅为 270 μm，可被污泥迅速阻住，对处理水质完全没有影响。

反应器采用鼓风机曝气，除提供微生物生长所必需的溶解氧之外，还使上升的气泡及其产生的紊动水流清洗膜丝表面，阻止污泥聚集，保持膜通量稳定，设计气水比为 20∶1。因来水营养物质缺乏，为保证活性污泥反应正常进行，调节来水的营养平衡，在 MBR 的进水管道中注入营养剂（由磷酸氢二铵和尿素配制），MBR 出水由自吸泵抽送至回用水池。

MBR 池主要设计参数：有效水深为 2.7 m，有效容积为 34.7 m^3，HRT 为 14 h。

（4）回用水池

在回用水池的进水管道中注入消毒剂，并使回用水池出水中保持一定量的余氯，避免二次污染。

（5）自控系统

酒店污水回用系统的控制全部集成在电控柜中。各设备的运行由电控柜中的 PLC 控制，PLC 由电源、框架、处理器和 I/O 模板 4 部分组成，可以和现场的传感器、变送器、自动化仪表相连，进行数据通讯、数据处理和数据管理。如调节池和 MBR 的水位情况通过浮球液位计传送到 PLC，通过 PLC 控制移送泵和自吸泵的动作。当调节池超过一定水位，并且 MBR 水位在中水位以下时，移送泵开始工作，将污水送至 MBR，直到 MBR 水位达到高水位。当 MBR 水位在低水位以上时，自吸泵开始间歇工作，抽出的膜处理水送入回用水池，如果 MBR 的水位降至中水位以下，污水会由移送泵自动补充至高水位，此动作反复进行，直至调节池水位下降至低水位，移送泵停止，而 MBR 水位降至低水位以下时，自吸泵停止工作。

投加消毒剂和营养剂的计量泵分别与移送泵和自吸泵同步，药剂自动投加。另外，泵与风机均有热过载和空开过载保护，所有潜水泵均有漏电保护。风机、移送泵、自吸泵均为 1 用 1 备，24 h 自动切换。

改变设备状态的界面为电控柜上的触摸屏。触摸屏上包括系统中设备的列表，点击后可以看到相应设备的当前工作状态，并可以对设备现有状态进行改变；还可以看到当前所有设备的累计工作时间、各水池的水位、系统运行期间出现的报警等等；当有报警发生时，触摸屏上有相应的报警画面出现，同时有解决报警的提示出现。

4. 处理效果

大连香格里拉大饭店中水回用系统于 2001 年 10 月正式运转，投入运行后 3 个月时间内 MBR 出水水质见表 9-3。检测结果表明，系统稳定后，MBR 出水中 COD 质量浓度＜10 mg/L，BOD_5 质量浓度＜1 mg/L，并且没有悬浮物检出，其水质完全达到《生活杂用水水质标准》（CJ 25.1—89）及日本建设省都市局、住宅局、卫生部环卫局提出的生活杂用水水质标准，不仅可回用于水洗厕所用水、空调冷却水，还可回用于汽车等冲洗用水、洒水、扫地用水以及水池喷水。

对该工程运行成本进行分析，系统污泥提升泵为气提式，不消耗电能，也无污泥回流系统，能耗主要来自移送泵、自吸泵和鼓风机（两套加药系统计量泵装机容量很小，在此忽略）。鼓风机装机容量为 1.5 kW，每天 24 h 运转，移送泵和自吸泵的装机容量分别为 0.4 kW 和 0.75 kW，每天运行时间按 18 h 计，则该中水回用系统单位能耗为 0.945 kW·h/m^3。由于膜组件公称孔径为 0.4 μm，虽然最小的细菌尺寸在 0.3 μm 左右，但在 MBR 中细菌通常以菌胶团形式存在，无法透过膜孔，因此 MBR 出水细菌含量少，可减少消毒剂用量；另外本工程无须看管，省去了人工费。运行成本的具体分析见表 9-4，合计运行成本为 1.665 元/m^3。而目前大连市旅游业、商业等场所的自来水费为 5 元/m^3，显然宾馆、写字楼等处采用 MBR 工艺使污水回用是经济可行的。

表 9-3　中水回用系统出水水质　　单位：mg/L

参数	COD	BOD_5	SS
最大值	7.84	0.67	0
最小值	3.92	0.45	0
平均值	6.16	0.57	0

表 9-4　运行成本分析

项目	定额	单价	运行费用/（元/m^3）
电费	0.95 kW·h/m^3	0.6 元/（kW·h）	0.57
折旧费*			1.052
消毒剂	3 g/m^3	12 元/kg	0.036
营养剂	3.5 g/m^3	2 元/kg	0.007
运行成本			1.665

注：*净残值取 4%，折旧年限取 10 年。

（二）青岛流亭国际机场污水处理及回用工程

1. 工程背景

青岛流亭机场在扩建工程中，经对敷设排水管网到城市污水处理厂和自建污水处理站进行方案费用比较后决定建设一座处理量为 2 700 m^3/d 的污水处理站，为实现污水的资源化，最终决定采用以 MBR 为主体的工艺处理排放污水并回用，要求出水水质达到生活杂用水水质标准（GB/T 18920—2002）。

机场污水处理站的原水水质为：COD 质量浓度≤445 mg/L，BOD_5 质量浓度≤189 mg/L，SS 质量浓度≤336 mg/L，NH_3-N 质量浓度≤23 mg/L，pH = 6～9。

2. 工艺流程

青岛流亭国际机场污水处理站主体工艺采用 MBR 工艺，污水进入污水站后首先进入集水池，提升后经细格栅去除杂物后流入调节池均化水质水量，之后污水进入生物处理系统。该工艺在 MBR 池前设置一缺氧池，污水与回流的混合也在缺氧池中混合，以实现前置反硝化来强化脱氮效果，自后污水进入一体式 MBR 反应池。MBR 内布置有浸渍型板框式中空纤维膜组件，膜孔径为 0.1 μm，可截留大部分细菌，属于微滤膜，反应器内的活性污泥浓度为 4 000～8 000 mg/L，污水在 MBR 池内完成有机物降解和充分硝化，并通过膜组件的过滤作用完成泥水分离过程。膜滤出水经次氯酸钠消毒后进入清水池。系统设置了专门的反冲洗系统，用以定时反冲洗膜组件。运行中产生的剩余污泥排入污泥池进行曝气减量处理，上清液则回流至集水井，浓缩污泥经脱水机脱水后外运，见图 9-5。

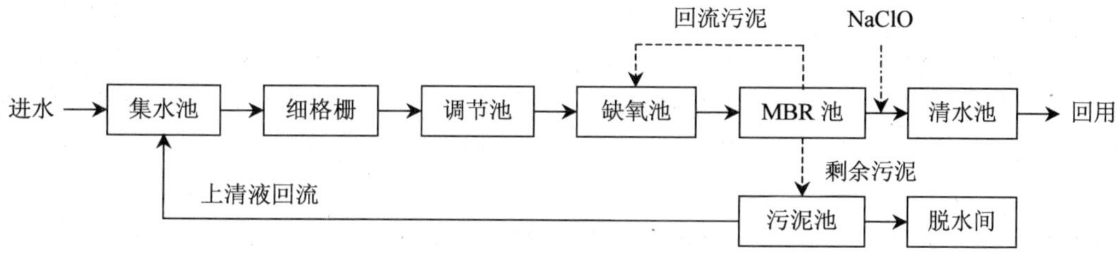

图 9-5 青岛流亭国际机场污水处理站工艺流程

该工程根据青岛机场污水的特点和处理要求，对 MBR 工艺进行了三方面的改进。

（1）预处理阶段增设曝气系统

在调节池内敷设曝气系统，主要功能是调节来水水质（使之混合均匀），以减小对系统的冲击负荷；另外还可以防止原水因停留时间较长而产生异味。

（2）增加缺氧段以实现脱氮功能

在 MBR 前增加缺氧池，回流的混合液（回流比一般为 1∶1）和调节池出水混合后进入缺氧池。当进水 NH_3-N 浓度较高时可适当增加回流比。控制缺氧池内的 DO<0.5 mg/L，以保证反硝化的顺利进行。

（3）增加微滤膜反冲洗系统

膜处理工艺面临的一个关键性问题是膜污染。工程中为使膜长时间保持高通量并延长其使用寿命，设置了在线药洗和离线药洗系统，同时设计了有效合理的反冲洗程序，使微滤膜得到间歇性的药液浸渍、清洗和冲刷。这样，膜的外表面不会长时间黏附大量活性微生物，同时也可将膜丝内壁和膜孔内滋生的微生物杀死，保证最大限度地恢复膜通量。反冲洗前后系统吸入口的压力变化表明，经反冲洗后吸入口压力值均可以恢复到初始时的90%以上，即膜通量可以恢复到初始时的90%以上。

3. 主要参数

处理系统各主要构筑物的参数见表 9-5。

表 9-5 主要构筑物的设计参数

构筑物	HRT	尺寸/$L \times B \times H$
集水井	0.2 h	4.0 m×3.0 m×7.0 m
调节池	8.0 h	24 m×9.5 m×5.0 m
缺氧池	4.0 h	13.5 m×9.5 m×5.0 m
MBR 池	7.5 h	22 m×9.5 m×5.0 m
清水池	5.0 h	16 m×9.5 m×5.0 m
污泥池		9.5 m×2.5 m×5.0 m

4. 处理效果

青岛流亭机场污水处理站于 2003 年 8 月建成并投运行，工程的总投资为 730 万元，处理费用为 0.78 元/m^3，投入运行后处理效果稳定，其出水水质达到了《生活杂用水水质标准》（GB/T 18920—2002）的要求，出水水质检测结果见表 9-6。实际运行的结果表明带脱氮的 MBR 工艺具有流程简洁、出水水质优良稳定、占地面积小、运行管理方便和费用低等优点，生活污水经其处理后可直接回用，环境及社会效益显著。

表 9-6 进、出水水质监测结果

项目	SS/（mg/L）	COD/（mg/L）	BOD_5/（mg/L）	pH	总氮/（mg/L）	氨氮/（mg/L）	动植物油/（mg/L）	总大肠菌群/（10^4个/L）
进水	207	320	100.2	7.39	37.1	13.23	1.28	2.4
出水	4	14	0	7.34	5.7	0.14	0.2	未检出

（三）瑞士阿尔卑斯山高海拔地区厕所污水处理及回用系统

1. 工程背景

20 世纪阿尔卑斯山地区由单纯的农业生产地区转变为仍在不断发展扩大的旅游区。由于旅游基础设施所处的位置特殊（高海拔、山顶敏感环境及缺水），需要一些革新的技术来进行污水处理和污泥处置，位于瑞士南部滑雪胜地 Zermatt 山顶的 MBR 处理装置，就是一个典型的例子。该 MBR 处理装置位于山顶缆车站的地下室内，海拔为 3 300 m，处理出水回用于厕所冲洗。先前使用的旱厕，通过袋子收集排泄物进行处理，很难维护并易产生臭味，已不能满足日益提高的卫生及旅游舒适度的要求。

山顶缆车站厕所共有 4 个单独的便器，排放污水主要含尿液、粪便和手纸。单个便器的冲洗水量为 4 L/次，因此污水中 BOD_5、营养物质及盐的浓度较高。由于处理出水需回用于厕所冲洗，因此盐和难降解有机物在系统中得以累积。调节池中 NH_4^+-N 平均浓度为 130 mg/L，磷酸盐和难降解 COD 在冬季 5 个月的连续运行中浓度不断增加。污水量主要取决于游客人数（受天气影响），在 0～2 m^3/d 之间变化，最大值相当于一天 500 次的厕所冲洗排水量。夏季缆车不对外开放时，污水量大幅度降低。

2. 工艺流程

厕所的冲洗排水和盥洗池排水首先排入调节池，该池除调节水量外还起着颗粒物的粉碎和水解池的作用，可使尿素氨化。调节池中的污水由泵分批送至 MBR 池中，在泵的进水管前设有细格栅，用以分离残渣和手纸。本装置采用的是一体式 MBR 反应器，其内布置有平板膜组件，污水在其内完成生物降解和泥水分离的过程，同时该装置通过间歇曝气使 NH_4^+-N 首先在好氧条件下被大部分氧化为 NO_3^--N，然后在缺氧阶段进行反硝化而几乎被完全去除。膜组件的滤出水进入储水池，以备高峰期排水和冲洗之用，污泥一部分回流至调节池，剩余污泥每周排放 2～3 次，利用过滤袋通过重力和风干将剩余污泥脱水后，与生活固体废物一起处置。

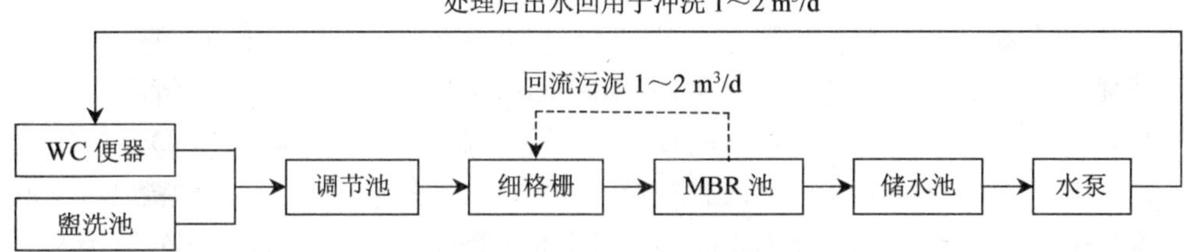

图 9-6　MBR 处理厕所污水的系统流程

3. 主要参数

处理系统各处理单元设计参数如下：

（1）调节池

由于来水为厕所便器的冲洗排水和盥洗池排水，均为间歇排水且变化较大，故系统需设一较大的调节池，对来水进行水量调节并完成颗粒物的粉碎和水解作用。调节池充水容积为 2～3.5 m^3，当调节池达到的设计水位时，污水将通过泵被分批输送至 MBR 池。

（2）格栅

设置于调节池内，调节池出水泵管的前端，栅距为 2.5 mm，用于防止残渣和手纸等进入后续设备。

（3）MBR 池

MBR 池容积为 3～3.4 m^3，内装有 2～3 片标准的平板膜组件，每片面积为 6.2 m^2，孔径为 0.04 μm，MBR 中 pH 值为 7.0～7.5，剩余污泥每周排放 2～3 次，回流污泥从 MBR 回流至调节池，回流比约为 1∶1。

4. 处理效果

该处理系统采用 MBR 处理污水并要求完全回用，其特殊的服务区域和处理要求使其处理过程中有许多独特之处，下面逐一进行分析：

（1）盐和难降解有机物的累积

由于污水处理后完全回用，加上曝气过程中尿液的蒸发，而且出水几乎没有溢流，因此盐类会在系统中累积。2005—2006 年冬季，经过 5 个月的运行（其中由于操作问题在三四月份共加入约 3 m^3 新鲜自来水），出水电导率由 3 mS/cm 增至 9 mS/cm（尿液的电导率为 20 mS/cm）。

盐度的增加（电导率＞10 mS/cm）会导致反应器中盐类析出（如在膜表面沉积），并会抑制微生物的活性。为了防止类似情况出现，此后冬季运行时将通过盥洗池引入反应器中一定量的清水。

同样，难降解有机物也会在循环使用的冲洗水中累积，使得出水色度较深。通过对出水吸光度的测试分析，表明在未投加粉末活性炭（PAC）脱色时，出水吸光度与所处理的污水量成正比。为了防止多次冲洗（如避免使用者以为水有颜色而认为厕所未被冲洗），运行中通过添加约 100 g（PAC）/m^3 进行脱色处理，PAC 直接投加到 MBR 中［大约每位缆车乘客需要 30 mg（PAC），假设 10%的乘客如厕］。

（2）脱氮

尽管盐度不断增加，MBR 通过间歇曝气（30 min 好氧/30 min 缺氧）仍然达到了完全的硝化-反硝化。反应器启动时采用 Buelach 污水处理厂（瑞士）消化液处理污泥进行接种。在雪季前，通过添加 NH_4HCO_3 和葡萄糖将活性污泥（COD）的硝化能力（以 N 计）提高到 50 g/（kg · d），且在整个雪季几乎保持恒定。污泥回流比≥100%时，在调节池中能够发生有效的水解作用，悬浮固体（粪便和厕所用纸）被分解为易于生物降解的化合物。通过在缺氧阶段将厕所污水泵入 MBR，使得反硝化主要发生在 MBR 内。

在 MBR 的运行中，硝化菌群的组成和功能发生了变化，由全部氨氧化为硝酸盐减少到 20%，其余 80%的氨被氧化为亚硝酸盐。由于通过亚硝酸盐脱氮减少了对碳的需求，因此仅需在启动阶段和污泥回流比显著低于 1 时才投加外部碳源。在整个雪季的运行中由于脱氮完全使得 pH 值稳定在 7～7.5。

（3）除磷

直到 2006 年 2 月底，调节池和 MBR 中磷酸盐的浓度都未增加，估计是用于接种的 Buelach 污水处理厂消化液处理污泥中含有铁，其和磷反应生成了沉淀物。磷除了由于微生物生长被吸收利用外，在前 3 个月的运行中大部分聚合磷酸盐可能都是和铁生成沉淀物而被去除的（约占总磷的 15%）。在雪季末期，反应器中磷酸盐（PO_4^{3-}–P）质量浓度达 40 mg/L，相当于 0.4 kg P（约占每日总磷的 20%）。1.9 kg 总磷中约有 65%的磷由于生物合成被吸收到污泥中，其中部分由于剩余污泥排放而被去除[约为 0.5 kg P，污泥（COD）中约含 P 0.022 kg/kg]。在实验室小试中，观测到约有 0.3 kg P 以聚合磷酸盐形式被储存。

聚合磷酸盐的储存和脱氮，很大程度上取决于污泥回流比和间歇曝气周期，这已被数学模型化。生物处理过程部分的模拟采用活性污泥模型 3，该模型通过补充由 Eawag 设计的生物除磷模块所修正。模拟结果表明，当污泥回流比≥1 时，聚磷菌（PAO）才能在系统中生长。

（4）膜性能

在 2005—2006 年冬季的初期，只运行了上个雪季使用的左右两个膜组件。由于通过化学和机械的清洗方法都不能改善其渗透率［600 L/（m^2·h·MPa)］，加上用水量较高（多次的厕所冲洗），因此在 2 月底安装了第三个膜组件。同样当所有的清洗方法都不能使渗透率稳定在初始值［4 500 L/（m^2·h·MPa)］时，将右边的膜组件进行了更换以保持膜系统至少 5 L/min 的过滤能力。试验表明，这个更换后的膜组件渗透率也不断下降。因此在以后的雪季，处理装置将重新配备 3 个新的膜组件，并且为了避免渗透率的快速下降，所有膜组件应该同时进行更换。

模拟运行结果表明，膜组件的渗透率和过滤能力对 MBR 去除营养物质的效率有很大影响。高渗透率（如 3 个新的膜组件）使污水的好氧接触时间减少，从而使硝化反应不能充分进行。就该装置而言，其过滤能力不应超过 10 L/h。

（5）污泥处置与管理

根据装置的进水负荷，为了保持污泥有机负荷（COD）最大不超过 15 kg/（m^3·d)，MBR 必须排除剩余污泥。为了便于污泥处置并减容，采用过滤袋通过重力和风干将污泥（含 VSS 为 50%～55%）脱水到干固体含量约为 10%～15%，然后与生活固体废物一起处置。为了避免下个雪季来临前可能由于缺乏合适的污泥或其他添加物，而使装置难以启动，在夏季采用了一种特别的污泥处理策略。在冬天雪季结束时，将所有的活性污泥转移到 MBR 中，每 4 h 曝气 1 min 以防止厌氧状态，同时使污泥分解所产生的氨被硝化。11 月底所进行的序批式测试表明，这种情况下的硝化能力约为冬季最大值的 1/2。

（6）经济效益与能耗

该项目的实施旨在降低旱厕的运行费用，提高游客如厕的舒适度。直到 2004 年，缆车站的旱厕每天都需要更换收集袋，这些装满尿液、粪便和手纸的袋子被放置到垃圾收集箱中。这项工作必须在有异味的环境下每天手工来完成。系统的运行和维护，包括清理垃圾收集箱并将垃圾从山顶运输到最近山谷里的垃圾处置点，占了一个全职岗位工作量的 30%，约合每年 70 个工作日，另外还要支付一笔数目不小的收集袋费用。

采用新安装的 MBR，设备维护、清理及质量控制等工作可减少到每年 15 d。按每年的人工平均工资为 48 000 欧元考虑，每年节省（仅对操作人员）的人工费超过 11 000 欧元。将每次厕所冲洗用水量从 6 L 降低到 4 L 后，该装置的能耗为 11.5（kW·h）/m^3，远远高于常规大规模 MBR 的能耗［约为 1（kW·h）/m^3］。这种较大差距一部分是由于该装置规模小，同时采用了紫外消毒装置；另外也和厕所污水浓度高有关（稀释 10～15 倍后的浓度与城市污水相当）。然而该装置仍有进一步优化降耗的潜力，如提高渗透率将显著减少膜运行时间。

在 2005—2006 年冬季，该装置采用了紫外线照射的方式对渗滤液进行消毒，消毒单元（包括回流泵）的能耗为 3.4（kW·h）/m^3。在另一个也是采用小规模 MBR 处理生活污水的 Eawag 研究项目中，没有采用消毒装置，出水的细菌学指标也符合欧洲游泳用水的要求。

另外，Harms 和 Englert 在使用浸渍型超滤膜的分散式污水处理装置出水中也未发现病原体。根据这些研究结果，加上以后冬季盥洗槽都将使用自来水（盐度问题），所以不再对出水进行紫外消毒。因此，处理每吨污水的能耗将有望低于 8.1 kW • h，特别是当膜运行在高渗透率的情况下。这样，该处理系统每天总的最大能耗约为 16.5 kW • h。在这种情况下，采用一个自备的表面积为 20 m^2 的太阳能装置用于能量供应是可行的（日照强度为 0.95 kW/m^2，日照 8 h，太阳能系统效率为 10%）。由于装置仅能在有光照时运行，将需要更多的池容用于其他时间的污水存贮，但该系统在不需外加电源的情况下依靠太阳能运行，总体来讲是非常经济的。

综合上述几点的分析，可以看到该处理站采用 MBR 处理厕所污水并回用于厕所冲洗，由 2005—2006 年雪季的连续运行表明，系统对氮和磷的去除率分别为 100%、65%。通过投加粉末活性炭（PAC）使渗滤液脱色，解决了难降价物色调积累的问题，从而有效改善出水（冲洗用水）的色度指标。该系统还通过优化污泥回流比和间歇曝气周期可以实现较高的营养物质去除率。当污泥回流比为 1～2 时，可以使颗粒状 COD 发生有效的水解，同时聚磷菌（PAOs）也可以得到增长。系统采用过滤袋处置剩余污泥简单可行，同时在夏季低氨氮及 COD 负荷下，间歇曝气可以使污泥长期保持活性，避免了下一雪季来临时重新启动的困难。该处理系统的最大总能耗估计为 16.5（kW • h）/d，可用自备的太阳能系统供电运行。

针对特殊区域的污水处理所积累的经验和运行策略表明，采用 MBR 处理污水并可几乎完全回用是一个很好的选择。这对水资源匮乏的敏感区域的污水处理和回用，以及污泥处置与管理都具有重要的参考价值。

（四）智能型 MBR 生活污水处理及回用一体化设备

1. 工程背景

“智能型 MBR 生活污水处理及回用一体化设备”[图（彩）9-7] 是深圳市金达莱环保股份有限公司与江西金达莱环保研发中心有限公司，研发的以膜生物反应器为核心工艺的小型、高效一体化污水处理设备，其设备名称为“金牌中水器”。该处理系统是针对我国小城镇地区的实际情况及分散型生活污水处理与回用的实际需求而开发的，可用于小城镇、农村、风景区、高速公路收费站以及居民生活小区等分散式生活污水收集与处理，设备采用 A/O 工艺及膜生物反应器原理进行设计，并辅助紫外消毒等处理装置，可实现出水直接回用。

该设备于 2006 年初开始研制并使用，目前已经实现了系列化、标准化，形成了处理能力为 30 m^3/d、50 m^3/d、100 m^3/d、150 m^3/d、200 m^3/d、300 m^3/d、400 m^3/d 的系列化产品，并可以根据实际水量大小单独设计。在完成示范工程的建设后，该设备在 2007 年进入推广阶段，部分项目已经投入实际运行阶段，见表 9-7。

表 9-7　金牌中水器应用实例

序号	工程名称	处理水量（m^3/d）
1	江西金达莱环园区生活污水处理回用工程	50
2	江西华春环保材料有限公司污水处理回用工程	100
3	江西崇义章源钨制品有限公司生活污水治理工程	180
4	纬立资讯配件有限公司生活污水处理回用工程	50
5	天津港北港池集装箱码头污水处理回用工程	160
6	江西华东交通大学生活污水处理回用工程	200
7	南昌市人民公园景观湖水体修复工程	20
合计		760

2. 工艺流程

生活污水经污水收集管网后进入集水池，通过格栅以及初沉去除较大悬浮物后，泵入一体化膜生物反应器内。在该反应器内分别设置了兼氧区及膜生物反应器区、清水区三个部分。在兼氧区和膜生物反应器区通过活性污泥在兼氧及好氧条件下对污染物质降解后，经膜固液分离出水进入清水池，经紫外消毒处理后回用于生活杂用水用途。智能型 MBR 生活污水处理及回用一体化设备对生活污水进行回用处理的工艺流程图如图 9-8 所示。

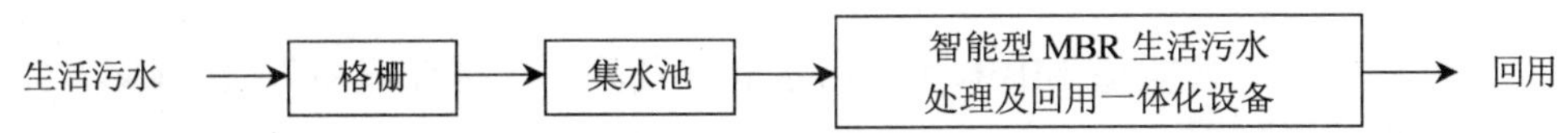

图 9-8　智能型 MBR 生活污水回用处理工艺流程图

（1）生化反应区

该区域主要是根据生物脱氮除磷反应特点而设计，主要分为兼氧区及膜生物反应器区。微生物在兼氧区对生活污水中的 COD 进行初步降解及反硝化脱氮后进入好氧膜生物反应器区。在该区域通过好氧微生物对污染物的进一步吸附、降解并通过膜分离作用，出水进入清水池。该系统中，膜生物反应器区与兼氧池之间设置了回流装置，一方面可维持膜生物反应器区在一定的污泥浓度，防止膜生物反应器区活性污泥浓度过高加剧对膜的污染，另一方面通过回流污泥及硝化液，有利于生物脱氮与微生物吸磷与释磷，实现脱氮除磷。

（2）清水池

本设备在对生活污水进行处理的同时，可实现处理后出水回用于生活杂用水或景观绿化、灌溉等用水。因此，为保证用水的安全性，在清水池设置了紫外消毒装置。该装置避免了采用投加化学消毒剂进行消毒处理带来的劳动强度大和化学对人体健康具有一定危害的缺点。

3. 主要参数

该设备通过大量的中试实验和示范工程建设经过不断反馈优化设计，最终得到成熟的经验设计参数，该设备运行控制主要通过 PLC 自动控制实现，相关设计和控制参数见表 9-8。

表 9-8 主要设计和运行控制参数

项目	参数
规格型号	30 t/d、50 t/d、100 t/d、150 t/d、200 t/d、300 t/d、400 t/d 一系列规格，并可以根据实际需要灵活设计处理规模不同的成套化设备
水力停留时间	6 h
污泥浓度	4 000～12 000 mg/L
溶解氧浓度	1.2～2.0 mg/L
曝气方式	穿孔管及曝气盘组合曝气
设备加工材质	不锈钢/玻璃钢/混凝土
单片膜产水量	1.0～1.2 m^3/d
膜组件	微滤膜，孔径 0.1～0.2 μm
控制系统	PLC 自动控制系统
膜组件清洗周期	2 次/年
膜材料更换周期	2～3 年
汽水比	1∶25
排泥周期	3 个月/次

4. 处理效果

金达莱环保公司“智能型 MBR 生活污水处理及回用一体化设备”［图（彩）9-9］典型应用工程处理效果如下：

（1）金达莱园区示范工程

- 处理水量：50 m^3/d
- 运行时间：2006 年 10 月
- 废水性质：金达莱环保研发中心有限公司职工生活废水及食堂废水。
- 回用方式：出水全部回用于园区内景观池和绿化用水。

该系统设备自调试结束以后，运行情况稳定，出水水质各项指标都达到优于国家《城市污水再生利用　城市杂用水水质》（GB/T 18920—2002）水质标准。同时膜通量保持较好，未出现膜堵塞现象，整个系统运行操作简单，采用自动化控制系统，基本可实现无人值守。委托南昌市环境监测站对该设备进出水质进行监测［洪环监（2006）—ZC-111-W 号］，结果见表 9-9。

（2）江西华春集团生活污水处理回用工程

- 处理水量：100 m^3/d，该项目已完成
- 运行时间：2006 年 12 月
- 废水性质：厂区职工生活废水及食堂废水
- 回用方式：出水全部回用于厂内景观池和绿化等用途

表 9-9 金达莱园区示范工程中水器进出水水质对比表 单位：mg/L

主要污染物	进水水质	出水水质	标准值
COD	283～360	3.5～26.4	—
BOD_5	148～256	0～3.4	10
NH_3-N	35.4～41.2	0.81～3.98	10
总氮	48.30～50.88	9.53～11.51	—

注：标准值为 GB/T 18920—2002《城市污水再生利用 城市杂用水水质》标准中水质指标。

设备投入运行使用以来，运行状况稳定，给该公司节约了大量新鲜水资源消耗，大大降低了企业用水成本。委托江西省环境监测站对该设备进出水质进行监测［赣环监字（2007）第 W012 号］，具体结果见表 9-10：

表 9-10 江西华春集团中水器进出水水质对比表

主要污染物	进水水质	出水水质	标准值
COD_{Cr}/（mg/L）	252～256	12～14	—
BOD_5/（mg/L）	83.4～84.5	2.53～2.84	10
NH_3-N/（mg/L）	44.2～49.1	3.71～3.87	10
pH	8.55～8.56	7.69～7.74	6.0～9.0

注：标准值为 GB/T 18920—2002《城市污水再生利用 城市杂用水水质》标准中水质指标。

由监测数据可以得知，经过该设备处理后出水优于《城市污水再生利用 城市杂用水水质》（GB/T 18920—2002）中要求的水质指标，可保证用水的水质安全性。

（五）MBR 污水处理与回用技术

1. 工程背景

厦门凯茂水处理科技有限公司开发的新型 MBR 污水处理与回用技术，是在优化传统生化处理的基础上，把中空纤维膜应用在生物反应池中，构成的高效膜生物反应器。采用该工艺处理一般的生活污水，处理后可以直接回用于杂用水，杂用水可以用于绿化用水、冲厕用水、冲洗路面、景观用水等。

该处理系统具有明显的环境和经济效益。经膜生物反应器处理后，COD 的去除率可达 90%～99%；出水的 SS 小于 5 mg/L；浊度小于 0.2NTU；NH_3-N 的去除率控制在 90%。因此可实现污染物质的高效去除，并得到高质量的出水，降低污染物的排放，实现污水的资源化，有显著的环境效益。同时，通过该工艺可以处理污水回用，可以节省大量的清洁自来水，从而实现可观的经济效益。且该系统运行能耗低，一般污水可以实现处理每吨回用污水 0.4 kW·h 的能耗。

该工艺具有处理效率高，出水水质好（可全部回用），运行稳定，操作管理方便的优点，十分适用于工厂、小区、学校、宾馆、度假村等分散型小型生活污水处理回用。此外，该工艺通过膜的作用，提高了污水的可生化性能，除生活污水外，还可以处理一些可生化性差的污水，扩大了污水处理的应用范围，可适用于不同行业的污水处理。目前，该处理系统在全国范围内，适用用户已超过 60 家，处理范围涉及生活污水、化工、石油、制药、食品、屠宰、酿造、洗车、垃圾渗滤液等。

2. 工艺流程

该处理系统以MBR反应器为核心，污水经由预处理（包括隔油、沉砂等，视水质而定），进入调节池，进行调质调量后，进入兼氧池进行水解酸化预反应，之后进入MBR反应器。该系统采用的膜生物反应器，是在优化传统生化处理的基础上，把中空纤维膜应用在生物反应池中，利用膜的屏障作用，富集浓缩微生物，使得单位体积内的有效微生物浓度几倍的提高，提高污水的可生化能力的同时提高污水的处理效率；同时通过浓缩活跃的微生物，使得系统产生的污泥量大量的减少，大大降低污泥的处理费用；由于处理过的污水出水是通过膜滤过作用过滤的，出水的水质稳定和清洁，无需二沉池；处理系统的效率大大提高后，有效地减少了污水处理系统的占地面积。膜片采用独特的编织结构，在污水处理应用中整体运动，减少了断丝和污堵的可能性，大大延长了膜片的使用寿命。MBR出水回用或达标排放，其一般污水处理的工艺路线如图9-10所示。

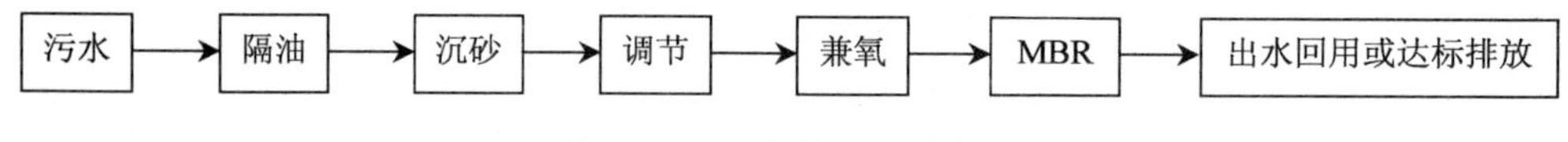

图9-10 污水处理工艺流程

3. 主要参数

MBR通过膜的屏障作用，富集浓缩有效微生物，生物反应器内微生物浓度可增加2～3倍，生化效率提高10%～20%，提高污水的生化处理效率的同时产出高质量的出水。中空纤维膜的使用寿命达4年以上，膜片主要性能指标见表9-11：

表9-11 膜片主要性能参数

膜片参数	性能
膜材质	聚丙烯
膜内径	320～350 μm
膜壁厚	40～50 μm
膜孔径	0.1～0.2 μm
透气率	＞7.0×10^{-2}（cm^3/cm^2·s·cmHg）*
纵向强度	120 MPa
孔隙率	40%～50%
出水浊度	＜0.2NTU
设计通量	单层式 0.6 t/d 三层式 1.0～1.2 t/d
膜面积	单层式 5 m^2/片 三层式 8 m^2/片
操作负压	−0.03～−0.01 MPa

*1cmHg=1.333 22 kPa。

4. 处理效果

厦门凯茂水处理科技有限公司开发的新型 MBR 污水处理与回用技术典型应用工程处理效果如下。

（1）大连庄河国家旅游度假村

➢ 处理水量：240 m^3/d

➢ 运行时间：2001 年 10 月

➢ 废水性质：生活污水

大连庄河国家旅游度假村 MBR 污水处理系统进出水水质见表 9-12。

表 9-12 大连庄河国家旅游度假村 MBR 污水处理系统进出水水质

项目	COD/（mg/L）	BOD_5/（mg/L）	SS/（mg/L）	色度/（倍）
进水	400	300	50	10
出水	<30	<3	<5	<1

（2）临海市新星化工厂

➢ 处理水量：150 m^3/d

➢ 运行时间：2000 年 10 月

➢ 废水性质：医药废水

临海市新星化工厂 MBR 污水处理系统进出水水质见表 9-13。

表 9-13 临海市新星化工厂 MBR 污水处理系统进出水水质

项目	COD/（mg/L）	BOD_5/（mg/L）	SS/（mg/L）	色度/（倍）
进水	4 390	2 220	97	244
出水	61.8	10.9	16	3
去除率/%	98.6	99.5	83.5	98.8

（3）浙江省台州酒厂

➢ 处理水量：140 m^3/d

➢ 运行时间：2000 年 10 月 21 日

➢ 废水性质：制酒废水

浙江省台州酒厂 MBR 污水处理系统进出水水质见表 9-14。

表 9-14 浙江省台州酒厂 MBR 污水处理系统进出水水质

项目	COD/（mg/L）	BOD_5/（mg/L）	SS/（mg/L）
进水	10 400	3 550	2 380
出水	56.5	13.7	14
去除率/%	98.9	98.7	99.1

（4）上海市亚太食品厂

➢ 处理水量：300 m^3/d

➢ 运行时间：2002 年 8 月

➢ 废水性质：食品废水

上海市亚太食品厂 MBR 污水处理系统进出水水质见表 9-15。

表 9-15 上海市亚太食品厂 MBR 污水处理系统进出水水质

项目	COD/（mg/L）	BOD_5/（mg/L）	SS/（mg/L）	NH_3-N/（mg/L）	油/（mg/L）
进水	3 620	898	2 094	83.8	889
出水	76	17.6	220	4.2	0.657
去除率/%	98.0	98.0	89.5	99.3	95.0

（5）鼓浪屿港仔后片区污水处理站

➢ 处理水量：1 000 m^3/d

➢ 运行时间：2005 年 7 月

➢ 废水性质：生活污水综合污水处理回用

鼓浪屿港仔后片区污水处理站 MBR 污水处理系统进出水水质见表 9-16。

表 9-16 鼓浪屿港仔后片区污水处理站 MBR 污水处理系统进出水水质 单位：mg/L

项目	COD	BOD_5	SS	NH_3-N	TP
进水	300	200	300	35	4
出水	60	20	20	15	1.5

第十章 曝气生物滤池（BAF）工艺

一、工艺原理

曝气生物滤池（BAF-Biological Aerated Filters），也叫淹没式曝气生物滤池（SBAF-Submerged Biological Aerated Filters），BAF 技术最早由法国 CGE（Compaguine Genegale Des Eanx）公司所属的 OTV 公司（L'Omnium de Fraitments et de Valorissation）开发的，是在普通生物滤池、高负荷生物滤池、生物滤塔、生物接触氧化法等生物膜法的基础上发展而来的，被称为第三代生物滤池（The Third Generation Filter）（结构简图见图（彩）10-1）。国外在 20 世纪 20 年代开始进行研究，于 80 年代末基本成型，后不断改进，并开发出多种形式。

在开发过程中，充分借鉴了污水处理接触氧化法和给水快滤池的设计思路，即需曝气、高过滤速度、截留悬浮物、需定期反冲洗等特点。其工艺原理为，在滤池中装填一定量粒径较小的粒状滤料，滤料表面生长着高活性的生物膜，滤池内部曝气。污水流经时，利用滤料的高比表面积带来的高浓度生物膜的氧化降解能力对污水进行快速净化，此为生物氧化降解过程；同时，污水流经时，滤料呈压实状态，利用滤料粒径较小的特点及生物膜的生物絮凝作用，截留污水中的悬浮物，且保证脱落的生物膜不会随水漂出，此为截留作用；运行一定时间后，因水头损失的增加，需对滤池进行反冲洗，以释放截留的悬浮物以及更新生物膜，此为反冲洗过程。

一般来说，曝气生物滤池具有以下特征：1）用粒状填料作为生物载体，如陶粒、焦炭、石英砂、活性炭等。2）区别于一般生物滤池及生物滤塔，在去除 BOD、氨氮时需进行曝气。3）高水力负荷、高容积负荷及高的生物膜活性。4）具有生物氧化降解和截留 SS 的双重功能，生物处理单元之后不需再设二次沉淀池。5）需定期进行反冲洗，清洗滤池中截留的 SS 以及更新生物膜。

二、工艺类型

曝气生物滤池的工艺形式在进水方式、填料选择和使用功能上各有不同，可分为上向流曝气生物滤池和下向流生物滤池；悬浮填料曝气生物滤池和淹没固定填料曝气生物滤池；去碳曝气生物滤池、硝化生物滤池和反硝化生物滤池等。目前在工程中使用的形式分为四大类[19]：即 BIOCARBONE、BIOFOR、BIOSTYR 和 BIOPUR，各自的构造特点如图 10-2，图 10-3 和图 10-4 所示。其中 BIOPUR 的形式与 BIOFOR 基本相同，只是 BIOPUR 的填料根据不同水质采用波纹板、陶粒或石英砂，以取得不同的处理效果。

（一）BIOCARBONE

BIOCARBONE 是最早应用的 BAF 工艺，采用下向流运行、上向流反冲洗。该工艺最早使用活性炭为填料，故称为 BIOCARBONE（生物活性炭）工艺，现在一般采用粒径 3～5 mm 的烧结陶粒为填料，BIOCARBONE 结构示意如图 10-2 所示。其填料为密度比水大的球形填料，污水从滤池上部流入，下向流流出滤池，在滤池中下部设曝气管进行曝气，气水处于逆流，在反应器中，有机物被微生物氧化分解，NH_3-N 被氧化成 NO_3^--N。另外，由于在生物膜内部存在厌氧/兼氧微环境，在硝化的同时能实现部分反硝化。运行中，滤池因截留了 SS 和生物膜的生长，水头损失逐渐增加，达到设计值后，开始反冲洗。一般采用气水联合反冲，底部设反冲洗气、水装置。

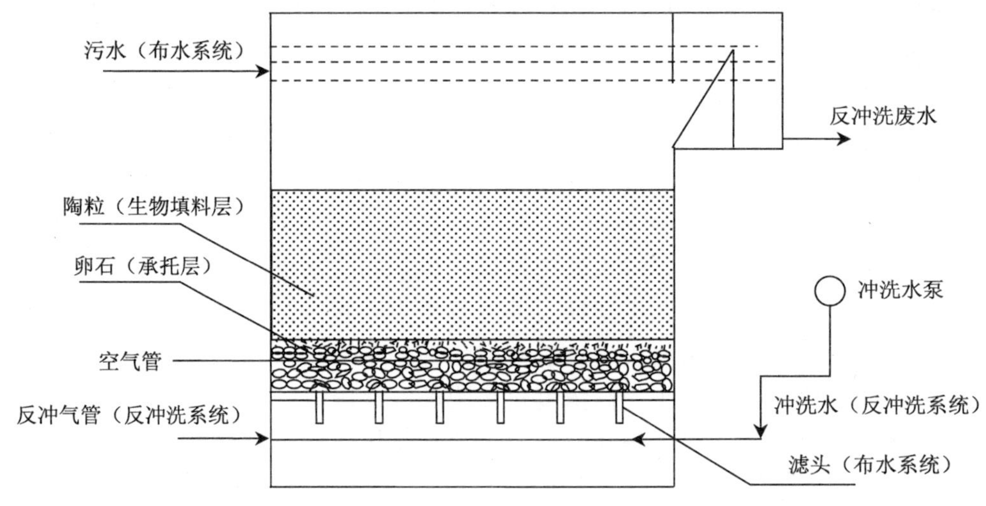

图 10-2 BIOCARBONE 示意图

BIOCARBONE 属早期曝气生物滤池，其缺点是负荷仍不够高，且大量被截留的 SS 集中在滤池上端几十厘米处，此处水头损失占了整个滤池水头损失的绝大多数，滤池纳污率不高，容易堵塞，运行周期短。最新的曝气生物滤池有法国 Degrémont 公司开发的 BIOFOR 和 OTV 公司开发的 BIOSTYR，克服了 BIOCARBONE 的这些缺点。

（二）BIOFOR

BIOFOR 工艺为一种上向流运行、上向流反冲洗的生物曝气滤池。BIOFOR 和 BIOSTYR 不同的是采用密度大于水的填料，目前一般采用的是轻质陶粒。BIOFOR 结构示意如图 10-3 所示，底部为气水混合室，上部从下至上为滤头、曝气管、垫层、填料。BIOFOR 运行时一般采用上向流方式，污水从底部进入气水混合室，经滤头配水后通过垫层进入填料，在此进行 BOD、COD、氨氮、SS 的去除。反冲洗时，气、水同时进入气水混合室，经滤头配水、气后进入填料层，反冲洗出水回流入初沉池，与原污水合并处理。

BIOFOR 采用上向流（气水同向流）的主要原因有：1）同向流可促使布气、布水均匀；2）若采用下向流，则截留的 SS 主要集中在填料的上部。运行时间一长，滤池内会出现负水头现象，进而引起沟流，采用上向流可避免这一点；3）采用上向流，截留在底部的 SS 可在气泡的上升过程中被带入滤池中上部，加大填料的纳污率，延长了反冲洗间隔时间。

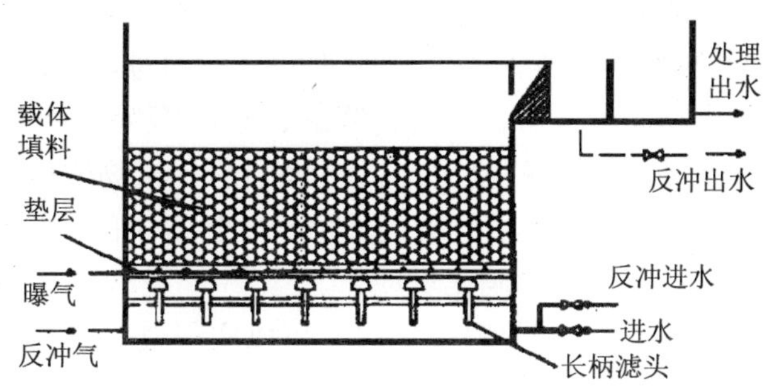

图 10-3　BIOFOR 示意图

（三）BIOSTYR

BIOSTYR 是法国 OTV 公司的注册工艺，其为一种上向流运行、向下流反冲洗的 BAF 工艺。BIOSTYR 采用了新型轻质悬浮填料——BIOSTYRENE，一般为聚苯乙烯小球，且密度小于 1g/cm^3，填料可漂浮于水中。其结构示意如图 10-4 所示，滤池底部设有进水和排泥管，中上部是填料层，厚度一般为 2.5～3 m，填料顶部装有挡板，防止悬浮填料的流失。挡板上均匀安装有出水滤头。挡板上部空间用作反冲洗水的储水区，其高度根据反冲洗水头而定，该区内设有回流泵用以将滤池出水泵至配水廊道，继而回流到滤池底部实现反硝化。填料层底部与滤池底部的空间留作反冲洗再生时填料膨胀之用。运行时采用上向流，在滤池顶部设置的隔网或滤板可阻止滤料流出，滤料正常运行时呈压实状态；反冲时采用气水联合反冲，反冲水采用下向流以冲散被压实的滤料小球，反冲水从滤池底部流出。

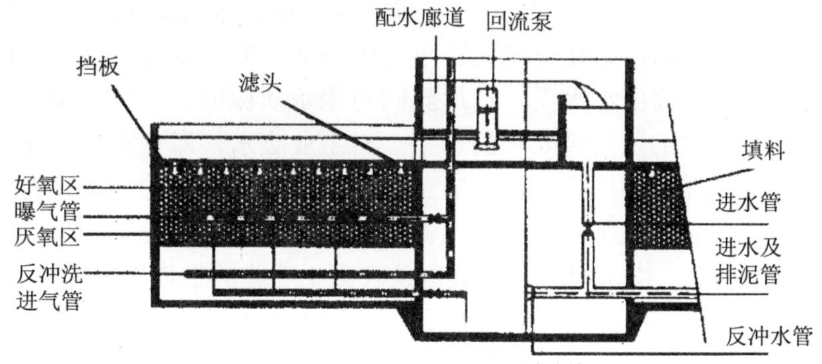

图 10-4　BIOSTYR 示意图

曝气生物滤池对污染物质的去除是基于生长在粒状填料上的高浓度生物膜发挥的生物氧化分解、过滤截留和絮凝网捕作用，所以曝气生物滤池拥有很强的有机物、悬浮物去除能力，并且在进水水质适当的情况下拥有良好的硝化能力，同时通过控制溶解氧等方式能实现一定程度的同步硝化反硝化。一般而论，曝气生物滤池具有如下特点：

① BAF 水力负荷高、容积负荷大、水力停留时间短、出水水质高。

② BAF 占地面积小，基建投资省。BAF 反应时间短，具有同步去除 BOD 及悬浮物的功能，可以不设二次沉淀池。

③ 菌群结构合理。传统的活性污泥法微生物的分布相对均匀，而在 BAF 中沿污水流程能形成不同的优势生物菌种，可使有机物降解、硝化/反硝化能在同一个池子中发生，简化了工艺流程。在距进水端较近的滤层中，污水中的有机物浓度较高，各种异养菌占优势，主要是去除 BOD_5；在距出水端较近的滤层中，污水中的有机物浓度已较低，自养型的硝化菌占优势，可以进行氨氮的硝化反应。

④ 在设置回流或单独设置反硝化段的情况下可以实现较好的脱氮效果。

⑤ 耐冲击能力强。BAF 滤池的滤层内保持着高浓度的生物量，对水质、水量及温度变化有较强的适应性，不像活性污泥法那么敏感。

三、处理效果

曝气生物滤池是第三代生物滤池，是真正集生物膜法与活性污泥法于一身的反应器，出水水质高、处理负荷大。滴滤池（普通生物滤池）被称为第一代生物滤池，也是生物滤池最初的雏形，高负荷生物滤池、生物滤塔是在此基础上发展起来的第二代生物滤池，主要特征是增加了处理负荷。曝气生物滤池对生物滤池进行了全面的革新：采用人工强制曝气，代替了自然通风；采用粒径小、比表面积大的滤料，显著提高了生物浓度；采用生物处理与过滤处理联合方式，省去了二次沉淀池；采用反冲洗的方式，免去了堵塞的可能，同时提高了生物膜的活性；采用生物膜加生物絮体联合处理的方式，同时发挥了生物膜法和活性污泥法的优点。

曝气生物滤池对污染物质的去除是基于生长在粒状填料上的高浓度生物膜发挥的生物氧化分解、过滤截留和絮凝网捕作用，所以曝气生物滤池拥有很强的有机物、悬浮物去除能力，并且在进水水质适当的情况下拥有良好的硝化能力，同时通过控制溶解氧等方式能实现一定程度的同步硝化反硝化。曝气生物滤池同时具有生物氧化降解和过滤的作用，因而可获得很高的出水水质，可达到回用水水质标准。一般来说，对生活污水，二级处理即可达到普通工艺三级处理的水平。对工业废水，即使在可生化性不强的情况下，曝气生物滤池处理效果也优于一般的工艺，因为曝气生物滤池处理有机物不仅依赖于生物氧化，还存在显著的生物吸附和过滤作用，因为可去除粒径较大，可吸附去除一些可生化性不强的物质。由于填料本身截留及表面生物膜的生物絮凝作用，使得出水 SS 很低，一般不超过 10 mg/L，出水非常清澈透明；因不断地反冲洗，生物膜得以有效更新，表现为生物膜较薄（一般为 110 μm 左右），活性很高。高活性的生物膜不仅体现在生物氧化、降解方面，更表现为生物絮凝、吸附作用。对一些难降解的物质，可将其吸附、截留在池中，得以去除。

一般而论，曝气生物滤池具有如下特点：

（1）占地面积小，基建投资省

曝气生物滤池之后不设二次沉淀池，可省去二次沉淀池的占地和投资。曝气生物滤池占地面积仅为常规工艺的 1/10～1/5。处理负荷高、停留时间短，因而池容较小，基建投资比常规工艺节省至少20%～30%。

（2）运行费用低

供气能耗在所有好氧生物处理的运行费用中占了相当的比例，曝气生物滤池工艺氧的传输利用效率很高，曝气量小，供氧动力消耗低。氧的利用效率可达20%～30%。主要原理为：a）因填料粒径很小，气泡在上升过程中，不断被切割成小气泡，加大了气液接触面积，加强了氧气的利用率；b）气泡在上升过程中，受到了填料的阻力，延长了停留时间，同样有利于氧气的传质；c）研究表明，在BIOFOR中，氧气可直接渗透入生物膜，因而加快了氧气的传质速度，减少了供氧量。工程实践表明，曝气量为传统活性污泥法的1/20，为氧化沟的1/6，为SBR的1/4～1/3，在很大程度上节省了运行费用。曝气生物滤池水头损失较小，剩余污泥量少且容易处理，维护量很少，这都将保证运行费用较低。

（3）抗冲击负荷能力强，耐低温

运行经验表明，曝气生物滤池可在正常负荷2～3倍的短期冲击负荷下运行，而其出水水质变化很小。这一方面依赖于滤料的大表面积，当外加有机负荷增加时，滤料表面的生物量可以快速增值；另一方面依赖于整体曝气生物滤池的缓冲能力。此外，生物曝气滤池一旦挂膜成功，可在6～10℃水温下运行，并具有较好的运行效果。

（4）易挂膜，启动快

曝气生物滤池在水温15℃左右，2～3周即可完成挂膜过程。在暂时不使用的情况下可关闭运行，此时滤料表面的生物膜并未死亡，而是以孢子的形式存在，一旦通水曝气，可在很短的时间内恢复正常。污水水温15℃左右，停止运行半个月（滤柱内排空水且不曝气），恢复运行后，三天后即完全恢复正常。这一特点使曝气生物滤池非常适合一些水量变化大地区的污水处理。在旅游地区，污水量受季节及旅游人数的变化影响非常大，在旅游淡季时，完全可以关闭部分曝气生物滤池，以减少不必要的运行费用，一旦需要，可在很短的时间内恢复设计处理能力。

（5）曝气生物滤池采用模块化结构，便于后期改、扩建

国内现有污废水处理工艺普遍存在一个缺点：当新增污废水处理量时，必须对原有工艺进行较彻底的修改，主要原因是因为这些工艺都不是模块化结构。曝气生物滤池完全模块化，非常利于后期的扩建和改建，仅需并列增加滤池数即可，不影响已有的工艺运行。

（6）采用自动化控制，易于管理

曝气生物滤池可采用完全自动化控制，管理非常简单。同时由于其本身的结构并不复杂，因而也无需庞杂的自控设备，更无需大量的人员技术培训。

（7）不产生臭气、环境质量高

国内现有污水处理厂的环境质量普遍较差，臭气弥漫、苍蝇等昆虫较多，曝气生物滤池不产生臭气，采用该工艺的污水厂环境质量很高。

四、应用范围

1987年世界上第一座生产性BIOCARBONE在日本的Kaga Paper污水处理厂建成，

处理水量 2×10^4 m³/d，在以后的近十年中，OTV 公司相继在法国、西班牙、加拿大、英国、丹麦等地建设了多座采用 BIOCARBON 技术的 BAF。BIOCARBONE 属早期曝气生物滤池，其缺点是负荷仍不够高，且大量被截留的 SS 集中在滤池上端几十厘米处，此处水头损失占了整个滤池水头损失的绝大部分，滤池纳污率不高，容易堵塞，运行周期短，因此从 1994 年以后，OTV 公司逐渐推广其新型 BAF 形式——BIOSTYR，但其也存在结构复杂、自控要求高、曝气管易堵塞等问题。20 世纪 90 年代初，德国的 PHILLIP MüLLER 公司开发了 BIOFOR，由于工艺相对简单，在欧美、日本等地已有数百座大小各异的污水处理厂采用了这种技术。在我国，通过引进德国 MüLLER 公司的两级 BIOFOR 工艺技术，大连市马栏河城市污水处理厂于 2001 年 7 月投入运行，日处理水量为 12 万 m³，从投入运行近两年来的实际运行表明，其出水水质可达到回用水标准。2003 年 12 月，广东新会投入运行我国第一座自主设计的 BAF 城市污水处理厂，日处理水量为 4 万 m³，处理工艺采用中冶集团马鞍山钢铁设计研究总院开发的水解（酸化）—上向流曝气生物滤池（UBAF）专利技术。目前该工艺被广泛用于工业废水、生活污水的有机物、SS 去除的二级生物处理，脱氮除磷的三级处理以及微污染源水的预处理。

新型滤池曝气系统采用单孔膜空气扩散器滤池专用曝气系统，运行中氧的总体利用率可达 5%以上，所以供氧动力消耗低，使运行成本大大降低，同时该新型结构的曝气系统不易堵塞。滤池采用水、气联合反冲洗系统，可保证出水水质稳定，使系统始终能正常运行。系统稳定性好，由于该滤池的结构特殊，使滤池系统具有较好的抗冲击负荷能力，并受气候影响小，同样适合于北方地区。滤池为模块化结构-模块化结构便于污水处理厂的扩建。占地面积小，一般为常规处理工艺面积的 1/5～1/3，厂区布置紧凑，美观。处理出水质量高，出水清彻透明，达国家回用水标准。工艺流程短，比传统工艺省去了二沉池及污泥回流系统，反冲洗系统及供氧量可用微机自动控制，运行管理方便且便于维护。总体投资节省（包括机械设备、自控电气系统、土建及征地费用等），使城市污水处理厂每立方米污水投资可从现在常规工艺的 1 200～1 500 元降至 800～1 000 元。

BAF 工艺因其具有占地面积小，处理效率高，出水水质好，可达到水质标准，运行操作灵活，且环境卫生美观，非常适合于小城镇和小区等分散型生活污水处理，同时也适用于酿造、酒精、食品加工、肉联、畜牧饲养、皮革等行业的有机废水处理。

五、应用实例

（一）大连马栏河污水处理厂

1. 工程背景

大连马栏河污水处理厂工程通过国际招标确定了 SEDIPAC 3D + BIOFOR 工艺，设计处理能力为 12×10^4 m³/d，其中 4×10^4 m³/d 回用，服务面积为 32 km²，服务人口为 35 万人，占地为 4.3 hm²，工程直接投资约 1.6 亿元。工程于 1998 年 11 月开工，2000 年 9 月进入调试运行，见图（彩）10-5，2001 年 7 月通过性能测试并正式投产运行[20]。

处理污水主要是生活污水，也含少量工业废水，原水通过市政截流管道和暗渠汇流进入马栏河污水处理厂，目前进水量已超过 12×10^4 m³/d，水厂为满负荷运行。设计进水水质为：COD 质量浓度=480 mg/L，BOD_5 质量浓度=216 mg/L，SS 质量浓度=350 mg/L，NH_4^+-N 质量浓度=40 mg/L，pH=6～9；出水水质为：COD 质量浓度≤40 mg/L，BOD_5 质量浓度≤10 mg/L，SS 质量浓度≤10 mg/L，NH_4^+-N 质量浓度≤5 mg/L，pH=6～9。

2. 工艺流程

马栏河污水处理厂的一级处理采用了 SEDIPAC 3D（简称 S3D）工艺，二级处理采用了由 BIOFOR C/N 和 BIOFOR N 组成的二级过滤系统。原水经提升后流入处理系统，经过设有斜管的 S3D 池的一级加强沉淀后从底部进入一级 BIOFOR C/N 池，进行 BOD、COD 的降解及部分 NH_4^+-N 的氧化，其出水进入二级 BIOFOR N 池，进行剩余 BOD、COD 的降解及 NH_4^+-N 的完全氧化。出水一部分用于滤池的反冲洗，另一部分经加氯消毒后作为回用水使用，其余进行深海排放。具体工艺流程见图 10-6。

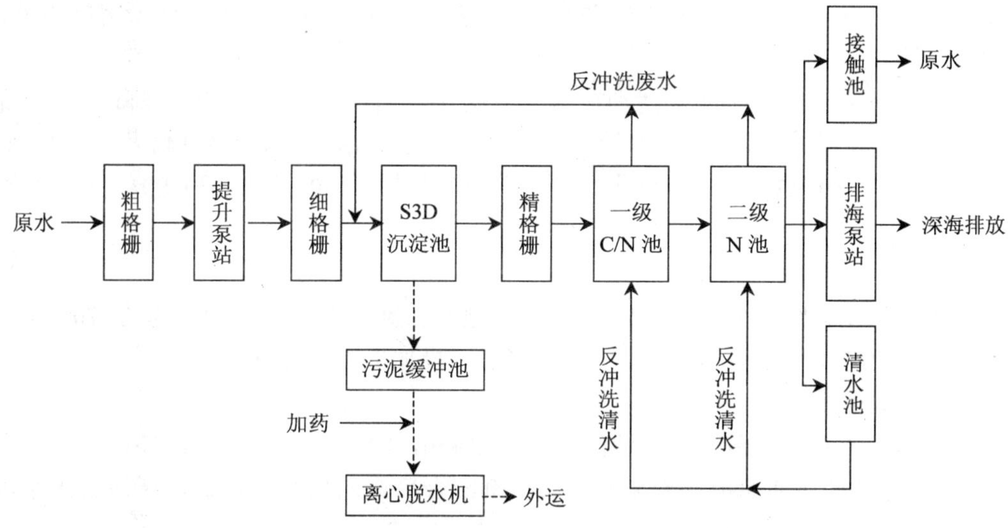

图 10-6 大连马栏河污水处理厂工艺流程

3. 主要参数

大连马栏河污水处理厂各主要构筑物的设计和运行参数如下：

（1）格栅和提升泵站

提升泵站前设 2 台 25 mm 粗格栅，进水通过一次提升（达到约 88.2 kPa 的水头）后经 4 台 10 mm 细格栅进入配水渠，并在配水渠内进行预曝气。

（2）S3D 沉淀池

S3D 沉淀池集曝气沉砂、气浮除油和斜管沉淀功能于一体，共有 4 座，其中曝气沉砂段长为 4 m，宽为 13 m，水深为 4 m，停留时间为 8.5 min，总供气量为 832 m³/h，设有曝气头共 308 个。经重力沉降后的污泥被泵至砂水分离器进行砂、水分离，然后外运至垃圾填埋场处置。气浮除油段长为 6.5 m，宽为 13 m，水深为 2.1 m，停留时间为 7.2 min，单池设供气量为 22 m^3/h 的曝气泵 4 台，撇油管 2 台。浮油经撇油管进入油水分离器进行油、水分离，然后外运垃圾填埋场处置。斜管沉淀段长为 9.3 m，宽为 13 m，水深为 5 m，停留时间为 29 min，斜管长度为 1.5 m。经斜管沉淀的污泥（含滤池反冲洗生化污泥）浓度为 25 kg/m^3，有机物含量占 55%，由吸泥泵送至污泥处理单元。

此外，为避免生物滤池的滤头堵塞，每 2 座 S3D 池后设 1 台 2 mm 的精格栅。每台格栅对应 1 列滤池。

（3）曝气生物滤池

全厂共设 24 座 BIOFOR 曝气生物滤池，分为 2 列 12 组，每组由 1 座 C/N 池和 1 座 N 池串联组成一个处理单元。每座 C/N 池长为 12 m，宽为 6 m，滤料厚度为 4 m，设有滤头 55 个/m^2，曝气头 68 个/m^2，气水比为 1.8，滤速为 6.7 m/h，停留时间为 35.8 min。滤料（Biolite P3.5）粒径为 3～6 mm，有效粒径为 3.2～3.8 mm，密度为 1.25～1.55 kg/L，堆积密度为 0.75～0.9 kg/L。每座 N 池长为 12 m，宽为 6 m，滤料厚度为 4.5 m，设有滤头 55 个/m^2，气水比为 2.6，滤速为 6.7 m/h，停留时间为 40.3 min。滤料（Biolite L2.7）粒径为 2.5～5 mm，有效粒径为 2.5～2.9 mm，密度为 1.4～1.7 kg/L，堆积密度为 0.8～0.9 kg/L。

滤池反冲洗采用过滤时间和滤池压力等参数进行自动控制，包括快速降水、气洗、气/水反冲洗、漂洗等步骤，冲洗时间为 35 min，反冲洗周期：C/N 池为 14 h，N 池为 36 h。水反冲洗强度为 10～30 m^3/（m^2·h），气反冲洗强度为 90 m^3/（m^2·h），冲洗水量为 730 m^3/次。

（4）接触池

经两级曝气生物滤池处理后的污水进入接触池加氯消毒，接触池容积为 700 m^3，设有折流墙，停留时间为 21.9 min，采用液氯消毒，投加量为 10 g/m^3。

（5）污泥处理系统

污泥处理系统部分，污泥缓冲池的直径为 14 m，深度为 5 m，设搅拌机一台。含固率为 2.5%的污泥经缓冲池搅拌均质并与絮凝剂混合后进入离心脱水机，出泥含固率可达 25%。目前干污泥产量约 20 t/d，均外运至垃圾填埋场处置。

马栏河污水处理厂主要工艺的设计参数见表 10-1。

表 10-1　各工段的出水指标值及工艺参数

设计参数	细格栅	S3D 池	C/N 池	N 池
COD/（mg/L）	419	293	90	40
BOD_5/（mg/L）	187	131	38	10
SS/（mg/L）	480	168	55	10
NH_4^+-N/（mg/L）	39	29	24	5
SS 去除率/%		65	67	82
BOD_5 去除率/%		30	71	74
BOD_5 容积负荷/[kg/（m^3·d）]			4.04	1.13
NH_4^+-N 容积负荷/[kg/（m^3·d）]			0.25	0.85

注：细格栅出水包括了反冲洗废水。

4. 处理效果

马栏河污水处理厂自投产以来满负荷运行，全年处理效果良好，出水水质达到了新颁布的《城市污水再生利用——城市杂用水水质》标准，目前已回用作城市绿化、住宅小区冲厕、建筑施工用水以及厂区内绿化、消防、冲厕、清扫、车辆冲洗用水，见表 10-2。

表 10-2 马栏河污水处理厂进、出水水质

项目	COD/（mg/L）	BOD_5/（mg/L）	SS/（mg/L）	NH_4^+-N/（mg/L）	pH
进出	250～380	120～180	180～280	20～30	7.4～7.6
出水	33	7	9	<2	7.2

（二）山东大学第二医院污水处理系统

1. 工程背景

山东大学第二医院是一所综合性医院，医院病房规模现为 600 张床位，每天产生的医疗污水和生活污水可达 600 m^3。为治理污染该院于 20 世纪 90 年代建设了一套污水处理设施，采用生物转盘工艺，后又采用二氧化氯消毒。但是生物转盘未挂膜运转，并且处理设备已经老化，难以连续运行，所以 COD、BOD 超过国家标准。而医院新上一台二氧化氯发生器，只对医院污水起到消毒作用，很难满足现有污水处理达标排放的要求，导致污水超标外排，影响了周边地区的生态环境。为保护和改善环境，保障人体健康，决定在原有设施基础上完善污水处理工程，将医院所排污水进行处理，使医疗废水达标排放。

医院现有床位为 600 张，院区分为医疗区和职工生活区，两区排水目前各成体系。医疗废水：外排废水分为门诊部和病房区污水，根据污水测量资料，每日排水约 600 m^3 考虑到将来的扩建和发展，确定设计水量为 1 000 m^3/d。

原水水质方面，根据院方多次监测水质资料和环保监测部门检测数据，并参照其他医院排水监测数据，确定废水中主要污染物指标见表 10-3。出水水质情况，根据医院的要求山东大学第二医院污水经治理后要达到《污水综合排放标准》（GB 8978—1996）的一级标准。

表 10-3 山东大学第二医院污水处理系统设计进、出水水质

项目	COD/（mg/L）	BOD_5/（mg/L）	SS/（mg/L）	pH	NH_3-N/（mg/L）	TP/（mg/L）	粪大肠菌群/（个/L）
原水	400	200	200	6.5～6.8	40	5	2.8×10^3～2.5×10^5
出水指标	≤100	≤30	≤70	6～9	≤15	≤1.0	≤500

2. 工艺流程

原废水首先经粗、细格栅去除杂物后，进入曝气调节池，同时调节空气量进行曝气，进行预曝气及均质，之后废水被泵抽至斜板沉淀池，同时加入除磷剂（5%硫酸亚铁）强

化除磷，沉淀池出水自流入曝气生物滤池，DO 控制在 3～5 mg/L，出水进入清水池后再进入消毒池，用二氧化氯发生器进行消毒，二氧化氯加入量为 30 g/m^3 废水，停留时间 1.5 h。生物曝气滤池 12～24 小时进行反冲洗一次，反冲洗出水再返回调节池，斜板沉淀池每天排泥一次，排入污泥沉淀池，其上清液进入调节池，剩余污泥定期消毒后由环卫清污车运走。整体工艺流程见图 10-7。

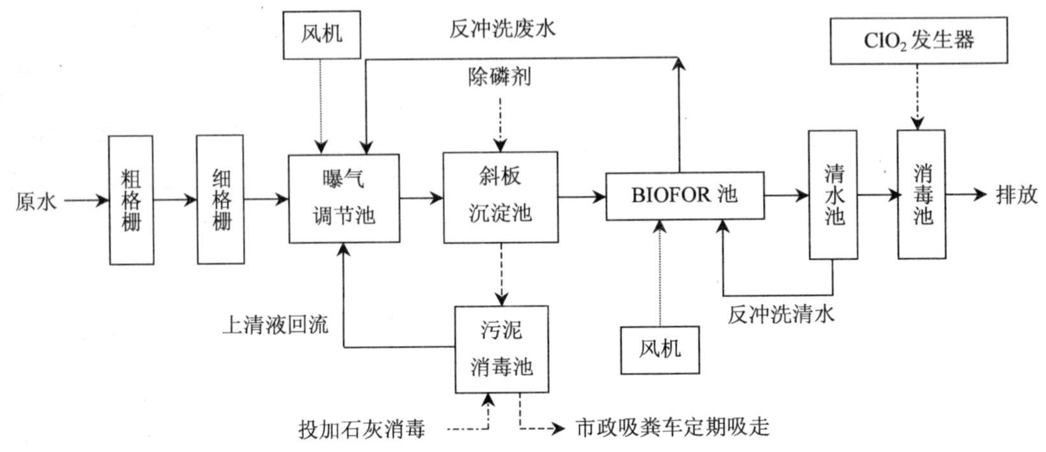

图 10-7 山东大学第二医院污水处理系统工艺流程

3. 主要参数

山东大学第二医院污水处理系统各主要构筑物设计参数如下：

（1）细格栅渠

主要功能是去除污水中较大的漂浮物，防止水泵机组的堵塞。结构采用地下钢混直壁平行渠道，设计流量 Q_{max}= 62.5 m^3/h；过栅流速 v= 0.7 m/s；渠道宽 B=400 mm；栅条间隙 b=6 mm。控制方式为根据栅前后液位差控制清污和输送动作。

（2）曝气调节池

主要功能为均匀水质，稳定水量，同时进行预曝气充氧，改善预处理效果，池内设有潜污泵，用于提升污水满足后续处理设施布水要求。池体结构为地下钢混结构（在原有基础上增建），池体容积 V = 250 m^3；设计停留时间 HRT = 5 h。

潜水泵 2 套，1 用 1 备，类型为抗堵塞配带自动耦合系统，单台流量 Q = 42 m^3/h，扬程 H=9 m，功率 N=2.2 kW，根据集水池液位控制运行。

（3）斜板沉淀池（利用生物反应池改建）

设斜板沉淀池 1 座，主要功能是去除悬浮污泥，降低生物滤池的处理负荷，沉淀污泥自流入曝气调节池，剩余部分排入污泥池。池体采用半地上钢混结构，表面负荷为 1.5 m^3/（m^2 • h），沉淀表面积 26.8 m^3，停留时间 60 min，池体尺寸为 4 m×7 m×6 m。

（4）曝气生物滤池（BIOFOR）

该污水处理系统设上流式曝气生物滤池（BIOFOR）1 座（分三格），主要功能是依靠生物滤料的截留、吸附和降解作用，完成污水中的碳源氧化与氨氮硝化，使出水满足要求。BAF 池体采用钢结构，设计尺寸为 3 m×6 m，滤料高度 H =3 m，滤料容积 V =54 m^3，滤料类型为 Biolice，有效粒径 d=2.7 mm。滤池内设曝气管 1 套，采用鼓风机曝气，曝气量 Q=200 m³/h，连续工作时间为 T=24 h，反冲洗采用气、水联合冲洗，气洗强度 q=100 m/h，水洗强度 q=20 m/h。

设有 2 台鼓风机和 1 台反冲洗鼓风机。鼓风机单台风量为 3.5 m^3/min，风压为 6 m（水柱），电机功率为 7.0 kW；反冲洗鼓风机风量为 10 m^3/min，风压为 6 m（水柱），电机功率为 14.6 kW。风机进风口设有空气过滤器和消声器。鼓风机运行由集中控制系统控制运行。

（5）清水池

利用原清水池改建，有效容积 15 m^3。其中设滤池反冲洗泵 1 台，每台 Q= 60 m^3/h，H =13 m，配用电机 4 kW。

（6）消毒池

利用原消毒池改建，采用原有二氧化氯发生器消毒，有效容积 40 m^3。

（7）污泥消毒池

利用原有污泥消毒池改造，在污泥消毒池中加空气搅拌管，有效容积 30 m^3。定期投加石灰消毒，污泥定期用吸粪车吸走外运。

4. 处理效果

（1）曝气生物滤池的挂膜启动及调试运行

该系统曝气生物滤池生物膜的培养采用污泥接种间歇培养的方法。启动工作首先进行的是充水，利用工程管路系统，将沉淀池、一级曝气生物滤池、二级曝气生物滤池充满处理污水，并曝气。充水即进行污泥接种，将城市污水处理厂的好氧干污泥 2.5 t 运至施工现场，放入调节池内，用生活污水稀释至含水率为 95%的接种污泥 50 m^3，用临时外接泵通过反冲洗进水管，分别向一级曝气生物滤池投加 30 m^3，向二级曝气生物滤池投加 20 m^3。将接种污泥投入后即可以开始进行间歇运行培养生物膜了，首先从调节池向一级、二级生物滤池提水，水面达到一级滤池的穿孔管和二级滤池的出水堰上缘时，停止提水，这时开启风机曝气，气量不要太大，闷曝气 1 d，第 2 天从调节池提水，打开沉淀池进水管上的闸阀，进一半的水量，继续曝气，二级滤池出水就开启二氧化氯发生器，加药量不太大，如此反复连续 6 d。调试运行期间每天一次测定 COD 和 SS 指标，每天两次测定 DO 指标，保证污水中 DO 指标不小于 2 mg/L，每天观察生物相，稳定达标后，测定 NH_3-N 和 TP 指标。间歇调试运行期间，注意观察生物滤池水位情况，一般不需要进行反冲洗，当滤池水位增长较快时，进行轻微反冲洗，连续运行后，一般 12～24 h 进行一次气水联合反冲洗，反冲洗 15 min 左右。

当出水水质稳定达标后，可连续运行。连续运行时需做以下调整，根据滤池水位增长情况调整反冲洗强度和次数，一般每 12～24 h 进行一次气水联合反冲洗：

① 一级曝气生物滤池气水联合反冲洗程序关闭进水水泵，关闭二级曝气生物滤池出水管阀门、反冲洗进水阀门和曝气阀门，打开一级曝气生物滤池反冲洗进水阀门，将曝气阀门打到使水位高出反冲洗出水槽 1～2 cm，启动反冲洗水泵，冲洗 15 min 左右，关闭反冲洗水泵，关闭一级曝气生物滤池反冲洗进、出水阀门和曝气阀门，一级曝气生物滤池反冲洗完毕。

② 二级曝气生物滤池气水联合反冲洗程序关闭进水水泵，关闭二级曝气生物滤池的出

水管阀门，打开二级曝气生物滤池的反冲洗进、出水阀门，将曝气阀门找到使水位高出溢流堰 1～2 cm，启动反冲洗水泵，冲洗 15 min 左右，关闭反冲洗水泵，关闭一、二级曝气生物滤池的反冲洗进、出水阀门，打开二级曝气生物滤池水管阀门，反冲洗程序完毕。

为了强化对磷的去除，采用在沉淀池前投加硫酸亚铁除磷剂的方法。去磷剂的投加量按 40 g/m^3 计算，每天按处理量 400 m^3 计，每日需去磷剂 16 kg（约计 1 袋用 3.2 d）。溶液加入量 2.5% $FeSO_4$ 为 25 L/h（400 L/d），5% $FeSO_4$ 为 13 L/h（208 L/d）。

（2）工艺指标管理及工艺故障排除

该处理站在实际稳定运行过程中，采用的工艺指标管理方法，对系统运行操作的各个环节进行严格的管理。工艺技术管理是操作管理的指导管理，在废水处理设施的运行中，专业技术人员要及时分析工艺运行情况，并指导工艺运行，对工艺操作的改变或改进提出指导意见，可以根据需要及时更换控制指标，分析运行中存在的问题，评价运行状态，及时提出处理意见和方法，使工艺运行始终处在稳定状态，若废水处理出水个别指标突然恶化，要全面分析原因，从技术上找出问题所在点，研究恢复调整方案，尽快将工艺运行调整到正常水平。工艺指标控制明细见表 10-4。

表 10-4　污水处理设施工艺指标控制明细

工艺段名称	指标名称	控制范围	备注
曝气调节池	水量/（m^3/h）	25～41	4 h 检查一次
	DO/（mg/L）	5～8	次/d
斜管沉淀池	排泥		次/8 d
	PAC 加入量 2%/（L/h）	10～50	4 次/班
	出水外观	无明显 SS	4 次/班
曝气生物滤池	水温/℃	10～28	2 次/班
	DO/（mg/L）	2～4	次/d
	反冲洗		1～2 次/d
	浊度	＜30	1～2 次/班
	回流比	200/100	连续
	闷曝		次/周
	pH	6.5～8	2 次/班
二氧化氯消毒	二氧化氯加入量/（g/L）	30	
	余氯/（mg/L）	＞3	次/4 h
清水池	pH	6～9	2 次/班
	COD/（mg/L）	100～150	次/d
	余氯	＞3	2 次/班
	磷酸盐/（mg/L）	＜1	1～2 次/周
	氨氮/（mg/L）	＜25	1～2 次/周
污泥池	排泥		2～4 次/月

该系统投入运行后，出现的主要工艺故障问题是核心处理工艺单元——曝气生物滤池运行状况欠佳，是工艺故障产生的原因，从目前污水处理设施运行状况与处理后水质

指标分析认为，自 2004 年 7～8 月设施进行大修后，再没有大修过，是平时设备维修不及时所致。

从生物监测技术人员监测结果来看，曝气生物滤池中基本没发现微型动物等生物，而造成对废水中有机物起氧化分解作用的生物膜不能良好生长，生物活性降低。具体表现在曝气生物滤池内曝气量极不均匀，只有局部曝气，且曝气量过大，而造成曝气量不均匀的主要原因：一是大部分曝气滤头因长时间运行被污泥堵塞。二是滤板因时间承重出现凹凸变形，致使曝气滤头不在同一水平上，曝气不能均匀分布。三是局部滤料间隙被生物膜堵塞，影响曝气量的均匀性。

而引起滤头及滤料间隙堵塞的因素是多方面的，其一是进水水质较差。原设计中提出过废水进入调节池应做初步预处理，但由于各种条件的限制，这些污水都是直接进入调节池，势必影响进水水质的质量。其二是曝气量不均匀，因依靠附着生长在滤料表面上的生物膜，在曝气量大的地方因冲击力大而脱落流走。在曝气量小的地方，则因滤床松动小，老化的生物膜不能及时脱落更新，引起滤料间隙堵塞。其三是反冲洗强度较低，在进水水质良好的情况下，反冲洗强度可以达到要求，但进水水质发生变化，水质较差时，就会不相适应，不能使滤料上的生物膜强制剥离更新，滤层间隙越堵越严重，影响微生物的生长繁殖，而必然造成处理水质变差。

对上述的工艺故障问题，采取的解决措施就是定期进行维修保养。污水处理设施都是在一个特殊的环境中运行，根据设备的性能特点及多数污水处理设施的运行经验，一般情况下许多设备在经过一年的连续运行后，都会出现不同程度的老化及磨损现象，此时需对设备进行维修保养，才能保证设备稳定运行。尤其是斜管沉淀池、消毒池、清水池、出水三角堰及管道等有较多严重的腐蚀，必须及时维修保养。

该系统稳定运行后的处理效果见表 10-5，实际运行结果表明以曝气生物滤池为主工艺处理医院污水，工艺可靠，出水稳定，但必须按严格的管理程序，即质量监测、操作、设备、工艺技术管理环节，同时设施必须一年进行一次大修，处理后水质稳定达标排放是可行的。

表 10-5　山东大学第二医院污水处理系统净化效果

指标		COD/（mg/L）	BOD_5/（mg/L）	SS/（mg/L）	NH_3-N/（mg/L）	TP/（mg/L）	粪大肠菌群/（个/L）
调节池沉淀池	进水	400	200	200	40	5	2.8×10^5
	出水	＜320	＜180	＜100		4	
	去除率/%	＞20	＞10	＞50		20	
生物滤池	进水	320	180	100	40	4	
	出水	＜50	＜18	＜30	＜14	1	
	去除率/%	＞85	＞90	＞70	＞65	75	
消毒池	进水	＜50	＜18	＜30	＜14		
	出水	＜50	＜18	＜30	＜14		＜500
	去除率/%						＞99.9
总去除率/%		87.58	91	85	65	80	99.90

（三）青岛麦岛污水处理厂扩建工程

1. 工程背景

麦岛污水处理厂位于青岛市前海地区，一期工程于 1999 年建成投产，设计规模为 10 万 m^3/d，工程占地 1.71 hm^2，污水经预处理后通过 DN1000、长 1030 m 的管道深海排放。随着青岛市城市规模和经济的快速发展，前海一线污水排放量大幅度增加，满足不了现有区域环境要求；西部 2 km 是 2008 年奥帆赛及其测试赛的赛场，为了使比赛场地的水质达标，需要对麦岛污水处理厂一期进行扩建。

由于麦岛污水处理厂一期工程位于青岛市经济文化中心市南区和国家级旅游风景区崂山区的交界处，排海口西临 2008 年奥运会帆船比赛场地，寸土寸金，对污水处理厂设计要求十分苛刻。经过可行性研究，选择了 MULTIFLO 沉淀池加 BIOSTYR 曝气生物滤池工艺。

麦岛污水处理厂二期汇水区域东西长约 20 km，南北宽 1～3 km，总面积 35 km^2，沿途污水通过多级泵站提升进入处理厂。扩建工程设计规模为 14 万 m^3/d，总投资 2.44 亿元，本工程造价为 1 742 元/m^3，运行中水处理成本 0.64 元/m^3，其中药剂费 0.45 元/m^3，电费 0.09 元/m^3，人工费 0.1 元/m^3，预期年运转费 3 270 万元。2005 年 7 月 1 日开工建设，2006 年 6 月 30 日通污水调试。

扩建工程规模为 14×10^4 m^3/d。通过对现场水质进行测定，确定了设计进、出水水质（见表 10-6）。出水指标除表 10-6 所列之外，其他均按照《城镇污水处理厂污染物排放标准》（GB 18918—2002）的一级 B 标准执行，海域水质执行二类水质标准。

表 10-6 设计进、出水水质

指标	BOD_5	COD	SS	TP	NH_3-N
进水/（mg/L）	250	400	250	10	42
出水/（mg/L）	＜20	＜60	＜20	＜1	＜15

2. 工艺流程

扩建后的麦岛污水处理厂二期工程其工艺流程为，原污水入厂后首先经预处理后，再由提升泵提升至细格栅，去除杂物后进入除油沉砂池去除油污和无机砂粒。之后污水流入 MUTIFLO 沉淀池，该池集混凝池、絮凝池、沉淀及污泥浓缩池于一体，以 $FeCl_3$ 为混凝剂，PAM 为助凝剂，进行化学混凝、絮凝斜管沉淀，能够去除污水部分悬浮物和有机污染物以及大部分的磷。沉淀池出水自流入 BIOSTYR 曝气生物滤池，填充 BIOSTYRENE 轻质滤料，采用上向流运行，下向流反冲洗，最小水力停留时间为 1.05 h，正常反冲洗周期为 24 h。滤后水排入紫外消毒池，消毒后排海，反冲洗出水排入反冲洗沉淀池进行泥水分离，上清液回流至生物滤池，污泥排入污泥消化池，与初沉池的污泥一起经消化稳定后，送入污泥脱水机及脱水，脱水后的干污泥存于干污泥储池等待外运处置，污泥消化池产生的沼气收集后可用于发电或沼气锅炉。其整体工艺流程如图 10-8 所示。

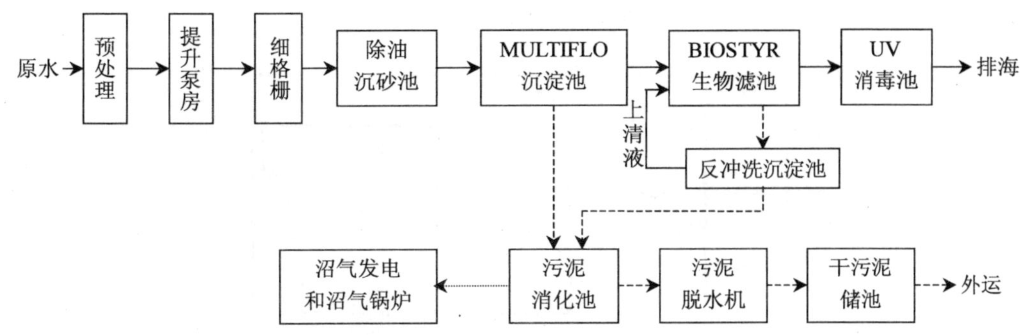

图 10-8　麦岛污水处理厂工艺流程

3. 主要参数

麦岛污水处理厂二期工程主要处理构筑物及设备设计参数如下：

（1）设置事故旁通管道

为了防止施工期间排放污水污染近海环境，在原有的进水井溢流口安装 DN1400 管道与排海泵房相连，污水经粗、细格栅利用重力进入排海泵房，进行深海排放。

（2）新旧设施的连接

麦岛污水处理厂一期工程建有过水能力 14 万 m^3/d 的粗细格栅和提升能力为 10 万 m^3/d 的提升泵房，保留原有的格栅井和泵房，原有的 4 台离心泵更换为 4 台新的离心泵，每台提升流量为 2 900 m^3/h，提升扬程 14 m，2 台变频，2 台软启动。为了增大泵坑的容量，在原有的基础上将泵坑隔墙加高 90 cm，在 4 台泵的中间，增设一堵隔墙，将 4 台泵分成两组，隔墙上设连通孔，有阀门控制两边的连通。当对泵进行检修维修时，通过关闭隔墙的阀门，可以运行 2 台泵，提高了泵的运转率及污水处理量。将粗格栅间和提升泵房之间的连接管道从 DN1000 提高到 DN1400，增大过水能力。

（3）细格栅

为满足 BIOSTYR 曝气生物滤池的要求，选择细格栅间隙为 6 mm，栅宽为 1 500 mm，安装角度为 55°，一套螺旋输送压榨机（D = 280 mm），将栅渣压实后送到储渣斗中。

（4）除油除砂池

设有 2 组矩形曝气除油除砂池，在每个池子的末端设有储砂斗和油脂收集槽。配有 10 台潜水曝气机（Q=30 m^3/h，N=3 kW），2 套除油刮砂机（宽 6 m，有效水深 3.4 m，N=1.8 kW）。4 台排沙泵，2 用 2 备。

（5）MULTIFLO 沉淀池

MUTIFLO 沉淀池结构上分为 3 组（如图 10-9 所示），集混凝池、絮凝池、沉淀及污泥浓缩池于一体，设计参数如下：峰值总流量 7 633 m^3/h，平均总流量 5 883 m^3/h；混凝池有效尺寸 3.4 m×3.05 m×7.45 m = 77.25 m^3，最小 HRT 为 1.82 min，池中配有快速搅拌器（D=1 250 mm，N = 2.2 kW）；絮凝池有效尺寸 12 m×6.5 m×6.42 m = 500.76 m^3，最小 HRT 为 11.8 min，每个絮凝池装有 2 套慢速搅拌器（D = 2 500 mm，N = 1.5 kW），装有导流筒、反旋流挡板和十字导流板。

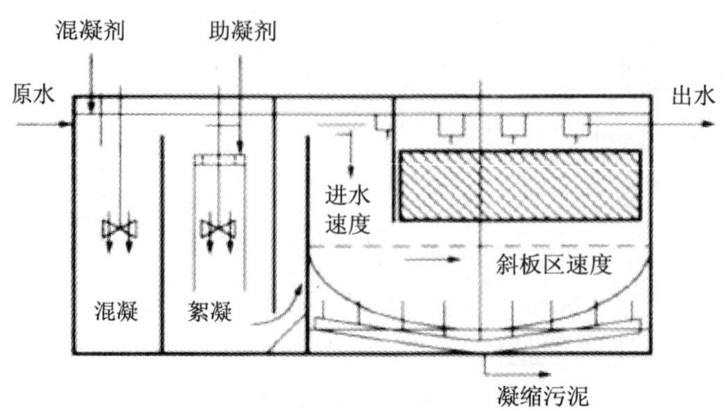

图 10-9 MULTIFLO 沉淀池结构示意

沉淀和污泥浓缩池主要由进水区、加强沉淀区、污泥捕获区和斜管澄清区组成。进水区设有浮渣收集管和 1 台浮渣泵（Q = 5 m³/h，H = 8 m，N = 0.75 kW）用于浮渣的收集和排放。加强沉淀区可使密度较大的 SS 直接在污泥捕获区沉淀，可去除大约 80%的 SS。污泥捕获区为池子的下半部，四角用混凝土填充成 55° 的斜坡，使污泥易流向池底。每池配有 1 中心传动带栅条刮泥机（D = 11.9 m，N=2.2 kW）和 2 台排泥泵（1 用 1 备，Q = 80 m³/h，H =15 m，N=15 kW）。斜管澄清区由 2 套斜管、1 套支撑系统及澄清水收集系统组成，斜管开口尺寸为 80 mm，与水平成 60° 安装，斜管长为 1.5 m。为了适应进水水质、水量的变化，沉淀池底部的部分污泥回流至混凝池，回流比 3%～4%，以形成絮凝层，增加结晶核，减少混凝剂的耗量，提高絮凝体的密度。每组池配置 1 台污泥循环泵（Q=80 m³/h，H=10 m，N=15 kW）。

沉淀池直径 12 m，有效水深 6.32 m，斜管有效面积 92.5 m²，长度 1.5 m，距离 80 mm，倾角 60° ，最小 HRT 为 27 min，在高峰流量时表面负荷（镜向流速）为 28.4 m/h。斜板初沉池有效面积仅为 542 m²，最小 HRT 为 40.62 min。

（6）BIOSTYR 曝气生物滤池

由进水渠道、滤池单元、鼓风机房、出水渠道、出水回流池、反冲洗废水收集池组成。滤池内填充 BIOSTYRENE 轻质滤料，平均粒径 6 mm，相对密度小于 1，曝气生物滤池的有效面积为 1 848 m²，最小停留时间为 1.05 h。初沉池的出水、反冲洗沉淀池及曝气生物滤池的回流水在进水渠道中混合，通过分配井均匀分配到 2 组生物滤池配水渠道中，再通过滤池单元前的闸门控制各个滤池的进水量。

设有 8 座滤池单元，单座有效尺寸 13.81 m×16.7 m×8.12 m，有效面积 231 m²，最大滤速 7.7 m/h，最大进水量 12 483 m³/h（包括初沉池来水 7 633 m³/h，反冲洗沉淀池来水 1 347.5 m³/h，回流污水量 3 502.5 m³/h），回流比 40%，滤料中 COD_{Cr} 负荷为 3.66 kg/（m³ •d），滤料中 BOD_5 负荷为 2 kg/（m³ • d），滤料中 NH_3-N 负荷 1.17 kg/（m³ • d），滤料厚度 3.5 m，滤料体积 7 200 m³。

BIOSTYR 曝气生物滤池是一种上向流的好氧固定床曝气滤池，具有同步硝化反硝化和过滤的功能。过滤方向和曝气方向相同，使用淹没悬浮式颗粒滤料，过滤的方向压紧滤床，提高了滤床对悬浮物的截留能力和出水水质。在滤料表面形成生物膜，表面有硝化作用的自养型细菌，内层有反硝化作用的异养型细菌，当污水通过滤床时，实现同步硝化反硝化，硝化作用所需要的氧气是通过布置在滤池底部的不锈钢曝气系统来提供的，空气与水同向穿过滤床。滤料的阻拦延长气泡与水的接触时间，提高氧传递效率。另外，悬浮物也由于滤池的物理拦截作用去除。过滤后的水自滤床顶部收集排出，并与大气接触，这样避免了在下向流系统中因未处理的污水直接与大气接触而产生的臭味，由于只有二级处理后的出水与大气接触，BIOSTYR 单元没有除臭的必要。但是，为了遮挡过强的紫外线和避免异物飘入，设计中将滤池遮盖起来。

当 BIOSTYR 滤池的悬浮物和氨氮负荷在正常值以下时，每天只需对每个滤池单元进行一次反冲洗；另外，当滤池的堵塞程度达到极限（即滤床的压力差达到设定值）时也需要进行反冲洗。采用气水联合反冲洗方式，约持续 20 min。每次反冲洗水量为 2 021 m^3，最小反冲洗水池容积为 3 108 m^3，水冲强度为 60 m^3/（m^2·h），由于采用了轻质滤料，设计气冲强度为 12 m^3/（m^2·h），实际运行中只需要 5 m^3/（m^2·h）。每次只能反冲洗 1 个滤池单元，反冲洗水回流周期为 90 min。反冲洗水采用过滤出水，水流方向与过滤方向相反。因反冲洗水为重力流，故不需设置反冲洗水泵。反冲洗空气由曝气鼓风机提供。鼓风机房设置 3 台离心鼓风机用于滤池曝气及反冲洗（2 用 1 备，Q = 17 400 m^3/h，H=12 m，N=630 kW）。出水渠道的尺寸及水位要保证满足 2 个滤池反冲洗水量。

反冲洗步骤如下：1）关闭滤池的进水阀门和曝气管阀门。2）气水交替冲洗，并重复几次。水冲洗是指每组滤池的反冲洗水由 2 个安装在管廊中的反冲洗排水气动阀控制，这两个阀门的开启度在污水厂调试时已设定好，出水渠中的滤池出水可以通过 4 个出水孔倒流入滤池。反冲洗出水管连接到出水总渠，反冲洗废水通过安全阀和堰板进入反冲洗集水池。水冲完毕后，反冲洗出水阀门关闭。气冲洗是指打开曝气管阀门，反冲洗空气进入滤池，冲洗完毕后曝气管阀门关闭。3）漂洗。漂洗控制参数与水冲洗类似，但时间较长。4）关闭反冲洗排水阀门，打开滤池进水阀门和曝气管阀门，滤池恢复正常运行。

（7）污泥消化及脱水系统

污泥采用中温厌氧消化处理，2 座消化池每座池体垂直高 25.7 m，直径 29.3 m，单池有效容积为 12 700 m^3，处理来自 MUTIFLO 及反冲洗沉淀池的污泥和来自除油沉砂池的油脂，污泥停留时间为 20 d，脱水后污泥含固率大于 22%。

（8）沼气利用系统

污泥消化产生的沼气首先用于 4 台 500 kW 沼气发电机，发电机发电经变压后与外来供电并网，能满足厂内 70%的用电量，发电过程中产生的热水为消化池及厂房供热。沼气还用于沼气锅炉，补充消化池的热量，剩余的沼气通过火炬燃烧。

（9）除臭系统

为了防止产生的臭味散播到周围的环境中，所有的臭味来源，提升泵房和细格栅及除油沉砂池都建在室内，通过 2 台 75 kW 的离心风机和风管收集。在污水和污泥处理过程中产生的含硫含氮臭气，收集后进入除臭间生物除臭滤池，设计臭气处理量 10 万 m^3/h，除臭滤池分成 3 格（每格有效尺寸 5 m×15.5 m），滤料高度为 1 m，滤速 494 m/h。滤料（BIODAGENE）粒径 3～6 mm，臭气通过滤料时由附着在滤床上的硫细菌和硝化细菌降解。为了维持生物滤料的生物活性，喷洒 3‰的 KOH 溶液作为营养液和反应物，营养液量为 Q=270 L/h。处理后气体中 H_2S 质量浓度＜0.1 mg/m^3，总硫质量浓度＜0.07 mg/m^3，NH_3 质量浓度＜1 mg/m^3，有机氮质量浓度＜0.1 mg/m^3，达到 GB 18918—2002 的二类标准。

4. 处理效果

该厂于 2007 年 4 月开始全面调试并开始试运行，至 6 月份系统已稳定运行，平均处理水量为 12.7×10^4 m³/d。5 月份的运行数据表明（见表 10-7），出水 COD、BOD_5、SS、NH_3-N、TP 平均质量浓度分别为 58.1 mg/L、13.52 mg/L、15 mg/L、14.14 mg/L 和 0.62 mg/L，达到 GB 18918—2002 的一级 B 标准。

表 10-7 2007 年 5 月污水处理厂运行结果

指标	BOD_5	COD	SS	TP	NH_3-N
进水/（mg/L）	232.95	524.64	248.66	44.59	5.49
出水/（mg/L）	13.52	58.1	15	14.14	0.62
去除率/%	94.2	88.16	94	67.26	88.71

青岛麦岛污水处理厂扩建改造工程采用 MULTIFLO+BIOSTYR 工艺，具有以下特点：

（1）占地面积小

该厂为半地下式污水处理厂，BIOSTYR 生物滤池、鼓风机房、10 kV 变电室、中央控制室等作为污水处理单元分四层叠加在一起，BIOSTYR 喷嘴板以下部分埋于地下，最大埋深为地下 10 m。MULTIFLO 沉淀池和 BIOSTYR 生物滤池总的最小停留时间只有 101.1 min，小于常规生化处理工艺。工程处理规模 14 万 m^3/d，使用土地 4.54 hm^2，占地面积 0.324 m^2/m^3 污水，相对同等规模的污水处理厂节约土地效益显著。

（2）沼气资源化充分

该工程污泥消化平均沼气产量 18 095 m^3/d，用于 4 台沼气发电机或 2 台锅炉，其资源化设计参数如下：沼气热值 23 075 kJ/m^3。加热锅炉总供热能力 1 716 kW，锅炉效率 90%，沼气需求量 170 m^3/h。每台沼气发电机需求的沼气热量 1 214 kW，每台产热量（效率 38.5%）467 kW，每台发电量（效率 35%）425 kW，沼气消耗量 754 m^3/h。

（3）除臭系统完善

采用生物过滤除臭工艺，对全厂臭气进行处理，处理总风量 90 600 m^3/h，设计臭气处理量 10 万 m^3/h，臭味去除率（去除 H_2S）大于 95.5%，总硫、NH_3、有机氮去除率均大于 70%。

（4）降噪效果好

采用全封闭的设计和专门的降噪措施，建成后达到《工业企业厂界噪声标准》（GB 12348—90）标准中的一类标准，昼间≤55 dB，夜间≤45 dB。

（5）化学除磷效果好

由于采用了化学除磷，在进水总磷高达 10 mg/L 时，通过调节 $FeCl_3$ 的投加量，初沉池出水总磷可稳定在 2 mg/L 左右，再通过生物滤池的处理和反冲洗沉淀池投加的 $FeCl_3$，出水总磷可以控制在 0.5 mg/L 左右。

MULTIFLO+BIOSTYR 工艺具有占地省、出水水质好，全面除臭等优点，能够充分利用沼气，既解决了沼气产生的二次污染，又降低了污水处理厂对外界能源电力的需求；

全系统的除臭既提高了污水处理厂内的运行环境，又不对周边空气环境产生危害。在城市土地资源紧缺、环境要求高的现实情况下，该工艺是城市中心区域污水处理厂建设首选的处理工艺。

（四）乌鲁木齐雅玛里克山污水厂

1. 工程背景

雅山污水处理厂位于乌鲁木齐市沙依巴克区雅玛里克山，工程于 2003 年建成，采用曝气生物滤池（BAF）工艺，设计处理量 5×10^4 m^3/d，现处理污水量为 1×10^4 m^3/d。工程还是为乌鲁木齐市沙依巴克区国家级生态示范区建设（即雅玛里克山绿化及开发利用）提供稳定的灌溉水源的重要设施。

雅山污水厂的处理原水为市政用水和工业废水的混合污水，处理后污水主要用于雅玛里克山上的树木灌溉，年运行时间为 180 d。污水厂处理后的水需达到《农灌水质标准》。表 10-8 为雅山污水厂设计进、出水水质情况。

表 10-8　雅山污水厂设计进、出水水质

项目	BOD_5	COD	SS
进水/（mg/L）	200	400	220
出水/（mg/L）	≤80	≤150	≤100

2. 工艺流程

雅山污水厂污水来自乌鲁木齐市西虹路与河滩路交汇处的城市污水排水管网。由四级提升泵和管径 800 mm 的 4 km 管线将污水送至厂区处理。每个提升泵有 3 台潜水泵。污水进入 1 号泵站，根据水量有 3 台闸板控制进入设有鼓式格栅机的 3 个过水廊道，经格栅过滤后的污水流入蓄水池，再由潜污泵输送到 2 号泵站，污水再经 3 号泵站、4 号泵站提升到厂区处理。进入厂区的污水先经过齿耙式格栅机，过滤的污水由重力作用流进曝气沉砂池，再进入配水井，通过调整启闭机向 A、B 两个初沉池配水，经过初沉处理的污水进入曝气生物滤池的进水浑水廊道，由设于廊道的闸板控制使待处理污水进入 3 个平行的曝气生物滤池，通过调节曝气量、污水停留时间使水质达标，经曝气生物滤池处理后的污水通过管线流入涡凹气浮池，通过加混凝剂、助凝剂、气浮机气浮、链条刮渣机刮渣，将水中的悬浮有机物除去。最后流入接触消毒池在消毒池加入氯气杀死水中的细菌、病毒。再由 5 号泵站将处理的污水泵到 6 号泵站 5 000 m^3 的蓄水池，一部分用于绿化，另一部分由 6 号泵站送至高位水池进行高程地区的绿化。其整体工艺流程见图 10-10。

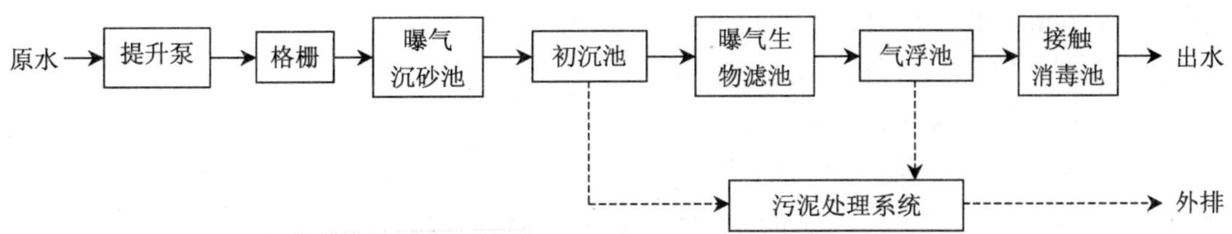

图 10-10　雅山污水处理厂工艺流程

该工程的曝气生物滤池采用新型 SNP 生物填料，为一种由特制树脂制成的球状填料，有网格外壳，纤维丝球体和通心多孔柱体组成，SNP 填料具有以下特点：①由特制的树脂制成，亲水性强，固膜效果好，提高污泥浓度。②其独特的立体结构使得单元填料中同时具有好氧、缺氧和厌氧 3 种微生物环境，既可以进行有机物的好氧分解，氮化物的硝化，磷的吸收，又可以进行厌氧分解、酸化、反硝化以及磷的释放等一系列过程。③处理效率高，产泥量少。填料内部厌氧，缺氧区的形成，使得部分有机物可通过兼氧和厌氧去除，因而系统需氧量减少。此外，剩余污泥产量降低，也减少了污泥自身氧化所需的氧量。④填料在反应池呈不断运动状态，填料表面更新快从而增加了微生物与营养物的接触机会，并可将微生物的代谢产物尽快地输走，为微生物的生存提供了极佳的条件。⑤填料在水中不断地运动，对气泡有明显的重复切割作用，从而使水中溶解氧的浓度增加，氧转移速率增大，填料不断地运动和气泡冲击使填料得到连续不断地冲洗，从而防止了填料的堵塞，并保持了细菌的高度活性。

3. 主要参数

雅山污水处理厂主要构筑物设计运行参数如下：

（1）格栅室

安装 2 台机械格栅，采用循环式齿耙清污机，栅条间隙 10 mm，格栅宽 1 000 mm，单台设计流量 0.29 m^3/s。污水由 2 条格栅渠进入格栅室，格栅渠宽 1.0 m，渠深 2.0 m，水深 1.5 m。格栅所拦截的污物填埋处理。

（2）曝气沉砂池

曝气沉砂池设 1 组，池宽 3.0 m、长 9.0 m、有效水深 2.0 m、设计流量 2 083.3 m^3/h、有效停留时间 1.5 h、水平流速 0.1 m/s，曝气沉砂池上设有 1 套桥式移动式吸砂机，吸砂机将砂粒提升后送往设在砂水分离室内的螺旋分离器进行脱水后，通过螺旋输送器运走，滤液通过排水管进入初沉池，曝气沉砂池采用空气管曝气，孔径 0.6 mm，总需气量 7.0 m^3/min，采用罗茨鼓风机。

（3）初沉池

初沉池采用中心进水，周边出水的辐流式沉淀池，共设 2 座。单座设计处理能力为 1 041.6 m^3/h，每座直径 30 m、表面负荷 1.5 $m^3/(m^2 \cdot h)$、沉淀时间 2.3 h、有效水深 3.5 m。每座沉淀池设有 1 套周边传动刮泥机，刮泥机将沉淀在池底表面的沉淀物刮至泥斗后，在重力作用下排至污泥泵区。沉淀池表面的浮渣，由刮泥机的浮渣刮板刮入浮渣槽。

（4）曝气生物滤池

共 3 座，单座设计流量 694.4 m^3/h、BOD_5 污泥负荷 0.3 kg/（kg • d）、水力停留时间 1.1 h、污泥浓度 10 g/L、气水比 6∶1。每座滤池分为 3 格，每格池深 8.7 m、宽 6 m、平均有效水深 6 m。采用廊道布水，每座进水处设有闸板，可以适应于不同水量负荷。滤料采用 SNP-3 型生物填料，滤料投加比为填充层的 70%，共计 990 m^3。

（5）涡凹气浮系统（CAF）

涡凹气浮系统用独特的曝气机将水面上的空气通过管道把空气转移到水中，并由曝气机散气叶轮的高速旋转而产生的 3 股剪切作用把空气粉碎成微气泡，每台曝气机溶气能力可达 28.32 L/s；同时，由于底部叶轮高速旋转的抽真空作用，气浮池底部独特的回流管能实现 30%～50%废水的自动回流，故涡凹气浮又称空穴气浮。具有投资省、效率高、占地小、操作简单、运行费用低、安装方便、无噪声、应用范围广等优点。

（6）加氯间

由于污水处理厂运行期在春夏季 6 个月，是流行病易爆发的季节。为了避免残留病源菌对人体带来的危害，同时兼顾处理厂出水用于荒山绿化，增长植被的目的，设计最大投氯量 5 mg/L，最大投加量 250 kg/d。采用自动加氯机和水射器自动投加。

4. 处理效果

雅山污水处理厂采用的 BAF 法具有工艺流程简单、节省空间和占地面积等特点。但由于该厂处于山地，基建投资大、各级泵站的动力耗能多、运行费用高。该厂处理的污水既满足了荒山绿化的要求又缓解了乌鲁木齐水资源紧张的状况。根据新疆维吾尔族自治区有关部门 2004 年 8 月 10 日对该厂进行监测的数据表明，原水经 BAF 工艺处理后，pH、色度、悬浮物、COD、BOD_5 这 5 项污染物质量浓度均达到了《农田灌溉水质标准》（GB 5084—92）的要求。监测结果见表 10-9。

表 10-9　2007 年 5 月污水处理厂运行结果

指标	pH	色度	SS/（mg/L）	COD/（mg/L）	BOD_5/（mg/L）
进水	7.43	25.0	322	597.0	188.0
出水	7.67	10.0	53	79.5	16.0
去除率/%		60.0	83.5	86.7	91.5
进水	7.47	25.0	304	502.0	129.0
出水	7.77	10.0	32	64.4	13.5
去除率/%		60.0	89.5	87.2	89.5
进水	7.41	25.0	203	389.0	83.0
出水	7.78	10.0	24	38.4	13.0
去除率/%		60.0	88.2	90.1	84.3

对雅山污水引灌区土壤和非灌区土壤中重金属含量监测结果见表 10-10，从中可看出，雅山污水处理厂引灌区土壤中重金属浓度与非灌区土壤相比，均略有增高，但低于《土壤环境质量标准》（GB 15618—1995）中二级标准。表明经过污水处理厂处理过的污水进行灌溉没有对引灌区土壤造成明显影响。

表 10-10　雅山污水处理厂引灌区土壤的监测　　单位：mg/kg

项目	非灌区土壤	引灌区土壤
总铅	35.3	37.0
总铬	10.6	16.5
总镉	0.461	0.465
总汞	0.901	0.907
总砷	18.9	21.4

第十一章　一体化地埋式污水处理装置

一、技术原理

一体化小型生活污水处理设备一般是指处理规模较小，集污水处理工艺各部分功能，包括预处理、生物处理、沉淀、消毒等于一体的生活污水处理装置。这种污水处理技术是通过对构筑物合理的一体化设计，利用最合理的时空安排，克服传统污水处理工艺流程复杂的弊端，完成池体连续稳定工作的一体化装置。它的主题设计理念有两种，一种是把曝气和沉淀等操作过程按时间或空间顺序进行调配控制，另一种是把曝气、沉淀单元或不同工艺的构筑物进行合建。两种理念目的都是为了使不同的处理工艺过程组合到一套设备内，从而能够尽量减少占地面积、降低造价和运行费用。这种装置主要用于污水量小，分散广，市政管网收集难度高的生活污水和水质类似的有机工业废水，具有经济、实用、占地小、操作管理方便等特点，是城市污水处理系统的有益补充。

二、工艺类型

国内外学者对污水处理一体化装置已经进行了广泛的研究工作，其中挪威和日本开展得较早，并已经有了广泛的应用实例。我国于 20 世纪 80 年代末，开始出现这种一体化的污水处理设施，目前主要是结合一些传统的污水处理工艺，如 A/O、A^2/O、生物接触氧化法、MBR 和 SBR 等，设计制造各种一体化装置。这种一体化小型污水处理系统，十分适合于分散型的污水处理要求，对解决我国小城镇污水处理问题有极大的推广意义。而在这些技术中，地埋式一体化处理技术，因其占地面积小，投资省，噪声低，对周边环影响小，具更良好的推广应用前景。

三、处理效果

一体化小型生活污水处理设备是采用合理的一体化设计，将传统的污水处理工艺组合到一套设备内，其内部处理工艺方式原理与原处理工艺相同。一般情况下，只要涉及运行得当，可以获得城市污水处理厂相同的处理效果。选择合理工艺，可以满足绝大多数地区对于污水处理的要求。目前，很多投入使用的一体化处理设备出水可以达到《城镇污水处理厂污染物排放标准》（GB 18918—2002）的一级 B 标准。此外，一些采用了深度处理工艺的一体化设备，还可使出水水质达到回用标准，作为中水用于绿化、清洗等。

但同时也要注意，一体化小型生活污水处理系统与大型市政污水处理工程相比，其抗冲击符合能力降低，容易受水质、水量波动的影响，污泥不能随时自动排除，需要定期人工抽泥，维护管理人员数量少，且运行管理经验一般不足。所以，不能简单地把一体化小型污水处理系统看成是传统工艺的缩小，不能照搬城市污水处理厂的工艺和运行方式。

四、适用范围

一体化地埋式小型污水处理技术，具有占地面积小、投资省、处理效率高、噪声低、环境友好性强等优点，适合于中小水量，水质波动小，分散的生活污水处理，是解决小型分散污染源生活污水处理的一条有效途径。尤其是在以下几方面，拥有极高应用前景。

（1）城市开发区和新建小区生活污水的处理

新建的开发区和居民小区大多远离城市或位于市政排水管网未能覆盖的地区，加之市政排水管网和处理系统的扩展、建设往往又滞后于城市本身的发展，造成了大量污水直接排放，污染环境。而应用小型地埋式一体化污水处理装置，可有效地处理这些地区的生活污水，并达标排放，减轻城区水体污染程度，且处理系统成本少又不会对小区环境产生不良影响。一体化污水处理装置可作为小区的独立处理系统，也可作为某些开发地区的阶段性治理措施，避免先发展后治理的问题。

（2）医院污水的单独处理

医院污水的排放是受到严格控制的，未经处理达标的医院污水是不能直接排入市政管网和水体的，所以医疗机构必须设有专门的污水处理系统。而小型一体化污水处理装置，可根据不同污水水质和排放标准，灵活选择处理方法和程度，集处理和消毒等过程于一体，使分适合医院污水的单独处理。

（3）分散的环境敏感点的污水处理

一些旅游风景点、郊区饭店、度假村、疗养院、别墅区、机场和沿海经济较发达的小康村等，远离城市，而其本身对环境有要求，需要对其产生的污水进行处理。这些地方连接排水管网，建造集中式的污水处理厂，经济上是不够现实的，而小型一体污水处理装置，则能以工期短、投资少、占地省、见效快的特点满足这些地方的要求。

五、工程实例

（一）日本净化槽小型一体化污水处理装置

1. 工程背景

日本是一个十分重视水资源保护的国家，其作为一个太平洋岛国，地域狭小，国土面积只有 38 万 km^2，且其中 4/5 是山地，国土四面临海，境内河流短小湍急，淡水资源十分宝贵，而随着 20 世纪 60 年代日本经济的崛起，至 70 年代开始水污染事故频发，特别是在海湾、内海、水库、湖泊及城市河流，水质每况愈下，污染日趋严重。为此，日本政府采取多种措施控制水污染，包括实施严格的环境质量标准，控制工农业污染、内湖净化及生活污水处理等，使水环境质量有了逐步的改善恢复。日本政府为解决封闭性水域的富营养化问题，控制占其水域污染负荷总量 60%的生活污水的污染，采取了特定区域的总量控制、改善排水系统、提高政府环境职责和公民环境意识等措施，并投入大量资金建设生活污水处理设施。目前，日本生活污水的处理有公共污水处理厂和净化槽两套系统，前者利用管网将污水输入污水处理厂进行集中处理，而后者不需管网而在现场进行污水处理，这尤其适合于分散污染源，如别墅、景点和无下水管道的地域。

目前在日本，法律规定凡是使用了水冲式厕所而没有下水道系统的地区，均要求安装净化槽，用于处理人粪尿并使之得到净化，然后才能排入河流水体。在日本，该处理装置的定义是一种应用物理和生物过程对家庭生活污水进行净化处理的设备。净化槽是一种高效的污水处理设施，按照住户人数可设计为既适合于独家独户污水处理也适合于大型住宅区如社区的污水集中处理，这种设计的灵活性使得净化槽优于其他的污水处理系统，具有广阔的实用性。

净化槽在日本被分为三种类型：第一种是仅处理人粪尿污水的单独处理净化槽，也称为“人粪尿污水处理净化槽”；第二种是处理人粪尿污水与厨房、洗浴污水的混合污水（即我们所说的生活污水）的合并处理净化槽见图（彩）11-1，称为“家庭污水处理净化槽”；第三种是不仅能有效削减 BOD，还能除磷脱氮的高度处理净化槽。其技术原理是物理处理和生化处理相结合，例如通过微生物分解、物理沉淀和化学絮凝反应来削减污水中污染物的量。

2. 工艺流程

净化槽在日本被广泛应用于分散型生活污水的处理，根据服务人员数量的不同，净化槽小到 5 人型的家庭处理槽，大到 2 000 人型的集中处理槽，形式和规格多种多样。净化槽是一类一体化设备，其各步工艺集中于同一槽内完成，槽体可按实际需要埋于地下，也可放于地面上。

根据其处理原理及工程流程，净化槽的构造一般由五部分构成：1）固形物的沉淀去除，采用工艺方式包括沉淀分离槽、厌氧过滤槽等；2）污染物分离去除，工艺方式包括曝气槽、接触曝气槽、回转板接触槽等；3）去除处理水中的悬浮物，一般采用沉淀槽等；4）去除病原体，一般采用消毒槽等；5）最终处理物（剩余污泥等）的减量化，采用工艺方式包括污泥浓缩槽、脱水机、干燥机、焚烧炉等，减量化后的最终处理物一般运至填埋厂处置。其流程见图 11-2。

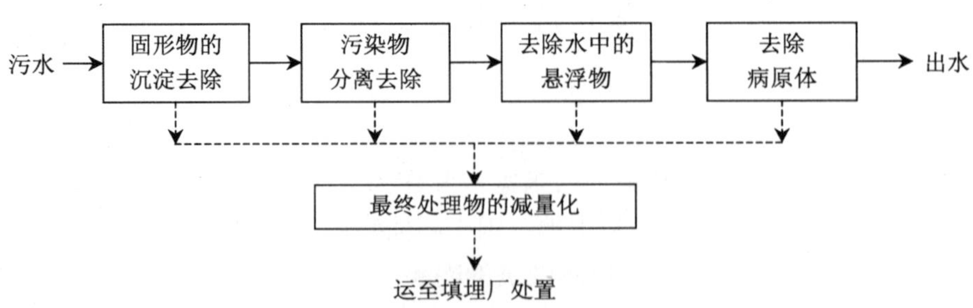

图 11-2 净化槽处理一般工艺流程

下面以一种 5 人型的家庭用合并处理净化槽为例具体介绍合并净化槽工艺特点。该净化槽处理能力为 1 t/d，设计服务对象为一个五口家庭，该装置由沉淀分离槽、预过滤槽（厌氧滤床）、接触氧化曝气槽、沉淀槽和消毒槽等几部分组成，各槽体间的连接采用折流式，不存在设备间管路堵塞问题，结构紧凑并有一定的水量调节能力，其处理流程和装置规格如图 11-3 和表 11-1 所示。

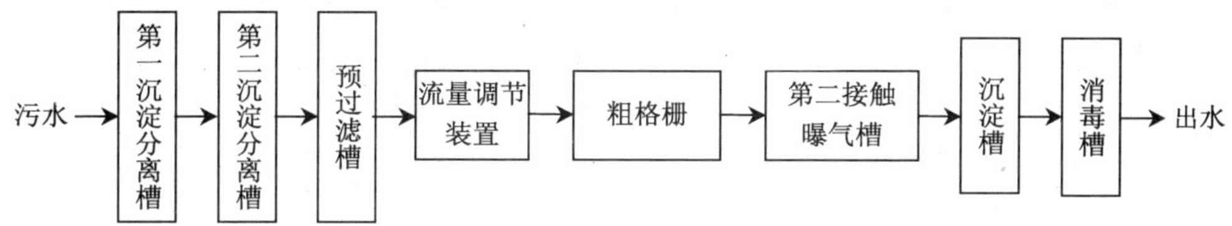

图 11-3　合并处理净化槽处理流程

表 11-1　合并处理净化槽装置规格

名称	规格	名称	规格
第一沉淀分离槽	1.72 m^3	第二沉淀分离槽	1.05 m^3
预过滤槽	0.42 m^3	第一接触曝气槽	0.77 m^3
第二接触曝气槽	0.77 m^3	沉淀槽	0.34 m^3
消毒槽	0.25 m^3	合计容积	5.31 m^3
曝气机功率	120 W	曝气机风量	100 L/min
净化槽外形尺寸（长×宽×高）		2.3 m×1.4 m×2.2 m	

该合并净化槽的主要工艺是水解和接触氧化，并可以配合投加有效微生物（EM）菌液。沉淀分离槽对污水起预处理作用，主要沉淀无机固体物、寄生虫卵及去除污水中一些比重较大的颗粒状无机物和相当部分悬浮有机物，以减轻后继生物处理工艺的负荷；此外还有水解和酸化的功能，复杂的大分子有机物被细菌胞外水解酶水解成小分子溶解性有机物，大大提高了污水的可生化性。预过滤槽内安装有塑料填料，填料上长有厌氧生物膜，其作用是去除可溶性有机物，该槽也是沼气的主要产生区。接触曝气槽采用接触氧化工艺，集曝气、高滤速、截留悬浮物和定期反冲洗等特点于一体，其处理污水的原理是反应器填料上所附着生物膜中微生物的氧化分解作用、填料及生物膜的吸附阻留作用和沿水流方向形成的食物链分级捕食作用，以及生物膜内部微环境和厌氧段的硝化作用。在沉淀槽溢水堰末端设置了消毒盒，内部填装有固体氯料，出水流经消毒盒与固体氯料接触以完成对污水的消毒作用。

预过滤槽和 2 个曝气槽中使用的填料均为两端开口的废弃塑料酸奶瓶，填料被隔板固定在槽中，接触曝气槽采用鼓风机曝气，曝气量由槽中阀门的开启度来控制。化粪池正常运行 1 周左右便可自行挂膜，并可以完成污水、污泥的同步处理，无剩余污泥产生，不需定期清掏，3 个月保养 1 次，1 年清洗 1 次即可。此外，进水流量、EM 菌液的投加量和曝气量可全部由电气装置实行定时自动控制，日常维护管理非常简单。该装置初步运行结果表明，污水流经预过滤槽后，由于厌氧槽的水解作用，NH_3-N 浓度会有所升高，出水 $BOD_5 \leqslant 10$ mg/L，COD 去除率在 90%以上；净化槽具有较强的抗冲击负荷能力，在水力负荷一定时，有机物容积负荷越高，出水有机物浓度也越高；处理后的出水在色度、嗅觉上有很大的改善。

该小型合并处理净化槽的特点是：1）槽体为玻璃钢材质，类似于半永久性建筑物，坚固耐用，可长年使用；2）设有流量调节装置，进水 BOD 波动较小；3）沉淀分离槽后设预过滤槽（厌氧滤床）；4）水泵内置于槽体，设有 3 次处理装置；5）处理后水的浊度在 2～3 NTU，色度和臭味大大减轻，出水可循环利用于冲便器、户外清扫和浇花等；6）曝气系统设有减噪装置，对用户影响较小；7）合并处理净化槽造价低，便于维护，安装不受地形影响，且工程期短，处理效果显著，非常适合农村和人口分散地区生活污水的处理。

3. 主要参数

为了使净化槽的制造标准化，日本政府出台了一系列有关的法律法规，如《净化槽法》《下水道法》《建筑基准法》等，对净化槽的设置、构造、计算、维护管理等从法律角度作了非常细致的规定。净化槽构造基准分别在 1970 年、1980 年、1988 年、1991 年、1995 年和 2000 年作了六次修订，对各种材质、规模、处理工艺的净化槽都明确了构造基准。净化槽水量的基本计算依据是根据家庭中生活污水的污染负荷确定。日本以典型的家庭生活污水污染负荷数值为基础（参见表 11-2），分别制订公寓、学校、医院、宾馆、饭店、超市、体育馆等的生活污水污染负荷的推算公式，计算人槽比。

表 11-2 家庭生活污水污染负荷

来源	人均水量/（L/d）	BOD_5	
		人均负荷量/（g/d）	浓度/（mg/L）
厕所	50	13	260
厨房	30	18	600
清洗	40	9	75
淋浴	50	9	75
洗脸	20	9	75
其他	10	9	75
合计	200	40	200

净化槽以其安装方便、操作简单，有利于保持设置地的水质水量，而在日本得到普遍推广。日本的净化槽从业人员必须通过国家资格考试，因而分设了净化槽设备士和管理士。设备士负责净化槽的安装设置，管理士负责安装后的维护管理。根据日本建筑标准 3302 要求，对合并处理净化槽的点检和维护频率见表 11-3。

表 11-3 合并处理净化槽的点检和维护频率

<table>
<tr><th>工艺方式</th><th>净化槽类型</th><th>点检期间/d</th></tr>
<tr><td rowspan="2">分离接触曝气，厌氧滤床接触曝气，脱氮滤床接触曝气</td><td>处理对象少于 20 人槽</td><td>120</td></tr>
<tr><td>处理对象在 21～50 人槽</td><td>90</td></tr>
<tr><td>活性污泥</td><td></td><td>7</td></tr>
<tr><td rowspan="3">回转板接触，接触曝气，散水滤床</td><td>砂滤装置，活性炭吸收装置，絮凝槽</td><td>7</td></tr>
<tr><td>格栅和流量调节槽</td><td>14</td></tr>
<tr><td>其他</td><td>90</td></tr>
</table>

4. 处理效果

在日本政府的推广下，净化槽处理装置在日本得到了广泛的应用。由于单独处理净化只用于处理粪便污水，2001 年 4 月起，已被日本政府明令禁止安装；合并处理净化槽对粪便污水、厨房和浴室污水都可进行处理；高度处理净化槽不仅能有效削减 BOD，还能除磷脱氮，因而从中央到地方政府都为安装者提供财政补贴支持。

到 1995 年 3 月末，日本合并处理净化槽的设置数量是 47 万座，包含人口约 626 万人，占全国人口的 5%左右，其中又以小规模的处理能力在 50 人以下的净化槽为多，占净化槽总数的 66%。1995 年，厚生省采取国库补助制度对合并处理净化槽进行了整备，此次整备进一步加快了净化槽的发展，近年来净化槽的安装每年以 20 万～30 万台套的数量增加。

此外，目前高度处理净化槽在日本使用率呈逐年上升趋势。其原因一是政府对高度处理净化槽安装者分别给予中央和地方财政补贴；二是高度处理净化槽具有去除有机物、营养盐的能力，有利于处理水在当地的再利用。其基本性能达到国家规定标准：BOD_5 在 10 mg/L 以下，COD 在 15 mg/L 以下，TN 在 10 mg/L 以下（因处理工艺而定），TP 在 1 mg/L 以下。

日本诸多机构都对净化槽的使用情况进行了调查。神奈川县小规模净化槽非常普及，为考察其对生活污水的处理效果，在县内设置了包含人员为 5～8 人的合并处理净化槽 12 座，检测结果表明，在被调查的全部净化槽中，50%净化槽的出水 BOD_5 低于 11 mg/L，75%出水 BOD_5 低于 19 mg/L，84%出水低于 25 mg/L。此调查结果与其他机构对净化槽的调查结果大致相同，在通常的使用状态下，小规模净化槽出水 BOD_5 值在上述 11～25 mg/L 范围内符合正态分布，BOD_5 以外的出水水质项目的去除率如表 11-4 所示。

表 11-4 净化槽出水水质情况

项目	不超标净化槽百分数/%		
	50	75	84
BOD_5/（mg/L）	11	19	25
COD/（mg/L）	11	17	21
SS/（mg/L）	9	17	23
TN/（mg/L）	28	37	41
TP/（mg/L）	3	4	5

日本全净协对 734 座小型净化槽进行了登记，由财团支持的日本环境整备教育中心对这些净化槽在使用后的第 8～10 个月进行了性能检测：进水 BOD_5 在 300 mg/L 左右，734 座净化槽出水 BOD_5 的平均值为 15 mg/L，标准偏差为 17 mg/L，满足这一性能标准的净化槽占全部净化槽的 78.2%，大约有 50%的净化槽出水 BOD_5 值在 10 mg/L 以下，BOD 去除率平均达 90%以上，从而取得了良好的水处理效果，调查结果如表 11-5 所示。

以上调查结果可以充分肯定净化槽的处理能力。进一步增强净化槽的处理效果可对净化槽进行一定的改造，比如在单位装置后追加砂滤装置、活性炭吸附装置和膜分离装置 3 级处理装置或采用投加铁盐和铝盐的强化除磷工艺等。

表 11-5　734 座净化槽出水 BOD_5 调查结果

出水 BOD_5（mg/L）	调查数目/座	占总调查数目百分比/%
6 以下	185	25.2
6～10	189	25.7
10～20	200	27.2
20～30	75	10.2
30～40	42	5.7
40～60	19	2.6
60 以上	24	3.3
合计	734	100
BOD_5 平均值 15 mg/L		

（二）ZW 一体化地埋式污水处理装置

1. 工程背景

ZW 一体化地埋式污水处理装置是由北京中联动力技术有限责任公司研制的一种小型一体化污水生物处理系统。装置由玻璃钢外壳和内胆组成中心曝气区和四周污泥沉淀消化区，再配以叶曝和电控柜组成一套完整的污水处理系统。整个装置集污水的预处理、生物处理、沉淀、污泥消化于一体，能同时达到去除有机物、氨氮及脱磷的要求，且装置可全自动化运行，管理运行简便，见图 11-4。

图 11-4　ZW 一体化地埋式污水处理装置

该装置适用于受资金限制不宜建污水厂的中小城镇，以及建筑小区、学校、宾馆、饭店、旅游景点、公路/铁路服务区、营房、基地、海岛等。目前已经在山东青岛、山东安丘、新疆乌鲁木齐、三峡移民新村、杭州某小区、黑龙江大庆、阿联酋等国家和地区成功应用。

2000 年，新疆乌鲁木齐市头屯河区火车西站附近，安装 20 套 ZW-52 处理城市生活污水，处理能力为 2 000 m^3/d，目前已无故障运行了 7 年。

2003 年，山东安丘安装 10 套 ZW–52 处理城市生活污水，处理能力为 1 000 m^3/d。由于城市规划另建集中式污水处理厂，该装置已停运。

2003 年，浙江省杭州市某小区安装 1 套 ZW–52，目前已成功运行了 3 年多。

2. 工艺流程

ZW 一体化地埋式污水处理装置采用国际先进的生化联合处理工艺，并将好氧、厌氧、生物絮凝与化学絮凝有机集成在一套设备内，从而达到同时去除有机物、氨氮及脱磷的目的。

装置是自动化程度很高的一体化设备，但需要配以格栅和调节池进行预处理，污水经过预处理后，进入 ZW 一体化设备。污水从上边进水管进入曝气区，通过表面曝气叶轮水的水平旋转，产生从四周向中心并上下流动的水力循环搅拌，使污水很快同原有的混合液混合，池内污水处于完全混合状态，其中有机物被微生物高效降解。处理后的污水通过下部导流缝进入沉淀区，沉淀区呈双锥形截面，越往上流速越慢，接近液面处为 0.1 mm/s，利于污泥沉淀，固液分离效果好。澄清的处理水从上边的出水管排出，无需另设二沉池。整个装置污水处理的流程见图 11-5。

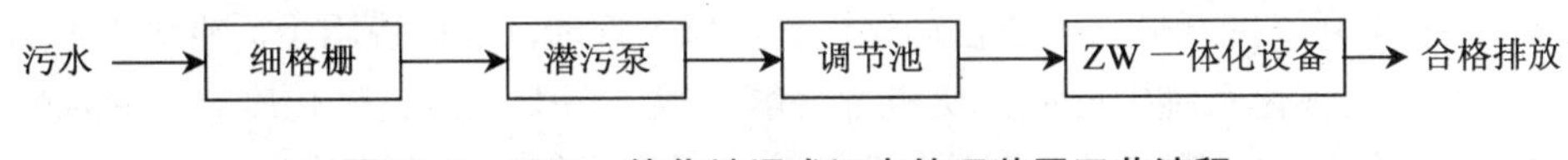

图 11-5　ZW 一体化地埋式污水处理装置工艺流程

ZW 设备工艺有两个特点：一是水力停留时间长，一般在 20 h 以上；二是间歇曝气，尽管水力停留时间长，但并非连续曝气，一般曝气 7 min，停曝 14 min（或 10 min 或 20 min 或其他），可以根据水质、处理要求、当地气候和周围环境等，通过控制系统来调节。由于水力停留时间长，有机物浓度低，微生物进入内源呼吸阶段，原生质被降解，污泥量少。曝气区处理的污水带有少量污泥进入沉淀区澄清，污泥在沉淀区停留 6～8 个月，不断消化降解减量，外排的污泥量仅相当于常规活性污泥法的 15%～25%，只需半年左右从沉淀区抽出一部分污泥，即可保证正常运行。

3. 主要参数

ZW 一体化地埋式污水处理装置为系列产品，各产品主要设计参数如表 11-6 所示。

表 11-6 ZW 一体化地埋式污水处理装置主要设计参数

型号	处理能力/（m^3/d）	外径/m	总高/m	曝气动力消耗/[（kW·h）/d]
ZW-10	2～3	1.85	1.75	2.84
ZW-20	5～8	2.40	2.35	4.60
ZW-30	11～17	3.10	3.10	6.15
ZW-40	20～28	4.20	3.00	11.55
ZW-45	28～43	4.20	3.60	12.00
ZW-50	43～72	5.20	4.10	12.00
ZW-51	58～86	5.20	4.60	17.60
ZW-52	72～115	5.20	5.10	17.60
ZW-53	86～145	5.70	6.00	24.00

注：根据用户要求，可设计、生产其他规格和处理能力的产品。

ZW 一体化地埋式污水处理装置动力消耗低，仅以 ZW-52 为例进行说明，其动力消耗情况如表 11-7 所示。

表 11-7 ZW 一体化地埋式污水处理装置动力参数

ZW-52	单台额定功率/kW	数量	运行时间/h	动力消耗/（kW·h/d）
曝气机	3	2	8	24
提升泵	3	2	8	24

4. 处理效果

ZW 一体化设备结构紧凑，可安装在地下，相对传统处理设施可大幅度节省占地和征地投入。设备结构简单、能耗低，可全自动化运行，易于管理，维护费用少，吨水成本约为 0.30 元。同时，ZW 一体化系统中好氧、厌氧都降解污泥，污泥稳定、矿化度高、脱水性好、臭味小，可不用消化处理，简化了污泥的处理工序，只需半年左右人工排泥一到二次。

ZW 一体化设备采用连续进水、间歇曝气的工艺，水力停留时间长达 20 h，设备满负荷运转，处理效果稳定，出水水质能够达到国家城市污水处理厂污染物排放一级 B 标准（GB 18918—2002）。

（三）太原武宿机场半地埋式一体化生活污水处理工程

1. 工程背景

太原武宿机场排水工程是太原武宿机场改扩建工程的配套工程，设计处理能力 4 000 m^3/d，采用半地埋式一体化生物接触氧化工艺，处理后污水直接排放，工程占地 1.12 hm^2，总投资 1 150 万元。工程于 1999 年 8 月完工，同年年底通过国家验收。

污水来源主要是机场排出的生活污水，占总排水量的 80%以上，此外还包括一部分飞机检修和冲洗排出的含有油、泥沙等杂物的废水以及医院污水等。污水处理工艺根据其进出水水质和处理规模，采用两段式生物接触氧化工艺，具有抗冲击符合能力强、净化效果好、污泥产量低的优点，主体处理设备采用半地埋式一体化设计，集生物接触氧化、沉淀分离、污泥浓缩于一体，占地面积小、运行管理方便[12]。

2. 工艺流程

污水首先经过粗、细格栅进入调节池，调节池水力停留时间为 6 h，调节池设有曝气装置，可在调节水质、水量的同时起到预曝气的作用。一体化生物接触氧化装置是整个处理工艺的核心，采用两段式接触氧化工艺，其组成包括：一段氧化池、一沉池、二段氧化池、二沉池和污泥浓缩池。污水经调节池后，进入一段氧化池，开始生物处理，池内挂有组合填料，采用膜片式微孔曝气器。一段氧化池出水自流入一沉池，去除脱落的老化生物膜，池体为竖流式沉淀池，表面负荷 1.5 m³/（m²·h），停留时间 2 h，沉淀污泥用空气提升器抽至污泥浓缩池。一沉池出水自流至二段氧化池，污染物被进一步的去除，其填料和曝气装置与一段氧化池相同。两段氧化池总停留时间 6 h，气水比（10∶1）～（16∶1）。二沉池结构、形式、功能、参数与一沉池相同，污泥一部分抽至污泥浓缩池，一部分回流至一段氧化池，出水经消毒后排出。污泥浓缩池用以浓缩一沉池和二沉池排出的污泥，浓缩后排至污泥池，再由脱水设备处理后外用处置。整个工艺流程见图 11-6。

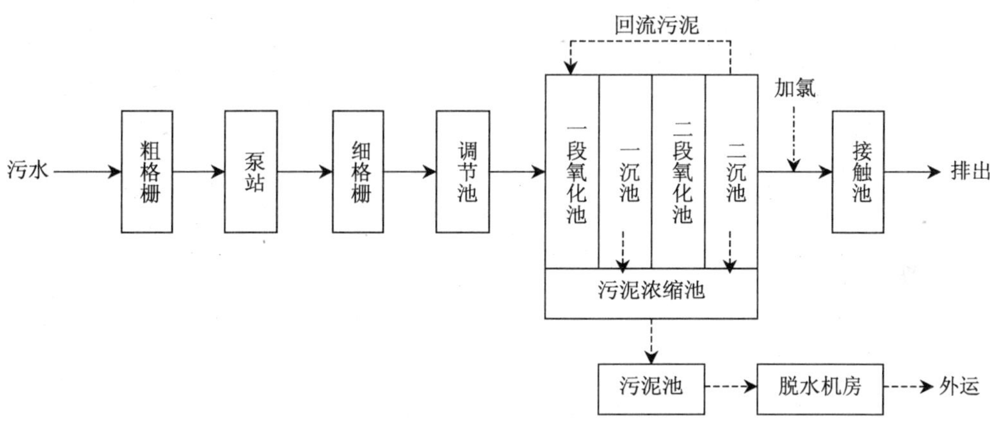

图 11-6　太原武宿机场污水处理工艺流程

3. 主要参数

该工程设计处理能力为：4 000 m³/d，占地面积 1.12 hm²。调节池停留时为 6 h；两段氧化池总停留时间 6 h，气水比（10∶1）～（16∶1）。一沉池和二沉池表面负荷 1.5 m³/（m²·h），单个停留 2 h。主要设备及参数见表 11-8。

表 11-8　主体构筑物设计参数

名称	数量	构筑物尺寸/m	结构	设备
细格栅间	1 座	8.6×5.9	砖混结构	CF-600 型循环式齿耙清污机 2 台
调节池	1 座（2 格）	18×16×5.9	矩形钢筋混凝土池	WQ42-9-2.2 型污水提升泵 4 台
一体化反应池	4 套	18.2×11×3.5	半地埋式钢板池体	

名称	数量	构筑物尺寸/m	结构	设备
加氯接触池	1 座	14×3.0×2.0	钢筋混凝土池体	
污泥池	1 座	4.5×4.5×2.0	钢筋混凝土池体	
加氯间	1 座	7.8×6.0	砖混结构	YXD-8 型系列高效混合消毒剂发生器 2 台
脱水机房	1 座	18.9×6.3	砖混结构	ROS3 型琥珀转动自清洗污泥脱水设备 1 台
鼓风机房	1 座	10.2×7.8	砖混结构	SSR-150 型三叶罗茨鼓风机 4 台

4. 处理效果

半地埋式一体化接触氧化处理工程于 1999 年 8 月建成并投入运行，处理系统稳定运行后，根据检测结果显示，处理效果良好，工艺运行稳定，污泥产生量少，操作管理简便，出水水质达到《污水综合排放标准》（GB 8978—1996）中的一级标准。其进、出水质情况见表 11-9。

表 11-9 进、出水水质情况表

项目	进水值/（mg/L）	出水值/（mg/L）	去除率/%
COD	127.2	44.3	65
BOD_5	56.3	9.39	84
SS	49.7	24.7	51
NH_3-N	20.0	6.51	68

第十二章　人工湿地

一、工艺原理

湿地是地球上具有多种功能的独特生态系统，它不仅为人类提供大量食物、原料和资源，而且在维持生态平衡、保持生物多样性以及调节气候、涵养水源、蓄洪防旱、降解污染等方面均起重要作用，被称为“自然之肾”。

人工湿地（CW—Constructed Wetland）污水处理技术是 20 世纪 70 年代末发展起来的一种污水处理和水环境修复新技术，其是从生态学原理出发，模仿自然生态系统，人为将土壤、沙、石等材料按一定比例组成基质，并栽种经过选择的耐污植物，培育多种微生物，组成类似于自然湿地的新型污水净化系统。美国著名的湿地研究、设计与管理专家 Hammer 博士等将人工湿地定义为“一个为了人类利用和利益，通过模拟自然湿地，人为设计与建造的由饱和基质、挺水与沉水植被、动物和水体组成的复合体”。夏汉平对其定义进行了修改：人工湿地是通过模拟自然湿地的结构和功能，选择一定的地理位置与地形，根据人们的需要人为设计与建造的湿地。1974 年联邦德国建造世界首个人工湿地处理系统，随后该工艺在欧洲各国以及美国和加拿大推广和应用，我国也于 20 世纪 90 年代开始人工湿地的研究和应用。

其净化原理是人工湿地在对废水的处理过程中综合了生物、物理、化学三方面的作用，通过基质过滤、吸附、沉淀、离子交换、络合反应、硝化和反硝化作用、植物对营养元素的摄取和微生物分解等来实现对污水的高效净化。湿地填料表面和植物根系中存在大量的微生物，形成生物膜，废水流经湿地时，悬浮物被填料及根系阻挡截留，有机质通过生物膜的吸附及同化、异化作用得以去除。湿地系统中因植物根系对氧的传递释放，使其周围的微环境中依次呈现出好氧、缺氧和厌氧状态，保证了废水中的氮、磷不仅能被植物及微生物作为营养成分直接吸收，还可以通过硝化、反硝化作用及微生物对磷的积累作用从废水中去除，最后通过湿地基质的定期更换或植物收割使污染物质最终从系统中去除。

人工湿地系统是个完整的生态系统，它主要是由基质、植被、微生物、水体等四个基本要素组成，各组成部分协同作用。

（1）基质

人工湿地基质又称为填料，是用来支撑湿地植物、蓄纳污水和为污染物提供物理、化学和生物转化场所。填料的选择应尽量就地取材，容易获得且价格便宜，常用的人工湿地基质主要包括砾石、鹅卵石、碎石、砂、煤渣、土壤、有机质等。基质在人工湿地对污染物的去除效果上发挥着重要作用，基质选材主要考虑基质的质地、有机质含量、pH、电导率等，同时需要考虑待处理污水的类型、地理因素和经济因素。

基质质地影响植物根系的生长深度和支撑植物的能力以及污染物在人工湿地中的滞留时间，是影响 CW 系统处理效果的重要因素。砂质、粗结构的土壤滞留污染物的能力低，但是有助于根系的生长，通常要在这类基质中添加一些有机质以补给养分改善植物生长。粒度中等的壤质土结构松散，利于根系发育，是理想的人工湿地基质。密实的基质，如黏土和页岩，不仅限制植物根系发育，缺少养分，且导水系数低，往往不能作为基质。另外，选用高效吸附氮磷填料是提高人工湿地氮磷效率的重要措施之一，选择人工湿地填料一方面要考虑到氮、磷净化要求，另一方面还要考虑到填料的通透性和湿地植物生长的适应性。从通透性、植物生长的适应性和氮、磷吸附能力来看，沸石和蛭石可以直接作为潜流人工湿地的填料。矿渣和粉煤灰虽然对磷的净化能力很强，但其碱性较高，不适合植物生长，不能直接作为人工湿地填料。为了提高整个系统氮磷净化能力，可以考虑将沸石、蛭石等氮素吸附能力较强的填料和矿渣、粉煤灰等磷素吸附能力较强的填料，混合后按一定比例掺到黄砂层中间，作为人工湿地填料氮磷吸附层。

有机质含量是基质选择的重要因素之一，因为植物的良好生长和微生物的活性需要足够的有机质。但是有机质含量过高的基质的氧化还原电位通常很低，不适合用来处理高浓度的有机废水。

基质的 pH 和电导率都影响植物的生长和微生物过程及养分的可利用性。

（2）植被

植被是人工湿地的重要组成部分，它最主要的功能就是向基质输送氧气，为微生物降解污染物创建好氧微环境。最常用的人工湿地植物是自然湿地挺水植物，如芦苇和香蒲等。但是由于人工湿地的植物必须能忍耐长期的淹水和浓度时常变化的各种污染物，因此并不是所有的湿地植物都适合污水处理。选择人工湿地植被的首要原则是植物有发达的根系，并且能迅速扩繁，因为大的生物量、大的茎干根系密度不仅能最大限度地吸收污染物，能为微生物提供更好的生长环境，而且能稳固基质和增强基质传导功能。其次，植物必须具有良好的通气组织，以便有效地将氧输送到根际，为植物根系和微生物创造良好的微生境。

人工湿地植物应尽可能选用当地的乡土植物，因为它们更能适应当地的气候、土壤和周围的动植物环境。

（3）水体

水文系统是控制湿地生态、物理和化学特征的最重要的因素。湿地中水的运动受降雨、风、蒸发、基质的性质及植物的影响。对人工湿地而言，这些因素将以各种方式影响污水处理的效果。例如，降雨可以稀释污水的浓度、增加出水径流、从而缩短污水中的污染物与人工湿地生态系统相互作用的时间。相反，蒸发作用则会浓缩污水、减少出水，从而增加污水的水力停留时间。

（4）微生物

人工湿地的许多功能是由微生物及其代谢作用调节的。人工湿地中的微生物包括细菌、酵母菌、真菌、原生动物和藻类，他们是净化废水的主要贡献者，是人工湿地主要的有机碳汇。微生物的作用：转化有机或无机物质为无毒或不可溶物质、改变基质的氧化还原条件来影响湿地的处理能力、参与湿地的养分循环。随着污水处理的时间，人工湿地某些微生物的数量逐渐增加，并形成以能适应并利用污水中污染物的特定的群落。

这些微生物中，有的是好氧的，主要分布在植物根际，有的是厌氧的，分布在远离根系的区域，还有许多微生物是兼性的，能在好氧和厌氧环境中生存。在人工湿地运行中要注意重金属、杀虫剂等能抑制微生物活性的毒性污染物浓度的控制和管理。

二、人工湿地分类

人工湿地（CW）是独特的土壤-植物-微生物-动物系统，根据优势大型植物的生长形式，CW 分为大型自由漂浮、大型沉水和大型挺水植物系统，前两者一般用于河流和湖泊的生态修复，而对于污水处理一般选用的是大型挺水植物系统。从工程设计的角度出发，按照系统布水方式的不同或污水在系统中的流动方式不同，以大型挺水植物为主要植物物种的 CW 系统一般可分为自由表面流人工湿地系统（Free Water Surface Constructed Wetland，FWS）和潜流人工湿地系统（Subsurface Flow Constructed Wetland，SFW），后者又包括水平流（Horizontal Subsurface Flow，HF）和垂直流（Vertical Subsurface Flow，VF）两种类型[21]。不同类型人工湿地对污染物的去除效果不同，具有各自的特点：

（一）自由表面流人工湿地

自由表面流人工湿地类似于沼泽，废水在填料表面漫流，水位较浅，多在 0.1～0.9 m 之间。废水进入人工湿地系统时，绝大部分有机物的去除是由长在植物上的水下茎、杆上的生物膜来完成，因而这种湿地系统难以充分利用湿地基质和植物根系对污染物的降解作用，处理能力较低，见图（彩）12-1。同时，其卫生条件较差，在夏季易发出难闻气味和易滋生蚊虫，传播疾病。在寒冷地区，冬季水体易结冰，以致系统的处理效果受温度的影响较大。但其造价在三种湿地中最低，对磷的去除效果要好于潜流型人工湿地，在北美应用较多，在我国和其他国家大都不采用。该类型人工湿地多用于气候温和、有广阔土地条件的大型城市污水处理系统。

（二）水平潜流型人工湿地

水平潜流型人工湿地是在床体中填充一些填料（如砾石，炭渣等），废水在填料表面以下渗流，不直接暴露于空气中，可以充分利用基质表面上的微生物及植物根系上的生物膜来净化污水，水力负荷比表面流湿地大。由于水在基质中呈水饱和状态，因而湿地系统一般呈缺氧状态，但由于水生植物可传输较多的氧进入根系，根区附近呈好氧状态，所以在系统中形成了连续的好氧、缺氧及厌氧状态，这对于污染物的去除，特别是除氮具有重要意义。另外，由于水流在填料表面以下流动，具有保温性好、处理效果受气温影响小，卫生条件也较好的特点，是目前研究和应用较多的一种湿地处理系统，见图（彩）12-2。但该湿地系统的投资要比表面流湿地系统高，控制相对复杂。HF 系统在欧洲该系统中的优势植物常为普通芦苇，故也常被称为“芦苇床处理系统”（Reed Bed Treatment System，RBTS），在美国则为“植物淹没床”（Vegetated Submerged Bed，VSB）。

（三）垂直潜流型人工湿地

垂直潜流型人工湿地系统中的水流在填料床中由上而下或由下而上做竖向流，污染物去除机理基本与水平潜流型人工湿地相同。与表面流人工湿地相比，垂直潜流人工湿地的床体处于不饱和状态。氧气可通过大气扩散和植物传输进入人工湿地系统，其硝化能力高于水平潜流人工湿地，对氮、磷有较高的处理能力，出水效果是最好的，见图（彩）12-3。这种系统的布水、集水系统复杂，因此对基建要求高。近年来这种类型的人工湿地受到了更多的重视。

三、处理效果

人工湿地处理系统具有高效率、低投资、低运转费、低维持技术、低能耗等优点，目前应用于河流和湖泊的生态修复、农业径流的污染治理以及中小型的城镇污水处理系统中。对于处理城市污水的系统，出水可优于二级出水标准或更高，各类系统对有机物和悬浮物一般都有比较好的去除效果，其中 BOD_5 去除率达 85%～95%，COD 的去除率可达 80%以上，SS 去除率达 90%，在进水浓度较低的条件下，出水中 BOD_5 质量浓度可小于 10 mg/L，SS 质量浓度小于 20 mg/L。但在 N、P 的去除效果上，不同类型的人工湿地系统差异较大，表面流人工湿地和水平潜流人工湿地一般难以获得较高 N、P 去除率，而垂直流人工湿地因其独特的水流方式和构造结构有利于微生物的硝化和反硝化作用发生，可以获得较好的脱氮除磷效果，一般对 TN 的去除率可达 60%以上，TP 的去除率可达 50%～60%，通过合理调控和添加高效吸附氮、磷填料等手段，对 TN 和 TP 的去除率甚至达到 90%以上[21]。此外，人工湿地还能有效地去除污水中的重金属和病原菌。

植物的种植可以提高人工湿地对污染物的去除效率，污水进入人工湿地系统，植物能通过吸收、吸附和富集作用而去除污水中的有机物、氮、磷及重金属等污染物，研究表明种植植物的潜流湿地与不种植植物的人工湿地系统相比，其BOD去除率可提高10%～20%，而 SS 的去除率更可提高 40%以上[22]。植物吸收氮、磷是人工湿地去除氮磷的主要机理之一，研究表明每克干重芦苇、香蒲能净吸收污水中的氮 15～32 mg，但在处理生活污水的 CW 中，通过收割植物带走的氮和磷量占来水的氮磷量的比例一般较小，通常在 20%以内，而在低浓度污水处理的 CW 中，植物收割是重要的氮和磷去除途径。

人工湿地处理系统，在获得较高的处理效果的同时还具有以下优点：1）人工湿地的基建费低，一般仅占常规二级水处理厂的 1/3～1/2，管理和维护简单方便，基本不用消耗能源，运行费用仅为常规二级污水处理厂的 1/10。2）对污水的负荷波动有一定的自适应能力，抗冲击能力较强。3）在视觉上可起到美化环境的效果，甚至可以为濒危野生生物提供良好的栖息地，具有一定的生态效益。

但人工湿地也存在一些不足，主要表现为：1）占地面积较大，一般是同等规模二级污水处理厂的 4～10 倍，所以人工湿地多建在土地价格较低的区域，如小城镇、经济欠发达地区，或不适宜建房的土地上。2）冬季处理效果较差，生物包括微生物和植物是人工湿地净化污水的重要因素，在冬季气温较低时，生物活性下降，影响了净化效果。3）水力和污染物的负荷冲击会暂时降低人工湿地的出水水质。4）对生物有毒性的物质会对人工湿地的生物有一定的伤害，所以人工湿地多用于有毒物质含量较少的生活污水。5）对大排量工业废水的处理效果有待提高。

四、适用范围

1974 年德国 Othfresen 建造了世界首座人工湿地处理工程，并用于处理城市污水，随后，CW 系统在欧洲和北美得到了快速的发展和应用。到 1994 年时，德国已建成 CW 系统约 3 000 个，且有被批准建设的 1 000 个，主要为小型的居民生活污水处理系统，占地面积最小仅为 30 m^2，处理 5 人口当量；丹麦和英国都至少有 200 个在运行；而在北美，约 600 个处理市政、工业和农业废水，400 多个处理煤矿废水，50 多个处理生物污泥，近 40 个处理暴雨径流，30 多个处理奶产品加工废水；新西兰约有 80 个生活污水处理系统在运行；此外，澳大利亚和南非也将 CW 系统用于处理各类污水[21]。我国自“七五”期间开始研究 CW，天津市环境保护研究所 1987 年建成我国首座芦苇 CW 工程，占地 90×666.7 m^2，处理水量 1 400 m^3/d；北京市环境保护研究所在北京昌平建成了占地 10 000 m^2 处理 500 m^3/d 城镇污水的芦苇 CW 工程；环保部华南环保所 1990 年在深圳白泥坑建成占地 8 400 m^2 处理 3 100 m^3/d 服务 7 000 人的乡镇生活污水 CW 工程。

目前，CW 应用范围较为广泛，涉及受污染地表水、湖泊水体修复、生活污水、城镇综合废水、工业废水、养殖水体、景观用水、医疗废水、城市及农村面源污染、无公害农业灌溉用水等方面，应用的规模按工程要求有大有小，从每天几吨到十几万吨不等。对于处理低浓度污水和受污染地表水等，其处理系统可以由天然的河流、湖泊环境，或者非湿地生态系统改造而成，可以改造成人工湿地的类型包括沼泽地、潜水湖泊、河流等，而且湿地植物主要以多年生草本植物为主，包括香蒲、灯心草、芦苇等，见图（彩）12-4、图（彩）12-5。而用于生活污水处理的 CW 系统，尽管占地面积较大，吨水用地是其他处理方法的数倍，但其具有处理效果好，运转维护管理方便、工程基建和运转费用低以及对负荷变化适应能力强等特点，尤其是其投资运行费用远远低于常规二级污水处理设施，比较适合于技术管理水平不高，规模较小的城镇或乡村的污水处理设施。

同时，CW 系统还具有一定的经济效益和社会效益。选用具有经济价值的种植植物，通过收获成熟植物，达到污水处理和经济效益的统一。选用花卉型植物，池体结合生态设计，避免人工构筑物的突兀，可将处理系统和周边的景观建设有机结合，实现了“净”与“美”的和谐统一。某些处理单元还可采用地埋式设计，顶部采用草皮绿地可与周围景观协调，更适合建设在城区绿化带。

五、工程实例

（一）重庆荣昌县新峰场镇厌氧加人工湿地污水处理站

1. 工程背景

重庆市荣昌县新峰场镇，位于荣昌县高升桥水库上游，该水库是荣昌县昌元镇居民饮用水的来源地。而新峰场镇产生的生活污水全部直排流入该水库，对水库造成严重污染。为此，荣昌县 2005 年决定对新峰场镇生活污水进行处理，使其达标排放。结合新峰场镇的自然条件以及生活污水厌氧处理装置与人工湿地的优缺点，新峰场镇污水处理工程采用了生活污水厌氧处理装置加人工湿地的工艺［图（彩）12-6］。

新峰场镇的污水主要为生活污水，每日污水排放量将达到 300 m^3/d。设计进水水质为，COD 质量浓度：300～450 mg/L，BOD_5 质量浓度：150～250 mg/L，SS 质量浓度：150～300 mg/L，动植物油质量浓度：20～40 mg/L，pH：6.8～7.5，氨氮质量浓度：25～40 mg/L，总磷质量浓度：5～9 mg/L，总氮质量浓度：60～100 mg/L，阴离子表面活性剂质量浓度：3～7 mg/L。设计出水水质达到《城镇污水处理厂污染物排放标准》（GB 18918—2002）的一级 B 标准。

2. 工艺流程

该工程采用厌氧+人工湿地组合工艺，污水首先进入格栅井，去除残渣等漂浮物和大颗粒物，之后进入厌氧硝化池。厌氧消化池的作用是将污水中的颗粒状的无机、有机物质和寄生虫卵沉淀分离，去除大部分悬浮物，减少进入厌氧滤池的悬浮物浓度。厌氧消化池中可去除 50%～60%的悬浮物，并通过厌氧消化分解产生的氨杀灭、抑制、去除部分病原菌，并降解部分有机物，厌氧消化过程大约去除 40%的有机污染物。经过厌氧消化，污水进入厌氧滤池，其内设置填料附着微生物，作用是利用附着的和悬浮的微生物降解去除大部分溶解性有机污染物。厌氧滤池出水进入滤池，滤池内设滤料，留有通气空隙，功能是截留少量漂浮物质，兼氧细菌分解去除有机污染物。滤池出水进入人工湿地系统，污水得到进一步的净化，出水达标后排放。具体工艺流程见图 12-7。

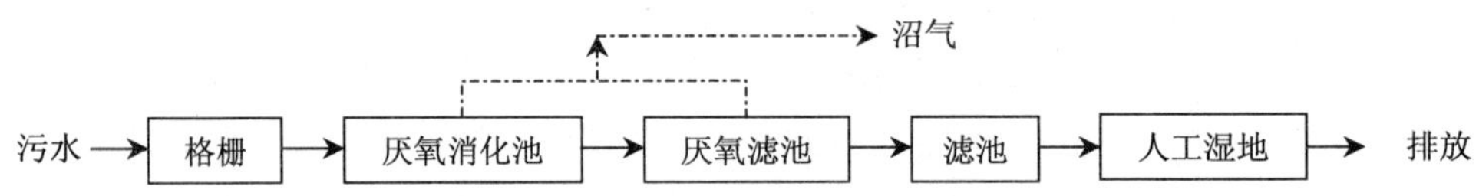

图 12-7 重庆市荣昌县新峰场镇生活污水镇处理工程工艺流程

该工程采用潜流湿地系统［图（彩）12-8］，污水在湿地床的内部流动，一方面可以充分利用填料表面生长的生物膜、丰富的根系及表层土和填料截流等的作用，以提高其处理效果和处理能力；另一方面由于水流在地表以下流动，故具有保温性较好、处理效果受气候影响、卫生条件好等特点。

3. 主要参数

该工程主要构筑物都埋置于地下，且容积不是很大，故主要构筑物以采用砖混结构为主，同时应做到抗渗漏。整体高程布置充分利用自然地形，采取自流形式以节省能源，不需水泵提升。各主要构筑物参数如下：

（1）格栅井

主要作用在于拦截大残渣等固态物质，格栅井兼做沉砂池，沉砂池为砖混结构，地下式，有效池容积 2 m^3，水力停留时间 10 min。

（2）厌氧消化池

采用砖混凝土结构，地下式，有效池容积 560 m^3，水力停留时间 1.3 d。

（3）厌氧滤池

采用砖混凝土结构，地下式，厌氧滤池有效池容积 220 m^3，水力停留时间为 0.5 d。

（4）滤池

采用砖混结构，地下式，滤池有效池容积 88 m^3，水力停留时间为 0.2 d。

（5）人工湿地

人工湿地有效面积 0.113 hm^2，水力负荷 20 cm/d。

景观设计上考虑了增加绿地面积，以美化环境，在生活污水净化沼气池上覆土绿化，在人工湿地上种植菖蒲、美人蕉等观赏植物［图（彩）12-9］。

3. 处理效果

重庆荣昌县新峰场镇污水处理站采用厌氧加人工湿地污水处理技术，具有投资省、运行简便、处理效果稳定、出水水质好等诸多优点，实际监测结果表明，该处理工程运行效果稳定，出水水质达到《城镇污水处理厂污染物排放标准》（GB 18918—2002）一级 B 标准，见表 12-1。同时，该处理工程设计中使建筑与绿化有机结合，既处理了污水，同时还造就了一片绿洲，进而美化净化环境。

表 12-1 重庆荣昌县新峰场镇污水处理站设计出水指标

项目	指标	项目	指标
COD	≤60 mg/L	BOD_5	≤20 mg/L
SS	≤20 mg/L	pH 值	6～9
氨氮	≤8 mg/L	总氮	≤20 mg/L
总磷	≤1.5 mg/L	动植物油	≤3 mg/L
阴离子表面活性剂	≤1 mg/L		

（二）深圳市观澜湖高尔夫球场复合垂直流人工湿地工程

1. 工程背景

深圳观澜湖高尔夫球场位于深圳市宝安区观澜镇，是目前中国乃至亚洲规模最大、设施最齐全的高尔夫度假胜地，是亚洲唯一一个同时受到美国 PGA（职业高尔夫球协会）和欧洲 PGA 认可，并入选“世界最优秀高尔夫俱乐部”的球会。

公司职工宿舍位于球场园区内。由于该处地处偏远，楼栋独立，宿舍内的生活污水没有纳入市政污水收集管网，就近排入旁边的观澜湖。由于没有经过任何处理，对球场内湖水不断造成污染，使得湖水水质日趋恶化。作为一个通过 ISO 14000 环境管理体系认证的企业，该公司特别重视公司形象和环境质量，为了改善球场水环境，经多方面考察论证，采取了复合垂直流人工湿地（IVCW）工艺处理职工生活污水。一方面减少污水排放对球场内景观用水的污染；另一方面水资源得到再利用，出水用于浇灌花圃。系统于 2000 年 3 月开始建造，8 月完工并投入使用。

2. 工艺流程

该工程处理的对象是生活污水，其可生化性较强，采用湿地处理比较合适，但生活污水大颗粒污染物较多，因此先经化粪池和格栅预处理，然后进入湿地系统。该工程采用复合垂直流人工湿地（Integrated Vertical Flow Constructed Wetland，IVCW）处理工艺，其采用独特的下行流-上行流组合结构，使水流更加充分地流过整个处理基质，解决了以往渗滤湿地“短路”的问题，并采用间歇进水的运行方式使出水流量、水位曲线呈现脉冲式，配水时间快、基质淹水时间短，促进了系统基质复氧，有利于系统净化功能的发挥。IVCW 系统形成了好氧与厌氧条件并存的复合水处理结构，显著提高了对污染物的净化效率，该系统能有效去除污水中的悬浮物、有机污染物、氮、磷、重金属及病原菌等，其中氮、磷的去除效果较明显。具体工艺流程如图 12-10 所示。

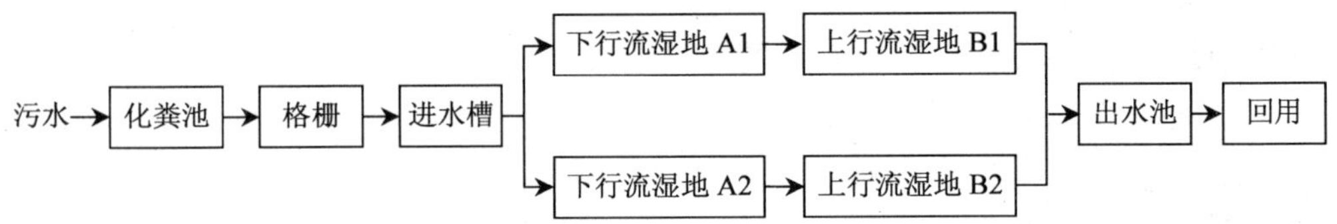

图 12-10 深圳市观澜湖高尔夫球场人工湿地工程工艺流程

3. 主要参数

观澜湖高尔夫球会有限公司职工宿舍生活污水人工湿地处理系统建造面积为 1 200 m^2，处理规模为 300 m^3/d。分为平行二组，每组 2 个串联单元。植物为芦荻、再力花、纸莎草、水葱、美人蕉等，实景见图（彩）12-11。

4. 处理效果

集体宿舍生活污水经过化粪池后直接进入人工湿地处理系统，出水水质明显改善，溶解氧大大增加，出水池中很快有鱼出现。对进出水水质进行了采样分析，污染物的去除效果显著，出水水质能达到景观用水水质标准，监测结果见表 12-2。系统的运行费用只有人工管理费，为 0.078 元/t。

表 12-2 人工湿地系统直接处理生活污水水质净化效果

	DO/（mg/L）	COD/（mg/L）	BOD_5/（mg/L）	TN/（mg/L）	NH_3-N/（mg/L）	TP/（mg/L）	IP/（mg/L）	粪大肠杆菌/（个/L）
进水	0.08	346	81.0	96.0	29.2	20.3	1.69	≥2.4×10^7
出水	2.88	36	5.0	13.3	5.09	0.225	0.219	2.4×10^4
去除率/%		89.6	93.8	86.1	82.6	98.9	87.0	≥99.9

（三）牡丹江海林农场污水处理回用工程

1. 工程背景

黑龙江省海林农场位于素有“林海雪原”之称的牡丹江海林市长汀镇附近，南临著名旅游区镜泊湖，北依中国雪乡双峰林场。总占地面积 1.75 万 hm^2，耕地 0.87 万 hm^2，总人口 7 300 人，是一个由 3 个农业管理区、6 家股份制企业、13 个标准化奶牛小区构成，集农工牧于一体的中小型国有农场。

农场创建于 1954 年，隶属黑龙江省农垦总局牡丹江分局。经过几代农场人的不懈努力，现已发展成为欣欣向荣、初具规模的社会主义新农村。2006 年实现国内生产总值 1.8 亿元，资产负债率下降到 20.8%，人均收入 12 000 元，近三年平均发展速度达到 26%。先后被农垦总局树为“三面红旗”之一，被省委、省政府授予“文明单位”，被省委、鸡西市委授予“先进企业党组织”，被原国家环保总局授予“国家级生态示范区”等光荣称号。

近年来，通过产业结构调整，农场构建了“甜菊糖甙、粮豆生产加工业、奶牛饲养及种子加工”四个产业。年生产出口甜菊糖甙 200 t，工业加工和过腹增殖粮豆 2 万 t，加工、销售种子 7 000 多 t。到 2004 年底，奶牛存栏 6 600 头，产鲜奶 10 000 t。从而，形成了“四个产业”良性互动、协调发展的局面。

海林农场加大新农村建设，供水量逐年增多，污水排放量也在逐年增加，而现今海河农场未建设污水处理场，污水没有经过任何处理，直接排放到沟渠里，给环境在一定程度上造成污染，并且沟渠末端直接流入海浪河，对牡丹江饮用水源造成污染。为实现经济与环境的协调、可持续发展和水资源的循环利用，农场决定兴建污水处理回用工程。

海林农场污水处理工程主体工艺采用：接触氧化加人工湿地深度处理系统，工程由哈尔滨工业大学环保科技股份有限公司负责设计，考虑到海林农场地处东北寒冷地区，人工湿地深度处理系统阳光温室结构，冬季可照常运行，并可形成当地一独特景观。海林农场污水处理工程，见图（彩）12-12，原污水主要为农场居民生活污水和一些饮食等第三产业排水。工程设计水量，一期工程按 0.052 万 m^3/d 处理能力设计，二期工程按 0.17 万 m^3/d 处理能力设计。通过对农场地区水量水质的调查和比较，确定海林农场污水处理工程设计进水水质为 COD 质量浓度：400 mg/L；BOD_5 质量浓度：250 mg/L；SS 质量浓度：250 mg/L；氨氮质量浓度：30 mg/L；磷质量浓度：3 mg/L。

2. 工艺流程

根据海林农场现状，在充分考虑污水厂接纳污水水质、建厂规模及自然条件的基础上，并结合技术可行性、经济合理性、操作繁简程度及工程改造的可行性等诸方面因素，污水处理系统主体工艺采用：接触氧化加人工湿地深度处理工艺。

原污水首先进入调节池，由于海林农场地区的生活污水，晚上水量很小，水量主要集中在白天，来水变化系数大，易造成水量的负荷冲击，所以在预处理部分设置调节池，对水质和水量进行调节。之后污水进入格栅间，经机械粗、细格栅去除污水中较大的漂浮物和较小的固体杂物，以保证提升泵的正常运行和防止后续设备堵塞或损坏。经过粗、细格栅后污水由提升泵提升到旋流沉砂池，进一步去除无机颗粒。之后污水流入初沉池，沉淀水中的大颗粒物质，减轻后续处理构筑物负荷。经预处理后，污水进入生化处理段，污水经接触氧化池去除水中的主要污染物质，为后续深度处理提供保障。二级出水进入人工湿地系统，利用填料和植物的复合作用去除水中的有机物，达到深度净化效果。人工湿地出水用于灌溉田地或回用。污泥处理方案采用重力浓缩方式，考虑到东北的天气原因将浓缩池设在室内，工程选择封闭式带式压滤脱水机作为污泥脱水机械，然后送入沼气池，产生的沼气进入沼气发电机组，为整个污水工艺提供能源。其整体工艺流程见图 12-13。

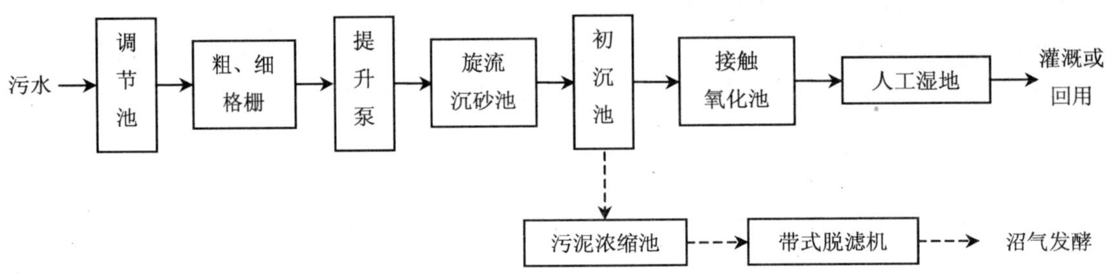

图 12-13 海林农场接触氧化加人工湿地深度处理工艺流程

海林农场污水处理工程的突出特点是，采用温室人工湿地深度处理系统，解决了普通人工湿地冬季处理困难的问题。潜流湿地是一种生态工程的方法，系统对污染物的去除受温度影响明显，冬季气温下由于系统内微生物活力下降，芦苇等收割后不再吸收养分，污染物去除效果降低，出水水质将受到一定影响。因此设计时需要考虑冬季最不利条件，这样会导致占地面积增大，解决这一问题一般采用的方法就是在湿地系统增加冬季储水塘，采用冬储夏排的方式来适当降低入湿地工程的水量和污染物负荷量，延长污水水力停留时间，同时提供一定的保温系统，保证微生物和一定量植物的活性，进而提高处理效果。海林农场地处东北高寒地区，冬季冰封期长达 4 个月以上，为解决冬季人工湿地处理系统处理困难的问题，该工程采用了修建温室湿地的方法，将人工湿地修建于阳光温室大棚内，冬季冰封其仍可维持较高温度，保证人工湿地的净化效果。虽然，修建温室湿地增加了工程投资，但其可使人工湿地系统保证全年运行，并且配合湿地种植的大量景观植物，整个温室湿地形成了一个独特的生态景观。

对于人工湿地植物的选择，主要考虑耐污能力强、去污效果好、适合当地环境、根系的发达程度、并有一定的经济或观赏价值。中国南方的湿地生态系统多数属温带河道型水生生态系统，土著植物种类主要为适应温带季节性淹水的水生、湿生植物。中国北方的湿地生态系统多属于寒带水生生态系统，气温比较低，因此土著植物种类主要适应寒带季节性的挺水植物。根据对海林农场的现场考察和调研结果，并基于因地制宜、本土和强净化能力、生物多样性、经济效益和景观协调的原则，选择鱼藻［图（彩）12-14］等作为人工湿地的沉水植物主要物种；选择莲藕［图（彩）12-15］等作为人工湿地的浮叶植物的主要物种；选择芦竹、芦苇和香蒲［图（彩）12-16、图（彩）12-17）］作为人工湿地的挺水植物主要物种。

对于海林农场人工湿地的植物配置，依托现有地形，在地势较高处，种植芦竹、优质芦苇等经济价值较高的挺水植物；在地势略低的台田间水面处，种植芦苇、香蒲等挺水植物；在靠近河堤的地势低洼处塘内的水深较浅处栽种莲藕等本土浮叶植物，水深较深处配置金鱼藻、苦草等沉水植物，并在塘内放养鱼、泥鳅等动物。由此，通过挺水植物带、浮叶植物带和沉水植物带的优化配置，构建一个具有生物多样性、强水质净化能力和美丽景观效果的人工湿地生态系统。

3．主要参数

海林农场污水处理工程主体工艺采用接触氧化加人工湿地深度处理系统，一期工程按 0.052 万 m^3/d 处理能力设计，二期工程按 0.17 万 m^3/d 处理能力设计。工程总占地面积 1 200 m^2，其中一级强化占地 300 m^2，人工湿地占地 650 m^2，景观占地 150 m^2，其他占地 100 m^2。其主要构筑设计参数如下：

（1）调节池

主要作用是调节来水水质水量，为后续工艺稳定运行提供保障，设计流量 22 m^3/h，停留时间为 8.0 h，尺寸为：8.0 m×5.0 m×4.5 m。调节池前端设机械格栅，用以防止大块污染物阻塞泵等设备，同时设有进水管、调节池提升泵、出水管各一，并且设有调节池搅拌桨，以防止淤积。

（2）初沉池

设初沉池 1 座 2 格，采用平流沉淀池结构，使较大的污染物沉淀，有效降低 SS，减少后续负荷。设计流量 22 m^3/h，停留时间为 2.5 h，表面负荷 1.8 $m^3/$（$m^2\cdot h$），出水堰负荷 2.5 $m^3/$（$m^2\cdot h$），池体尺寸：3.0 m×5.0 m×4.5 m。前端有配水板，后端为出水堰，设有污泥泵，每 12 h 排泥一次。

（3）接触氧化池

设接触氧化池 2 座，填料采用复合填料，采用微孔曝气方式，利用鼓风机提供压缩空气。水气比采用 1∶10。设计流量 22 m^3/h，停留时间为 8.0 h，容积 COD 负荷为 0.65 kg/（$m^2\cdot h$），池体尺寸：4.0 m×5.0 m×5.5 m。

（4）人工湿地系统

温室人工湿处理系统 1 座，采用表面布水，利用集水渠收集水，设计流量为 22 m^3/h，设计 COD 负荷为 0.35 kg/（$m^2\cdot d$），水力停留时间 16.0 h，结构尺寸：1.0 m×25.0 m×1.5 m。底部采用土工布防渗，上面为 0.3 m 黄土层，基质采用砾石和炉渣混合，厚度 0.6 m，最上层为 0.5 m 腐殖土，种植湿地植物芦竹、芦苇和香蒲等。

（5）污泥浓缩池

设污泥浓缩池 1 座，用以贮存系统排泥，该池选用重力浓缩池，停留时间为 24 h，固体负荷为 35 kg/（$m^3\cdot d$），结构尺寸为 4.8 m×3.3 m×5.0 m。

（6）综合间

用以安放设备及运行管理等，结构尺寸：10.0 m×5.0 m×3.5 m。

4．处理效果

海林农场污水处理及回用工程，采用接触氧化+温室人工湿地深度净化工艺，其有净化效果好，抗冲击负荷能力强，常年运行稳定，即使在冬季也有较好的净化效果，建设、运转费用低，尤其是运转费低。同时，人工湿地建设于阳光温室大棚内，解决了冬季稳定运行的问题，并且使污水处理系统与景观建设相结合，具有净化美化环境的双重效果，使整个处理工程形成了一个独特的生态景观。工程总投资为 130.83 万元，占地面积 1 200 m^2，每立方米废水处理成本为 0.43 元，湿地种植的芦苇等经济植物，一年还可获得收益约 2 万元，系统污泥送入沼气发酵池，可产沼气 120～180 m^3/d。系统处理后水，可用于农田灌溉或回用，设计出水指标达到《城镇污水处理厂污染物排放标准》（GB 18918—2002）一级 A 标准，见表 12-3。

表 12-3 海林农场污水处理系统设计进、出水水质 单位：mg/L

指标	COD	BOD_5	SS	NH_3-N/	TP
进水	400	250	250	30	3
出水	≤50	≤10	≤10	≤5（8）	≤0.5

（四）佳木斯同江县洪河农场水质净化回用一期工程

1．工程背景

洪河农场为黑龙江省农场总局系统国营农场，隶属建三江农场管理局，农场位于黑龙江省东部三江平原同江县境内别拉洪河以北，农场东西长 27 km，南北宽 36 km，控制面积为 6.53 万 hm^2。2007 年末场区人口达到 9 000 余人，预计在 2010 年，场区人口将达到 10 000 多人。

洪河农场自然资源较为丰富，农场土地总面积 65 680 hm^2，其中耕地面积 34 992 hm^2，种植水稻田 1.67 万 hm^2，种植旱田 0.33 万 hm^2，尚有可垦荒地 1.33 万 hm^2，易林荒地 1 万 hm^2，易牧草原 2 467 hm^2，自然水面 200 hm^2，大小水泡有十几个。1996 年到 2002 年 7 年间，洪河生产粮豆 747 460 t，平均 106 780 t，是 1988 年的 6.3 倍，是 1995 年的 2.1 倍。到 2007 年末，粮豆年产达到 241 857 t。农机机械总动力 60 288 kW，其中大中型拖拉机 212 台，联合收割机 206 台。近年来，洪河农场第二、第三产业保持稳定、持续发展，以交通运输、商业贸易、饮食服务业为主的民营企业不断发展壮大。2007 年末，洪河农场实现现价国民生产总值 27 341.1 万元，利润总额 185 万元，人均纯收入 9 600 元，居民生活提前达到小康水平。

近几年洪河农场加大新农村建设，管理区的水稻种植户逐年搬迁到厂部居住，使楼房逐年增多，供水量逐年增多，污水排放量也在逐年增加，现在年污水排放量在 30 万 t 左右，预计在 2010 年，污水排放量将达到 45 万 t 左右，而现今洪河农场未建设污水处理场，直接将未经任何处理的污水排放至沟渠，给环境在一定程度上造成污染。“十一五”期间，小城镇成为水处理建设的重点目标，农场建设污水处理厂是非常必要的，废水处理后进行回用或者排放，可以大大减轻污染，减少农场用水量，且有显著的环境效益、社会效益和经济效益。

洪河农场水质净化及回用工程，由哈尔滨工业大学负责设计，考虑到洪河农场地处东北寒冷地区，处理系统采用冬季夏季双系统，夏季采用人工湿地加上塘系统，冬季采用曝气生物滤池。处理工程原污水主要为农场居民生活污水和一些以绿色食品为主的食品业加工废水，污水处理规模一期工程按 0.11 万 m^3/d 处理能力设计，二期工程按 0.25 万 m^3/d 处理能力设计。洪河农场污水处理厂设计进水水质：COD 质量浓度为 350 mg/L，BOD_5 质量浓度为 200 mg/L，SS 质量浓度为 300 mg/L。处理后水初期考虑用于农田灌溉，远期考虑回用。

2．工艺流程

根据洪河农场现状，在充分考虑污水厂接纳污水水质、建厂规模及自然条件的基础上，针对北方寒冷地区冬季时间长，气温低的弊端，同时兼顾小城镇污水厂的运行和管理特点，减少投资成本，并考虑到农场土地资源较多且较为平整，洪河农场水质净化及回用工程采用冬季夏季双系统。夏季采用人工湿地加上塘系统，冬季采用曝气生物滤池，根据不同气温和出水要求，将两套系统切换运行。该方案不但保证在冬季低温时污水处理系统也能稳定运行，保证出水达标，同时夏季，采用湿地处理，并最大限度地减少运行成本。

洪河农场污水处理工程工艺流程为，农场地区的生活污水由泵站提升进入污水处理系统，污水首先进入调节池，调节池对水质和水量进行调节。之后，污水进入机械格栅，去除污水中较大的漂浮物和较小的固体杂物，以防止后续设备堵塞或损坏。经预处理后，污水进入生化处理部分，该处理工程采用冬季夏季双系统。夏季采用人工湿地加上塘系统，预处理后的污水自流进入人工湿地处理系统，人工湿地污水是一个综合的生态处理系统，利用填料和植物的复合作用去除水中的有机物、氨氮等污染物质。人工湿地出水流入塘系统，兼性塘的生物种类比较丰富，能够使污水得到深度净化，同时由于水力停留时间较长，可繁育出世代期较长的细菌，如硝化菌等，这里除降解有机物外，还可进行硝化反应。塘系统出水可用于农田灌溉或回用。冬季寒冷期，生化处理段采用曝气生物滤池（BAF）系统，利用填料的截留作用和附着微生物的生物作用，高效降解有机物。污泥处理部分，系统产生的污泥储存在污泥池中，定期外运混与粪便进行沼气发酵，作为再生能源。处理系统整体工艺流程见图 12-18。

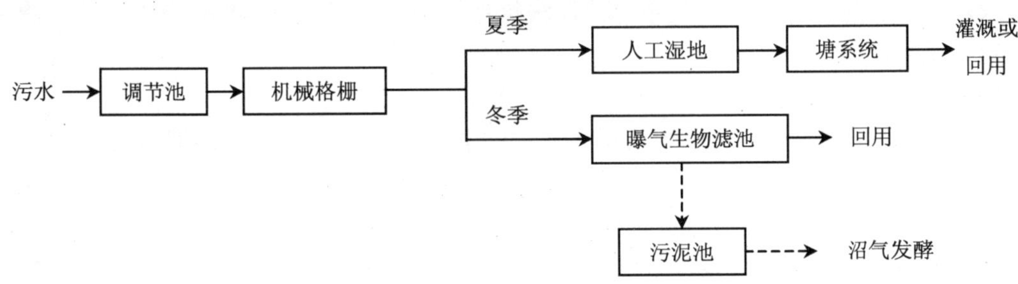

图 12-18 洪河农场人工湿地+塘系统/曝气生物滤池工艺流程

该处理工程的突出特点是采用了人工湿地+塘系统的高效生态处理系统，在达到深度净化污水的同时还做到了自然环境和谐一致，起到了美化景观的作用。人工系统将污水有控制地投配到一定级配的砂、石等介质中，使之经常处于饱和状态下，同时在介质中种植水生植物，污水经过耐水植物、介质、微生物的综合作用得以净化。该系统能够高效地去除 BOD、COD、SS、N、P 等污染物，平均去除率达 80%以上。人工湿地出水再进入塘系统，进行进一步的深度净化。该系统采用兼性塘，是应用最广泛的一种稳定塘，塘的上层阳光能够透入的部位为好氧层，其净化机理同好氧塘，在塘的底部，由沉淀的污泥和衰死的藻类、细菌形成污泥层，这里由于缺氧，厌氧微生物起主导作用，进行着厌氧发酵，称为厌氧层。好氧层与厌氧层之间为兼性层，这里溶解氧很低，一般白昼有溶解氧存在，而夜间处于厌氧状态，在这层存在着兼性微生物，这类微生物既可利用游离的分子氧，又能在厌氧条件下从硝酸盐离子或碳酸盐离子中摄取氧。兼性塘生物种类丰富，能够深度净化水中的有机污染物，同时由于水力停留时间较长，可繁育出世代期较长的细菌，如硝化菌等，这里除降解有机物外，还可进行硝化反应。

人工湿地+塘系统的水质净化生态工程技术，具有系统净化功能强，适用水质范围广，常年运行比较稳定，建设、运转费用低，尤其是运转费低，还具有其他污水处理方法不具备的美化自然环境的特点，净化系统中大量种植有观赏价值的水生植物，塘系统内还可以放养鱼类等水生动物，构成了独特的怡人景观，使工程设施与农场自然景色和谐一致，植物收获后可作为编织材料、饲料等，可使水质净化工程发挥多项综合效益。

3. 主要参数

洪河农场水质净化回用一期工程建设规模 1 100 m^3/d，采用人工湿地+塘系统/曝气生物滤池工艺冬季夏季双系统，其主要构筑设计参数如下：

（1）调节池

主要作用是调节来水水质水量，为后续工艺稳定运行提供保障，设计流量为 42 m^3/h，停留时间为 12.0 h，尺寸为：10.0 m×9.6 m×5.5 m。调节池前端设机械格栅一道，用以防止大块污染物阻塞泵等设备，同时设有进水管、调节池提升泵、出水管各一。

（2）曝气生物滤池

设曝气生物滤池 2 座，用于冬季低温期运行，设计流量为 42 m^3/h，设计负荷为 1.78 kg COD/（m^3·d），池体尺寸为：3.0 m×3.0 m×5.0 m。曝气生物滤池填料采用 3～5 mm 陶粒，运行方式采用下端进水，上端出水，利用布水管进行布水，用罗茨鼓风机为系统供气，采用穿孔管进行曝气。曝气生物滤池根据运行情况，以 24～48 h 为周期，以清水池储水定期反冲洗。

（3）人工湿地系统

建设人工湿地处理系统 1 座，运行方式采用表面布水，利用集水渠收集水，设计流量为 42 m^3/h，设计 COD 负荷为 0.35 kg/（m^2·d），水力停留时间为 8.0 h，结构尺寸：32.0 m×9.0 m×1.5 m。利用洼地开挖土池结构，底部采用土工布防渗，上面为 0.3 m 黄土层，基质采用砾石和炉渣混合，厚度 0.6 m，最上层为 0.5 m 腐殖土，并种植湿地植物芦苇等。

（4）塘系统

设稳定塘 1 座，利用天然洼地开挖，表面水深 1.5 m，设计流量为 42 m^3/h，设计水力停留时间为 24.0 h，尺寸：43.0 m×16.8 m×1.5 m+21.2 m×9.0 m×1.5 m，塘内人工种植大型挺水植物，并可以养殖鱼类等水生或两栖动物。

（5）清水池

设清水池 1 座，用以贮存系统出水，以便回用，结构尺寸：4.8 m×3.3 m×5.5 m。

（6）污泥池

设污泥池 1 座，用以贮存系统排泥，结构尺寸：4.8 m×3.3 m×5.5 m。

（7）综合间

用以安放设备及运行管理等，尺寸：18.0 m×9.0 m×4.5 m。

4．处理效果

洪河农场污水处理及回用工程一期工程，采用冬季夏季双系统分开运行，两套系统各具优势。冬季曝气生物滤池，停留时间短，曝气量小，能耗很低；而夏季采用的人工湿地+塘系统，该工艺具有生物负荷大等优点，基本无能耗低，最大限度地节约了运行费用，非常适合小城镇污水的生化处理。系统处理后水，初期考虑用于农田灌溉，远期考虑回用，设计出水指标达到《城镇污水处理厂污染物排放标准》（GB 18918—2002）一级 A 标准，见表 12-4。工程预计总投资 124 万元，夏季人工湿地+塘系统运行费用为 0.34 元/m^3，冬季曝气生物滤池运行费用为 0.49 元/m^3。此外，湿地种植的芦苇等经济植物，同时养殖水生鱼类或两栖类，一年可得收益为：2 万～4 万元，如果糟渣加以处理，收入还会进一步提高。系统产生的污泥，用于沼气发酵，沼气 120～180 m^3/d。

表 12-4　洪河农场污水处理系统设计进、出水水质　　单位：mg/L

指标	COD	BOD_5	SS	NH_3-N	TP
进水	350	200	300	30	3
出水	≤50	≤10	≤10	≤5（8）	≤0.5

第十三章　百乐克（Biolak）工艺

一、工艺原理

百乐克（Biolak）工艺顾名思义，Bio-+Lake，是“生化湖”的意思，即在湖体或水塘内采用生物方法处理污、废水的工艺。Biolak 技术是由德国冯·诺顿西公司于 20 世纪 70 年代研究成功的一种新型污水处理技术，并在 1983 年实际投入运行了第一个波浪式氧化系统（the WOX system）。它的独特之处在于一般利用天然的沟壑和洼地，内敷 HDPE 膜做成土坝结构的生化池，在池内安装特殊的曝气系统——悬挂链式曝气装置，交替形成多个好氧段、缺氧段，形成波浪式的混合氧化效果，从而创造出各类特种微生物的良好生长环境，从而达到污水处理的目的。到了 1991 年在生化池前端考虑了除磷区，从而实现了硝化、反硝化、除磷的目的，这种改进的百乐克工艺称作 Biolak-L 工艺。Biolak 工艺一般采用低负荷活性污泥工艺，对有机物有很高的去除率，同时可以形成多级的 A/O 交替过程，所以对氮磷也有不错的去除率。其在工艺设计上、池体结构上、曝气形式上、采用设备上都与一般活性污泥法构筑物不同［图（彩）13-1］，由于其处理效果好，工程造价低很有推广价值。其突出的机构和工艺特征如下。

1．曝气池采用土池结构

根据国家环保局 1992 年编写的《工业废水处理设施的调查与研究》，我国工业废水处理设施资金的 54%用于土建工程设施，而只有 36%用于设备，造成这种投资分配格局的主要原因是工艺池大都采用价格昂贵的钢筋混凝土池。而采用 Biolak 工艺的深圳龙田污水厂土建工程造价 500 万元，仅占总投资的 20%。大的钢筋混凝土池不仅价格昂贵，而且施工难度大。但对于许多种曝气工艺来讲，都不考虑采用土池，因为土池会造成地下水的侵蚀，同时也由于在土池基础上安装曝气头是十分困难的。

为了减少投资，百乐克技术在研究土池结构的曝气池上做了大量工作，首先是使用 HDPE 防渗膜隔绝污水和地下水连通，其次是悬挂在浮管上的微孔曝气头避免了在池底池壁穿孔安装。这种敷设 HDPE 防渗膜的土池不仅易于开挖、投资低廉，而且完全能满足污水处理池功能上的要求，并能因地制宜，极好地适应现场的地形，在某些特殊的地质条件下，如地震多发地区、土质疏松地区，其优点得到更充分的体现。敷设 HDPE 防渗膜的土池使用寿命远远超过钢筋混凝土池[23]。

2．悬链式曝气系统

百乐克曝气系统的结构见图 13-2，曝气头悬挂在浮链上，停留在水深 4～5 m 处，气泡在其表面逸出时，直径约为 50 μm。如此微小的气泡意味着氧气接触面积的增大和氧气传送效率的提高。同时，因为气泡向上运动的过程中，不断受到水流流动，浮链摆动等扰动，因此气泡并不是垂直向上的运动，而是斜向运动，这样延长了在水中的停留时间，同时也提高氧气传递效率。运行表明：百乐克悬挂链的氧气传递率，远远高于一般的曝气工艺以及固定在底部的微孔曝气工艺。百乐克曝气头悬挂在浮动链上，浮动链被松弛地固定在曝气池两侧，每条浮链可在池中的一定区域蛇形运动。在曝气链的运动过程中，自身的自然摆动就可以达到很好的混合效果，节省了混合所需的能耗。采用百乐克系统的曝气池中混合作用所需的能耗仅为 1.5 W/m^3，而一般的传统曝气法中混合作用的能耗为 10～15 W/m^3。由于百乐克曝气头（Biolak-Friox）特殊的结构，即使在很复杂的环境里曝气头也不至于阻塞，这意味着曝气装置可运行几年不维修，所需维护费用很少。

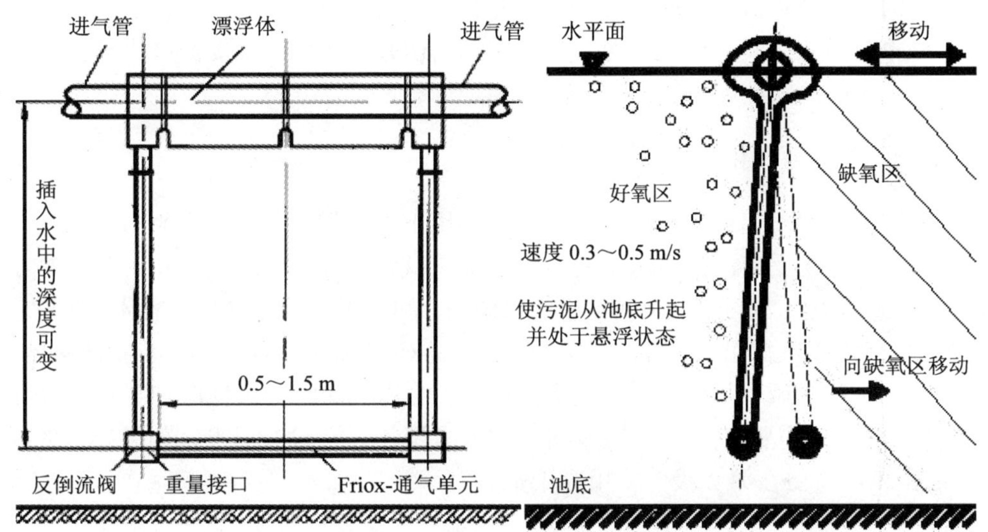

图 13-2　Biolak 曝气系统结构示意图

3. 简单易行的维修

百乐克系统没有水下固定部件，维修时不用排干池中的水，而用小船到维修地点将曝气链下的曝气头提起即可。实践表明，曝气头运行几年也不用任何维修，这主要是因为曝气管是由很细的纤维（直径约 0.003 m）做成，并用聚合物充填，以达到防水和防脏物的目的。同时，曝气头有大约 80%的自由空隙和 20%的表面，和传统曝气头刚好相反。因此，微生物可生长的面积很小，并很容易被去除。当曝气头必须维修时，也不影响整个污水处理场的运行。该工艺的移动部件和易老化部件都很少。在选择设备和材料时，都采用了可靠耐用的材料。该工艺无需太多的自动化。它既不需要任何易损的探测器，也不需要任何复杂的控制系统，而操作这些控制系统还需要专门的技术和昂贵的配件。

4. 土地的利用

尽管百乐克系统需要的曝气池体积比所谓密集型的大，但所需的总面积并不大，有时甚至更小，这主要有以下原因：1）不需初沉池；2）二沉池可以和曝气池合建在一起；3）池的设计和布置的自由度大，对地形的适应性强。

二、工艺类型

Biolak 工艺由于采用土池一体化结构和灵活高效的悬链式曝气系统，其结构布置灵活，可以根据不同处理水质的要求，设置出不同的工艺过程。其基于多级 A/O 理论和非稳态理论，可以在同一构筑物中设置了多个 A/O 段，使污水能够经过多次的缺氧与好氧过程，强化了污泥的活性并兼有脱氮效果。

典型的具有脱氮除磷功能的 Biolak 多级活性污泥污水处理系统，其主体通常由四部分组成，包括生物除磷池（厌氧池）、曝气池（多级 A/O 池）、沉淀池、稳定池，四部分可以合建与同一池体形成 Biolak 综合池。其主体工艺流程为，原水—预处理（格栅间、沉砂池）—除磷池兼水解酸化池—曝气池（多级 A/O 功能）—沉淀池（澄清池）—稳定池—外排。其各部分功能如下。

1．除磷池兼水解酸化池

污水与回流污泥一起进入该池，在搅拌器作用下充分混合，再进入曝气区。污水在该区发生部分水解酸化反应，提高污水的可生化性，减轻后续曝气区的负担，从而减小动力消耗和曝气区的体积。同时，回流污泥中的聚磷菌，可以在该池内发生厌氧释磷过程，并与好氧处理区的延时曝气相配合，可以强化生物除磷，对污水的脱氮除磷可起到很好的作用。

为了加强生物去磷作用，在第 2 级前加入了生物去磷区。这样即使要求的净化度低于 1 mg 磷/L，也只需要在 1 年中短时间内加入凝聚物。一般情况下，如果要求的净化度低于 1 mg 磷/L，需要在第 2 级中采用凝聚剂。

2．曝气池

Biolak 池的曝气区，通过曝气链的不均匀布置及轮换作用，可以产生交替的好氧区和缺氧区，而且这个 A/O 状态又是连续多重布置的，形成 AOAO…AO 工艺，通过这种反复过程，对污染物，特别是对 NH_3-N、TP 可以获得很高的去除效果。

百乐克曝气装置为微孔套管摆动曝气形式，曝气器由浮管牵引，悬挂在池中，曝气器与布气管间用软管连接。通气时，曝气器由于受力不均在水中产生运动。由于曝气头的运行，上升气泡形成气浮，运动轨迹加长了气泡在水中的停滞时间，因此提高了氧利用率。

百乐克池的进水及回流污泥可随时进行调整。一般情况下，污水及回流污泥进入除磷池；若曝气池前端不曝气，变为缺氧区，池中微生物缺少碳源时，污水及回流污泥可进入曝气池，也可以回流污泥进入曝气池，而污水仍进入除磷池，确保微生物正常工作。

根据出水氨氮、总磷指标，适当调节曝气池和稳定池的曝气情况。冬天温度低时，硝化菌活性降低，需要加大硝化区的容积提高除氮效果，这时，曝气面积应该加大；除磷菌基本丧失活性，这时除磷主要依靠加絮凝剂。夏天温度高时，硝化菌活性增大，硝化区的面积不需要很大，这时应减小曝气面积；除磷菌活性也增大，絮凝剂可加小量或不加。

3．沉淀池（澄清池）

百乐克工艺的沉淀池一般与曝气池合建在一起，为一沉淀区。曝气池中产生的污泥在沉淀区中被分离，沉淀在底部的污泥被悬浮式吸泥装置吸出，一部分回流至曝气池，极少量的剩余污泥排入污泥池浓缩、贮存、待运。

4. 稳定池

为了保证负荷变化时的出水质量，百乐克工艺利用一个相对独立的稳定池来进行二次曝气，以保证出水清洁，保证水中有足够的溶解氧。其内设可调节曝气链一条，根据出水要求，决定是否开启曝气装置。国内，出水标准为一级标准时，常将此作为沉淀池，以进一步强化水质。

三、净化效果

百乐克工艺为一种具有除磷脱氮功能的多级活性污泥污水处理系统，与活性污泥法的延时曝气工艺相类似，采用低负荷活性污泥工艺。其曝气池设计突破了原始的廊道式推流反应池及氧化沟池型，是一种完全混合型的曝气池。通过对悬链式曝气装置的简单控制，形成厌氧、兼氧和好氧的生物环境，采用低负荷活性污泥工艺，有效降解 BOD 和 COD，并通过波浪式氧化工艺，在池中形成多重兼氧区和好氧区，促进硝化反应脱氮和强化除磷作用，有效去除氮和磷。

低负荷活性污泥工艺是其突出的特点之一。与废水中的污染水平比较，Biolak 系统利用了大量的微生物来净化污水。Biolak 工艺污泥回流量大，污泥浓度较高，生物量大，相对曝气时间较长，所以污泥负荷较低。废水中的污染物被相对极大量的微生物吸收（分解）殆尽，所以出水水质好，对于城市生活污水 BOD 和总磷的去除率可达到 90%以上，总氮也有很高的去除效果。并且具有与同样采用延时曝气的氧化沟工艺相同的优点，可不设初沉池、耐进水负荷冲击能力强、剩余污泥量小，不需硝化处理和污泥矿化程度高，无臭味以及由于泥龄长，有利于硝化菌的繁殖，可起到较好的脱氮作用。

百乐克工艺另一大特点是具有简单而有效的污泥处理系统。百乐克工艺回流污泥量大，其剩余污泥比传统工艺少许多。在恒定的负荷条件下，百乐克工艺的污泥在曝气池中的停留时间是传统工艺的几倍。由于污泥池中的污泥是完全稳定的，不会再腐烂，即使长期存放也不会产生气味，这就是它同传统工艺相比污泥更容易处理的原因。而且污泥池完全可以做成土池结构，节省土建费用。

另外百乐克工艺还具有维修简单易行的优点。百乐克系统没有水下固定部件，维修时不用排干池中的水，而用小船到维修地点将曝气链下的曝气头提起即可。实践表明，曝气头运行几年也不用任何维修，这主要是因为曝气管是由很细的纤维（直径约 0.003 m）做成，并用聚合物充填，以达到防水和防脏物的目的。同时，曝气头有大约 80%的自由空隙和 20%的表面，和传统曝气头刚好相反。因此，微生物可生长的面积很小，并很容易被去除。当曝气头必须维修时，也不影响整个污水处理场的运行。该工艺的移动部件和易老化部件都很少。在选择设备和材料时，都采用了可靠耐用的材料。该工艺无需太多的自动化。它既不需要任何易损的探测器，也不需要任何复杂的控制系统，而操作这些控制系统还需要专门的技术和昂贵的配件。百乐克工艺的典型设计参数见表 13-1。

表 13-1 常见的 Biolak 工艺设计参数取值

参数	取值
污泥（MLSS）BOD_5负荷/[kg/（kg・d）]	0.03～0.15
曝气池容积 BOD_5负荷/[kg/（m^3・d）]	0.1～0.5
MLSS/（mg/L）	2 000～4 000
污泥回流比/%	50～150
回流污泥浓度/（mg/L）	8 000～12 000
污泥容积指数 SVI/（mL/g）	50～80
池深/m	3～6
混和要求（单位池容能耗）/（W/m^3）	1.7～2.9

四、适用范围

Biolak 工艺由于采用土池而大大减少了建设投资，采用曝气链曝气系统进一步强化了氧的转移效率，并减少运行费用，大大提高了处理效果。具有适应水质广，工艺结构简单，操作管理方便，投资运行费用低，处理效果稳定，污泥处理方便等优点，在适宜的条件下具有较大的经济效益和社会效益。

Biolak 系统可广泛适用于城市污水和工业废水的处理，尤其适合于中小城镇污水及造纸等工业废水的处理，为当前我国城镇污水处理工艺的筛选提供了一种新的选择。到目前为止全世界已有 600 多座 Biolak 污水处理厂在稳定运行，由初期几百人口使用的小型系统发展到今天 90 万人口使用的大型系统，日处理水量从数千吨到数十万吨不等，其中一半是城市污水处理系统，Biolak 技术已在我国城市污水处理上已有十多个应用实例。同时，要注意的是由于 Biolak 系统采用土池结构，其选址时要充分考虑到当地的地质条件，对于地震活跃带和地下水位较高地区不宜采用 Biolak 工艺。

此外，Biolak 系统还广泛应用于造纸、纺织、石化、化工、制药、食品等行业。尤其是其独特的工艺特点越来越受到造纸废水处理界的关注，该技术先后在武汉层鸣纸业有限公司、山东晨鸣纸业有限公司、山东潍坊纸业、山东齐河纸业等的中段废水处理工程中已得到成功应用。

五、工程实例

（一）山东招远污水处理厂

1. 工程背景

山东招远市污水处理厂，于 1998 年开始建设，处理规模为 2×10^4 m^3/d，采用百乐克工艺［图（彩）13-3］。该污水处理厂是在原 10 000 m^3/d 冶金、染料等工业废水处理厂的基础上改造建成的，改造费用为 1 500 万元，其中综合池（土池）为 280 万元。主要设备全进口，其中污泥脱水机和粗格栅用国产设备，办公楼、部分构筑物和公共设施用原来的。

山东招远市污水处理厂于 1999 年 10 月正式建成运行［图（彩）13-4］，整个污水处理厂占地面积 2 hm^2，设计流量为 20 000 m^3/d，原水包括市政污水和部分工业废水，2001年平均运行费用为 0.58 元/t[24]。

2. 工艺流程

整个处理系统仅设一组构筑物——Biolak 综合池。污水在厂内先经粗格栅去除大的漂浮物后，自流入集水井，再用泵提升至转鼓式格栅，然后依次流经除磷段（由推进器将进水和污泥混合）、曝气段和澄清段，最后进入二次曝气段和稳定段进行曝气充氧稳定。回流污泥回流至除磷段前，剩余污泥处理采用污泥贮池加带式脱水机的方式，脱水后外运处置。工艺流程见图 13-5。

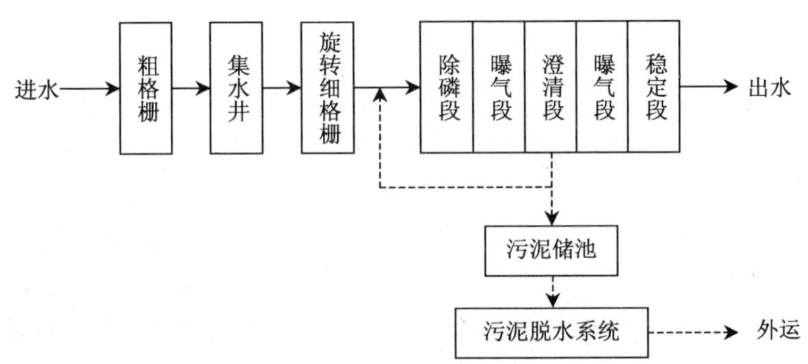

图 13-5 山东省招远市污水处理厂 Biolak 工艺流程

3. 主要参数

山东招远市污水处理厂 Biolak 处理系统，占地总面积 2 hm^2，设计流量为 20 000 m^3/d，主体构筑物 Biolak 综合池，其中曝气池和稳定池采用土池防渗结构，内砌毛石，沉淀池为混凝土结构，停留时间约为 20 h。由于 Biolak 曝气装置的动力效率和氧的利用率较高（在 5 m 水深时为 28.8%），采用 4 台风机，每台 130 kW，共 520 kW，能耗较其他工艺明显降低。处理构筑物土建投资为 284 万元，处理设备装机容量 616 kW。

4. 处理效果

该工程设计进水 COD 为 770 mg/L，设计出水达到《污水综合排放标准》（GB 8978—1996）二级排放标准。而实际运行情况是，在污染负荷超过设计指标的情况下，仍能稳定达到国家一级排放标准，且超过了预期的设计效果。2001 年运行情况见表 13-2。

表 13-2 山东省招远市污水处理厂平均进、出水水质与处理效率

指 标	进 水	出 水	去除率/%
COD/（mg/L）	1 200	60	95
BOD_5/（mg/L）	750	20	97
SS/（mg/L）	172	20	88
NH_3-N/（mg/L）	45	12	73
TP/（mg/L）	15	1	93

（二）深圳龙田污水处理厂

1. 工程背景

深圳市龙田污水处理厂位于深圳市龙岗区，总占地面积 4.8 hm^2，设计处理污水能力为 60 000 m^3/d，其中一期工程处理能力为 30 000 m^3/d，占地 2.36 hm^2。工程于 2000 年 9 月动工，2001 年 11 月开始调试，并于 2002 年 6 月 10 日正式运行。工程总投资 3 000 万元，处理池占地面积 6 300 m^2，该污水处理厂采用全套德国冯诺顿西公司设备，采用百乐克综合池的形式布置，见图（彩）13-6，主要处理田坑水河流的河水和附近养猪场污水。

2. 工艺流程

来自坑梓镇的污水汇入田坑水河流，在河道上设置截流闸，污水经截流闸截留后，流入污水处理厂集水池。养猪场的污水用潜污泵输送至集水池；这时，污水在厂内首先经过粗格栅去除大的漂浮物，然后自流入集水池。经集水池的立式潜污泵提升至格栅间的组合式旋转细格栅，组合式旋转细格栅可把杂物及砂粒从废水中分离出来，并浓缩处理；污水经过格栅去除泥砂及漂浮物后，出水先进入厌氧池，由推进器将进水和厌氧污泥混合进行厌氧处理，然后自流入 Biolak 综合反应池进行生化处理；污水在 Biolak 综合反应池，首先经过厌氧酸化水解，然后利用悬链式曝气器曝气充氧进行好氧处理。好氧过程产生的混合液自流入沉淀池，沉淀池产生的上清液自流入后曝气池再进行曝气充氧稳定，然后再通过后稳定池，最后自流进入消毒水池，消毒后排放，进入龙岗河上游的田坑水中。沉淀池产生的污泥经吸机吸出后，返回到厌氧池和曝气池；Biolok 综合反应池产生的剩余污泥由污泥泵抽至浓缩池浓缩。浓缩后污泥经 NCF 与 PAC 复配混凝后再由螺杆泵送入带式压滤机脱水，脱水后污泥外运。污泥浓缩池产生的上清液与带式压滤机产生的滤出液及反冲洗水自流入集水池进行二次处理；Biolak 综合反应池好氧反应所需氧气由鼓风机供给，厌氧生物过程的泥水混合依靠设于池底的潜水搅拌机完成；净化水可采用 ClO_2 进行消毒处理。ClO_2 发生器产生的消毒剂以生产上的用水吸收，然后再送到消毒水池与净化水充分混合。ClO_2 消毒剂依靠化学方法生成，其原料为氯酸钠和盐酸；预处理设施（格栅间）产生的机械杂物（栅渣与泥砂）由清渣车外运填埋处置；产生的剩余污泥经化验后确定外运用作农肥或填埋。其整体工艺流程见图 13-7。

3. 主要参数

深圳龙田污水处理厂，一期工程设计处理能力 30 000 m^3/d，设计平均流量为 1 250 m^3/h，最大流量为 1 875 m^3/h，变化系数 K_p 为 1.5。设计出水水质达到《污水综合排放标准》（GB 8978—1996）一级排放标准，其进出、水设计指标见表 13-3。主要构筑物参数及造价见表 13-4。

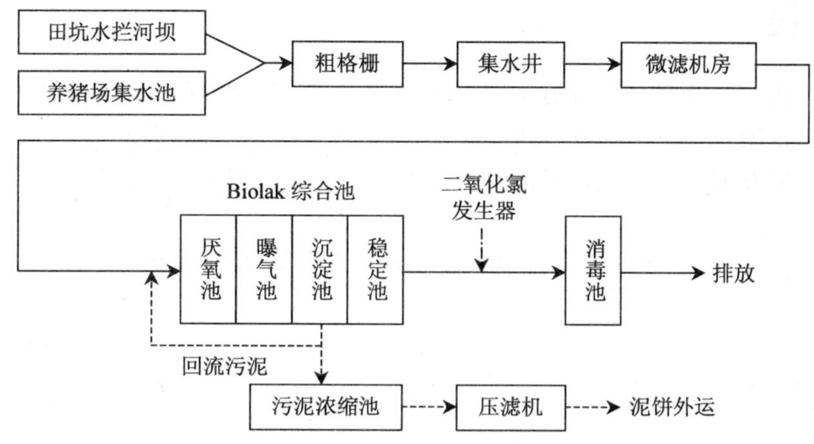

图 13-7　深圳龙田污水处理厂工艺流程

表 13-3　深圳龙田污水处理厂进、出水设计指标

指　标	进　水	出　水
COD/（mg/L）	150～200	60
BOD_5/（mg/L）	50～90	20
SS/（mg/L）	200～300	20
TN/（mg/L）	25～35	12
TP/（mg/L）	2～4.6	0.9

表 13-4　深圳龙田污水处理厂一期工程主要构筑物参数及造价

<table>
<tr><th>构筑物名称</th><th>规格/m</th><th>数量/个</th><th>造价/万元</th></tr>
<tr><td>养猪场集水池</td><td>2.0×2.0×2.0</td><td>1</td><td>0.60</td></tr>
<tr><td>进水渠</td><td>1.0×1.0</td><td>1</td><td>7.56</td></tr>
<tr><td>集水池</td><td>10.0×6.0×5.0</td><td>1</td><td rowspan="2">11.9</td></tr>
<tr><td>格栅间</td><td>26.0×6.0</td><td>1</td></tr>
<tr><td>厌氧池</td><td>60.0×15.0×5.0</td><td>1</td><td rowspan="6">125.98</td></tr>
<tr><td>曝气池</td><td>60.0×45.0×5.0</td><td>1</td></tr>
<tr><td>沉淀池</td><td>60.0×20.0×5.0</td><td>1</td></tr>
<tr><td>后曝气池</td><td>60.0×5.0×5.0</td><td>1</td></tr>
<tr><td>后稳定池</td><td>60.0×6.0×5.0</td><td>1</td></tr>
<tr><td>消毒池</td><td>60.0×10.5×5.0</td><td>1</td></tr>
<tr><td>污泥浓缩池</td><td>8.0×8.0×7.5</td><td>1</td><td>18.20</td></tr>
<tr><td>污泥浓缩机房和加氯间</td><td>32.1×16.0</td><td>合建</td><td>47.70</td></tr>
</table>

4. 处理效果

深圳龙田污水处理厂，稳定运行后，处理效果良好，实际出水指标可达到《污水综合排放标准》（GB 8978—1996）的城市污水一级排放标准，且超出了预期设计的效果，实际运行情况见表 13-5。该工艺目前运行情况稳定，运行费用较低，为 0.40 元/t 左右。

表 13-5 深圳龙田污水处理厂实际运行进、出水水质 单位：mg/L

指 标	进 水	出 水
COD 平均	149.5	36.8
BOD 平均	70.1	13.1
SS 平均	115	20
NH_3-N 平均	12.4	7.9
TP 平均	1.07	0.33

（三）山东安丘市污水处理厂

1. 工程背景

山东省安丘市污水处理厂一期规模为 3 万 m^3/d，二期为 3 万 m^3/d（合计为 6 万 m^3/d），工程采用百乐克（Biolak）工艺来处理。一期原水为工业废水和镇居民生活污水（含城市公共设施排出的污水）的混合污水，其中工业废水所占比例较大，主要当地造纸厂的造纸中段废水和柠檬酸生产废水，该混合水的水质见表 13-6，设计经处理后出水达到 GB 8978—1996 的二级标准。

表 13-6 山东省安丘市污水处理厂设计进水水质

项目	pH	COD/（mg/L）	BOD_5/（mg/L）	SS/（mg/L）	NH_3-N/（mg/L）	TP/（mg/L）
原水	6.6～7.9	800～1 000	300～500	300～400	40～50	3～4
设计值	6～8	1 000	500	400	50	4
排放标准	6～9	≤120	≤30	≤30	≤25	≤1

2. 工艺流程

山东省安丘市污水处理厂一期工程采用 Biolak 生化处理工艺。原水进入处理厂后，首先经粗格栅去除大的漂浮物后，自流进入集水井，然后由立式污水泵提升至组合式旋转细格栅（把杂物及砂粒从废水中分离出来），其出水再经旋流式沉砂池进一步去除无机颗粒后，进入 Biolak 综合反应池。污水进入 Biolak 池后，在推进器的作用下与回流污泥混合，并依次流经厌氧除磷段、曝气段、沉淀段和稳定段，污水在稳定段曝气充氧稳定后达标排放。回流污泥回流至除磷段前，剩余污泥处理排入污泥贮池，干化后可做农业肥料或外运填埋。其整体工艺流程见图 13-8。

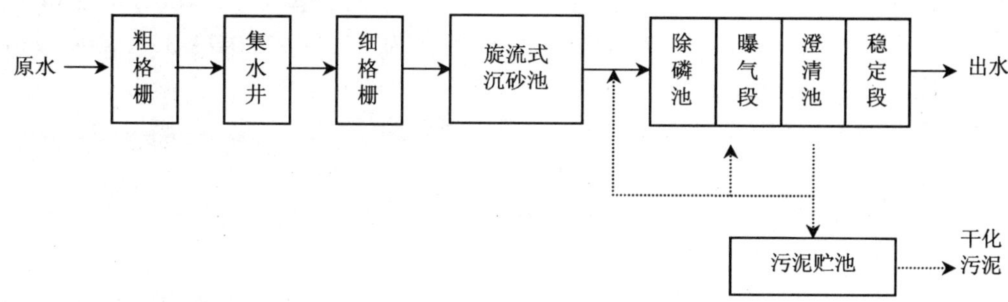

图 13-8　山东省安丘市污水处理厂工艺流程

3. 主要参数

山东省安丘市污水处理厂一期工程主要构筑物设计参数如下：

（1）旋流式沉砂池

兼作调节池，按一期、二期各设 1 座考虑，单池有效池容为 57.6 m^3，有效水深为 1.2 m，水力停留时间为 55 s，水平流速为 0.22 m/s，主要去除粒径大于 0.25 mm 的砂粒。进水沿沉砂池切线方向进入，出水沿圆心方向排出，采用气提方式除砂。

（2）除磷池

尺寸为 62.5 m×8 m×5.5 m，有效池容为 2 500 m^3，有效水深为 5.0 m，水力停留时间为 2.0 h，设搅拌器 3 台，配电功率为 10 kW。

（3）曝气池

采用钢筋混凝土结构，尺寸为 62.5 m×61.28 m×6.0 m，有效池容为 21 065m^3，有效水深为 5.5 m，水力停留时间为 16.85 h，采用溢流堰出水。池内设 12 条移动式曝气链、1 台溶解氧仪（采用 PLC 控制溶解氧上限为 2 mg/L，下限为 1 mg/L）、1 台 pH 在线检测仪。曝气池的污泥（MLSS）BOD_5 负荷为 0.08 kg/（kg·d），容积 BOD_5 负荷为 0.28 kg/（m^3·d），MLSS 质量浓度为 4 g/L，污泥龄为 29 d。微孔曝气头悬挂在浮动链（固定在曝气池两侧）上，每条浮动链可在池中的一定区域做蛇形摆动，可起到很好的混合作用，节省了混合所需的能耗。

（4）沉淀池

钢筋混凝土结构，尺寸为 62.5 m×15.71 m×6.0 m，有效池容为 5 400 m^3，水力停留时间为 4.3 h，污泥回流比为 100%（回流至除磷池和曝气池的分别约占 70%和 30%），采用闸门控制。池内设轨道式桁车 1 台，驱动装置的功率为 0.18 kW；污泥回流系统设吸泥机 1 台，配两台污泥泵：功率为 9 kW，扬程为 58.8 kPa，流量为 600 m^3/h。

（5）稳定池

尺寸为 62.5 m×10.24 m×5.5 m，有效池容为 3 200 m^3，有效水深为 5.0 m，水力停留时间为 2.6 h。池内设移动式曝气链 1 条，用来增加水中溶解氧含量。稳定池在调节水中溶解氧含量的同时也增强了沉淀效果。

（6）配套设施

集水井：砖混结构，$L\times B\times H$= 9.5 m×9.3 m×7.5 m，有效池容为 162.0 m^3。

污水提升泵：共 4 台，采用浸没式安装，其中两台型号为 400QW1500-10-75（Q=1 500 m^3/h，H=98 kPa，N=75 kW），另外两台为 250QW700-11-37（Q=700 m^3/h，H=107.8 kPa，N=37 kW）。

粗格栅：2 台，格栅宽度为 900 mm，栅条间距为 20 mm，配电功率为 1.1 kW，安装角度为 75°。

组合式旋转细格栅：2 台，格栅宽度为 900 mm，栅条间距为 5 mm，配电功率为 1.1 kW，安装角度为 75°（格栅的设计按 6×10^4 m^3/d 的规模考虑）。

罗茨鼓风机：2 台，采用户外布置方式，功率为 160 kW，风量为 105 m^3/min，出口风压为 60 kPa，同时配有隔音罩、消音器、空气滤清器及安全阀，确保距风机 1 m 以外区域的噪声低于 75 dB。

4．处理效果

山东省安丘市污水处理厂调试启动采用接种与驯化同步进行的方式，接种污泥为潍坊市污水处理厂的压榨脱水污泥，接种量为 0.5 kg/m^3（以干污泥计）。调试过程中进水分三步：第 1～5 天的进水量为 1 万 m^3/d，第 6～10 天的进水量为 2 万 m^3/d，第 11～15 天的进水量为 3 万 m^3/d。整个调试过程历时两个多月，当进水量达到 3 万 m^3/d 后逐步使曝气池中的 MLSS 达到设计值。工程自调试结束后，稳定运行四个月后的出水水质见表 13-7，其出水水质达到 GB 8978—1996 的二级标准。

该工程的总投资为 2 700 万元，其中土建投资约 700 万元，国内设备约 500 万元，国外设备约 1 000 万元，电气仪表设备及安装费用约 200 万元，其他费用近 300 万元；工程总占地面积为 56 530 m^2，其中建筑物占地面积为 21 317 m^2，道路占地面积为 5 520 m^2，绿化用地为 13 000 m^2，其余为远期计划用地；污水处理成本为 0.48 元/m^3。

表 13-7 山东省安丘市污水处理厂出水水质

项目	pH	COD/（mg/L）	BOD_5/（mg/L）	SS/（mg/L）	NH_3-N/（mg/L）	TP/（mg/L）
出水水质	6.5～8.2	55～70	17～26	17～25	15～21	0.7～1.0
排放标准	6～9	≤120	≤30	≤30	≤25	≤1

第十四章　新型污水处理技术与工艺

一、强化污泥过滤一体化污水处理技术

大中城市多采用工艺复杂或自动化程度高的污水处理工艺，其特点是流程复杂、停留时间长、电耗较大。中小城镇和生活小区的污水处理受限于资金、管理等因素，迫切需要一些经济、高效、灵活的污水处理技术。

基于节省投资和运行费用的理念，哈尔滨工业大学考虑减少污水提升、降低沉淀区体积、省掉刮泥设备的关键技术，引进新的泥水分离理念，改变了污水（泥）的回流方式，参阅国内外相关研究成果，从而开发强化污泥过滤一体化污水处理技术 SFWT。

1．技术原理

在传统污水处理工艺中，二次沉淀池主要起到泥水分离和浓缩污泥作用，考虑到生物絮凝体具有很好的接触絮凝作用，如果借用净水工艺中“澄清池”的“泥沙接触絮凝过滤”的概念，在沉淀池设计上进行创新，就可以利用活性污泥形成絮体过滤层，吸附曝气池出水残留的有机胶体，污泥过滤层就起到深度处理砂滤层的作用。

强化污泥过滤一体化污水处理技术 SFWT 是一种新型的一体化污水生物处理工艺，在工艺流程及泥水分离区上有所创新，工艺流程示意图见图 14-1。

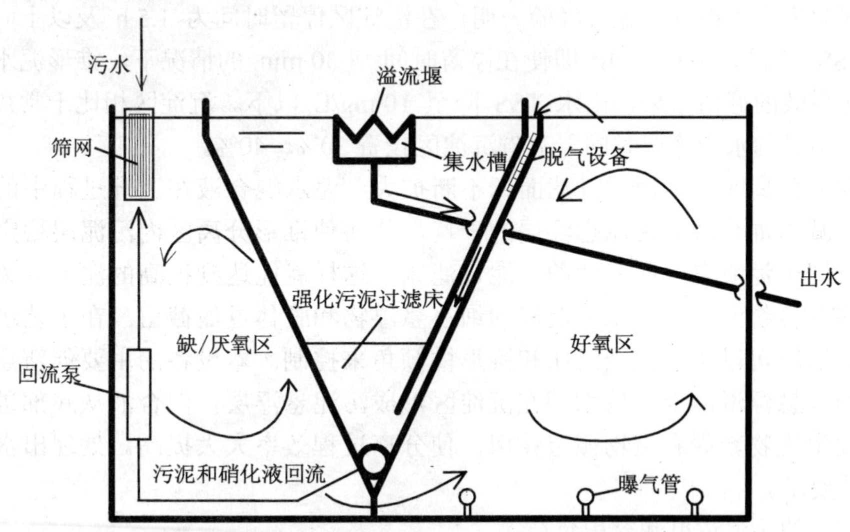

图 14-1　强化污泥过滤一体化污水处理技术 SFWT 示意图

污水通过筛网进入缺/厌氧区并与从锥形澄清区回流的活性污泥充分混合，经过缺/厌氧反应区后从底部进入好氧反应区，混合液再从上部通过脱气设备进入特殊设计的锥形导流区，在导流区内发生生物絮凝和过滤截留作用，使分离过程效率大大提高。泥水分离过后，沉后水进入出水槽而排出反应器。活性污泥则通过锥形池底部收集管回流到缺/厌氧区。

SFWT 工艺是传统活性污泥法的一种改进，它将一个缺氧选择区和一个上向流污泥床澄清池合并在一起。对于 BOD 的去除，缺氧区作为一个“选择区”来调节混合液以提高其沉降性并控制丝状菌的生长。

2. 工艺特点

SFWT 技术的特色在于其灵活的运行方式和高效的泥水分离效率，设备具有多功能化和系列化的特点，该工艺具有以下特点。

（1）灵活的运行方式

SFWT 工艺按不同的处理要求完成对不同污染物的去除：1）将缺/厌氧区改成好氧运行，变成以去除有机污染物为主的运行方式。如果不将缺氧区改成好氧区，前段缺氧池可作为生物选择区以控制丝状菌的生长并提高污泥沉降性；2）生活污水通过缺氧反硝化和好氧硝化作用完成有机物和氮的去除，这时需要将硝化液回流至前段缺氧区；3）调整合理的厌氧区和好氧区比例，在厌氧区营造良好的厌氧环境，可以形成厌氧-好氧除磷工艺；4）在处理工业废水时，缺氧段可以设计为水解酸化池，大分子有机物经水解酸化后分解为小分子有机物，进而在好氧区完成有机污染物的去除。

（2）高效的泥水分离效率，节省基建投资

重力沉淀是当今应用最广泛的泥水分离技术，但它较低的分离速率使沉淀设备效率低下，从而需要较大的沉淀区容积。SFWT 技术融合了净水工艺的“悬浮澄清池”技术，在沉淀区形成污泥悬浮层，混合液从底部进入锥形导流区内，发生生物过滤和絮凝作用，使分离过程效率大大提高。运行经验表明，在沉淀区停留时间为 1.5 h 及以上时，出水相当清澈（TSS 接近为 0 mg/L），即使在停留时间为 30 min 的情况下，锥形泥水分离区仍然能够保证高效的截留效果，出水 TSS 降至 10 mg/L 以下。沉淀区相比于常规泥水分离可以节省 1 小时的水力停留时间，节省沉淀区投资 30%～40%。

在锥形分离区内，由于过滤面积不断扩大，泥水混合液在上升过程中的上升流速不断降低，减少混合液对污泥悬浮层的干扰，从而使锥形分离区内污泥层稳定地增厚，形成一个形同于泥渣悬浮澄清池的污泥过滤床。这样就能达到很高的泥水分离效率，甚至能将那些在传统沉淀池中难以沉降的细小悬浮物和胶体过滤截留。在工艺运行时，污泥过滤层的厚度可以由污泥回流比和锥形槽倾角来控制。本设备的主要创新点是融合了净水工艺的“悬浮澄清池”技术，在沉淀区形成污泥悬浮层，混合液从底部进入锥形导流区内，发生生物絮凝和生物截留作用，使分离过程效率大大提高。处理出水可以达到中水回用的要求。

（3）较高的污泥浓度和容积负荷

高效的泥水分离效率可以让更高浓度的活性污泥停留在反应器中，运行经验表明，SFWT 反应器可以维持 3 000～4 000 mg/L 的污泥浓度，这就为反应器以较高的容积负荷创造了条件，从而降低了反应器的20%～30%的设计容积，节省了基建费用。

（4）硝化液回流和污泥回流合并，节省运行费用

省略了硝化液回流，合并污泥回流和硝化液回流，节省了水泵的基建投资。在研究中发现，在水力停留时间为 6 h 及 8 h 时，采用 200%的污泥回流比，此时可取得相对较好的去除 COD 和脱氮除磷的效果，均达到污水一级排放标准。采用合适的回流量，也节省了运行费用。

（5）模块化生产和经济高效

SFWT 系统紧凑的设计，可以使反应器进行模块化生产，高效的沉淀效率和较高的反应器容积负荷有效降低了工程的基建投资。

3. 工程应用

SFWT 技术在哈尔滨太平污水厂进行工程示范，处理水量 500 m^3/d。主要工程参数如下：缺氧反应池水力停留时间 4 h，好氧反应池水力停留时间 8 h，沉淀区沉淀时间 1.5 h。设计缺氧区体积 80 m^3，尺寸 4 m×5 m×4.5 m，有效水深 4 m。好氧区和沉淀区体积总计 200 m^3，尺寸 10 m×5 m×4.5 m，有效水深 4 m。为强化磷的去除，设置一体化药剂投加装置。

以处理 5 000 t/d 城市污水处理为例，主要参数是厌氧/缺氧段水力停留时间为 2 h，好氧停留 4～5 h，污泥回流和硝化液回流 200%，处理出水可以达到一级 A 处理标准，吨水电耗 0.25 kW·h，去除单位 BOD 电耗 0.9～1.1 kW·h。产泥量（干污泥）为 2.1 t/万 t，污泥/污水量约 35 t/5 000 t。

基建投资费用 1 600 元/t。

4. 处理效果

SFWT 技术突出特点是处理出水水质可以达到一级 A 标准，建设时由于沉淀区的减少，可节省 10%的基建费用。运行时由于污泥回流和硝化液回流合并，相比于 AO 工艺，可节省 20%的电耗。

二、JLR+AWL 喷射环流耦合人工湿地工艺系统

县镇及中小城市有较大面积的土地资源，如果研究一种新型污水处理方法，充分利用土地处理，又降低投资和运行成本，将有益于县镇及中小城市水环境质量的改善。

人工湿地是一种经济、便捷的污水处理技术，氮磷去除效率高，但承受有机物负荷较小。喷射环流反应技术是一种高传质、高负荷的污水处理技术，但如果单独靠该技术处理污水，存在能耗较大，而且出水含氮、磷量较大。

喷射环流耦合人工湿地技术是一种新型污水处理技术，该技术组合时仅仅需要喷射环流反应器去除 70%的 COD 负荷和部分氮磷污染，其余污染物靠后期人工湿地进行处理，充分利用二者的优点，达到经济高效的目的。

1．技术原理

哈尔滨工业大学研制的 JLR+AWL 污水处理工艺，其实验室成果已经通过市科委组织的专家鉴定。JLR 前处理工艺具有较高的容积负荷，从而减少水力停留时间，节省大量的基建投资；AWL 后处理工艺具有较高的氮磷去除率。由于该工艺具有建设成本低、运营成本低、系列化等特点，因此具有较大的工程推广应用价值。

（1）喷射环流生物反应器

本技术主要涉及喷射环流生物反应器的导流筒设计，喷射单元设计及喷射环流生物反应器与膜生物反应器的耦合，新组合的技术借鉴了二者的优点，是一种容积负荷特别高、占地面积非常少的废水好氧生物处理技术。

喷射环流反应区循环泵进水来自总反应区混合液，混合液混合来水（废水）经水泵加压进入气液两相喷头，高速喷射的混合液将吸气管的气体高速剪切，向下经过内导流筒，形成喷射环流反应系统。由于喷射和高速剪切作用，微生物以异化作用为主，污泥同化作用产污泥量较少。剪切后的微小絮凝，在高速混合后具有较高的氧转移效率，可以保证较高的污泥浓度。

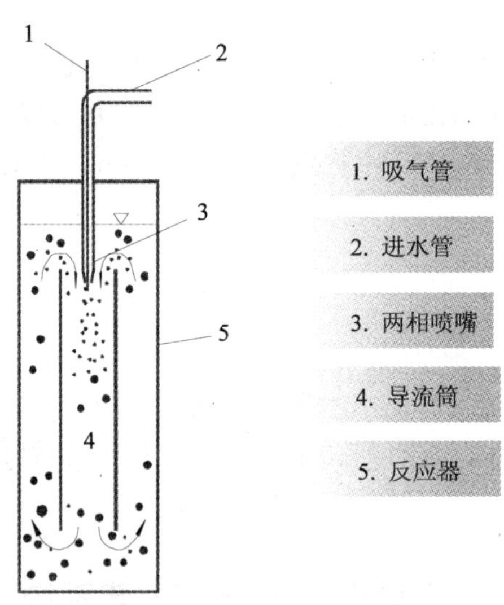

图 14-2 喷射环流生物反应器

（2）垂直流-水平潜流复合人工湿地

复合人工湿地系统主要由调节池、垂直流人工湿地、水平潜流人工湿地和集水池四部分组成，如图 14-3 所示。在复合人工湿地之前设有调节池，以使湿地进水中保持较低的悬浮物含量，这对人工湿地的长期稳定运行很重要。

2．工艺特点

① 灵活的运行方式，依据不同的处理要求完成对不同污染物的去除。

② 喷射环流融合了高速射流曝气、物相强化传递、紊流剪切等技术，传质效率高，水力停留时间短；潜流碎石生物过滤床和根系营养物的去除，SS 和氮磷的高效去除。

③ 克服喷射环流反应器能耗高、氮、磷去除差的缺点，利用其高传质、高负荷的优点。克服人工湿地有机负荷低的缺点，利用其氮、磷去除率高的优点。

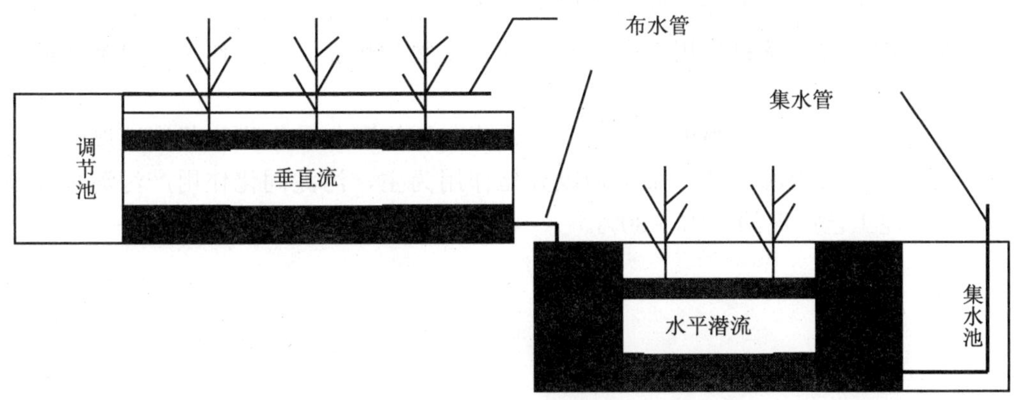

图 14-3 垂直流-水平潜流复合人工湿地

3. 工程应用

喷射环流耦合人工湿地污水处理技术（600 m^3/d），主要工程参数如下：

（1）喷射环流反应器

污水生物处理主体工艺采用喷射环流反应器（专利号 01251451.9），其特点是氧传质效率高、反应器容积负荷高、反应时间短。反应器设计按近期污水量考虑，污水量为 600 m^3/d。喷射环流反应器是一种高效传质特性的好氧生物反应池，此装置与以往的曝气池相比，高径比较大，占地面积少，工程方案共设 JIBR 反应塔 1 座，反应塔的水力停留时间为 1 h，单池有效容积取 25 m^3，反应器直径 2 m，有效水深 7.5 m，总高 8 m。

考虑到喷射环流反应器中高效溶气特性，在喷射环流生物反应器的处理出水中存在部分微细气泡，这些微细气泡将附着于微生物污泥表面而妨碍污泥的沉降。为了提高污泥的沉降性，在出水泥分离之前需要 30 min 的脱气时间，脱气池可与喷射环流反应器一体建造，脱气部分有效容积 12.5 m^3，A=3.3 m×1.25 m，有效水深 3.2 m。

（2）二沉池

二沉池按近期污水量考虑，污水量为 600 m^3/d。喷射环流反应系统出水进入二沉池，进行泥水分离，沉降后有 80%污泥回流，部分作为剩余污泥排放。二沉池采用竖流式沉淀池，设沉淀池 1 座，沉淀时间设 2 h，总有效面积约 10 m^2，A=3.3 m×3.3 m，有效水深 5 m，泥斗倾角 60°，采用重力排泥。

（3）深床水平流人工湿地

设计进水 COD 质量浓度为 110 mg/L，出水 COD 质量浓度为 50 mg/L，设计采用深床水平流人工湿地需要面积 800～1 000 m^2。

4. 处理效果

（1）生化传质速率和泥水分离效率大幅度提高：喷射环流膜生物反应技术 MJLR 融

合了喷射环流生物反应技术和膜分离反应单元的优点，生化传质速率和泥水分离效率大幅度提高。系统处理有机废水，可以保证污泥浓度达到 8 000～10 000 g/L，反应器容积 COD 负荷达到 20～30 kg/（m^3 · d），反应体积仅为传统生物处理工艺的 1/10～1/6。

（2）系统抗冲击负荷的能力强：喷射循环生物反应为完全混合型运行方式，系统受冲击时，通过均匀混合稀释作用，强烈曝气的微生物加快新陈代谢作用，可减少冲击所造成的部分影响。

（3）污泥产量少：由于喷射和高速剪切作用，强烈曝气使微生物代谢速度快，由此引起的生化反应加大内源消耗，微生物以异化作用为主，污泥同化作用产污泥量较少，为传统活性污泥工艺产泥的 70%～80%。

参考文献

[1] 沈耀良，王宝贞. 论我国城市污水厂建设和处理技术的发展方向. 污染防治技术，2003，9（3）：129-133.

[2] H.Bode and P.Lemmel. International product cost comparision in the filed of water management. Water Science and Technology. 2001，44（2-3）：85-93.

[3] 张凯松，周启星，孙铁珩. 城镇生活污水处理技术研究进展. 世界科技研究与发展，2003，25（5）：5-10.

[4] 建设部，国家环保总局，科技部. 城市污水处理及污染防治技术政策. 环境保护，2002，（9）：8-9.

[5] 刘东，周先桃. 我国城镇污水处理技术评述. 西南民族学院学报，2002，28（3）：302-306.

[6] 张自杰. 排水工程（下）. 北京：中国建筑工业出版社，1996.

[7] 王彩霞. 城市污水新技术. 北京：中国建筑工业出版社，1990.

[8] 王凯军，贾立敏. 城市污水生物处理新技术开发与应用. 北京：化学工业出版社，2001.

[9] 钱易，米祥友. 现代废水处理新技术. 北京：中国科学技术出版社，1993.

[10] 沈耀良，王宝贞. 废水生物处理新技术——理论与应用. 北京：中国环境科学出版社，1999.

[11] 马放，杨基先，金文标. 环境生物制剂的开发与应用. 北京：化学工业出版社，2004.

[12] 任南琪，马放. 污染控制微生物学. 哈尔滨工业大学出版社，2002.

[13] 任南琪，马放，等. 污染控制微生物学原理与应用. 北京：化学工业出版社，2003.

[14] 赵庆良，刘雨，马放，等. 废水处理与资源化新工艺. 北京：中国建筑工业出版社，2006.

[15] 冯奇，马放，冯玉杰. 环境材料概论. 北京：化工出版社，2007.

[16] 李旭槐. 江门市文昌沙水质净化厂工程设计与运行管理. 四川建材，2007，（3）：252-256.

[17] 仝恩丛，郭会杰，赵福欣，等. 保定市污水处理总厂 A^2/O 工艺运行管理. 中国给水排水，2000，26（2）：6-9.

[18] 杨小俊，袁德玉，关凯，等. 三峡库区小城镇污水处理厂的设计. 中国农村水利水电，2004，（3）：20-22.

[19] 李彤，张大鹏，周琪. 完全混合—循环推流环型 A^2/O 工艺设计. 中国给水排水，2005，21（2）：71-73.

[20] 何文斌，周增炎. 投料倒置 A^2O 工艺在南桥污水处理厂改造中的应用. 江苏环境科技，2007，20（2）：35-36.

[21] 张亚勤，熊建英，雷震珊. 上海松江污水处理厂达标改造工程介绍. 中国给水排水，2008，34（1）：12-15.

[22] 张志，康壮武，陈松明. 倒置 A^2/O 脱氮除磷工艺对传统活性污泥法污水厂的改造. 水处理技术，2006，33（11）：83-85.

[23] 陈凌霞，魏峰，徐志伟. A +A^2O 工艺在泰安市污水处理厂的应用. 中国给水排水，2005，21（12）：83-85.

[24] 穆亚东，俞晶，穆瑞林. UCT 工艺在污水处理工程设计中的应用. 中国给水排水，2007，33（13）：30-33.

[25] 刘家富，吕斌，曹红涛，等. 卡鲁塞尔 2000 氧化沟的调试及运行. 中国给水排水，2004，20（11）：101-103.

[26] 何淑英，胡宗泰，徐亚同，等. 卡鲁塞尔 2000 氧化沟的启动和运行研究净水技术. 2007，26（6）：73-76.

[27] 周如禄，孙勇，马广田. 卡鲁塞尔氧化沟在兴隆庄煤矿生活污水处理中的应用. 能源环境保护，2004，18（4）：24-26.

[28] 白晓慧，王宝贞. 一种新型的 Carrousel 氧化沟. 中国给水排水，1999，25（3）：27-29.

[29] 路江涛，林岩，曾焕斌，等. 克拉玛依城市污水处理工艺分析. 工业安全与环保，2006，32（8）：20-21.

[30] 刘琴，王鑫，吕锡武. 江宁污水处理厂二期工程的调试与运行. 污染防治技术，2005，18（3）：51-53.

[31] 黄柱梁，温志良，刘惠成，等. 雁田污水处理厂的设计与运行. 内蒙古水利，2007，（1）：81-82.

[32] 杨开明，张建强，杨小林，等. 蓬安城市污水处理工程设计. 环境工程，2005，23（5）：27-29.

[33] 石超，康建雄，熊向阳. 氧化沟工艺处理火车站废水的运行与调试. 安全与环境工程，2005，12（3）：49-51.

[34] 张雅君，高卫东. 北京怡生园国际会议中心污水回用工程实例. 中国给水排水，2003，29（6）：42-44.

[35] 郭静波，马放，赵立军，等. 佳木斯东区污水处理厂 SBR 工艺的低温快速启动. 中国给水排水，2007，33（15）：13-17.

[36] 江静杰. 应用 SBR 法治理生活污水工程实例. 工业安全与环保，2004，30（6）：10-11.

[37] 程国斌，董现锋，马红升，等. 煤矿生活废水处理工程改造实例. 煤炭工程，2008，（2）：64-65.

[38] 潘建良，李道棠. ICEAS 工艺技术在住宅区污水处理中的应用. 住宅科技，2003，（6）：43-45.

[39] 张志仁，侯瑞琴，张统，等. 北京航天城污水处理厂 CASS 法工艺调试及运行. 中国给水排水，1999，25（8）：10-13.

[40] 李亚峰，王文光，晋文学，等. 大型 DAT-IAT 工艺在抚顺市三宝屯污水处理厂的应用. 沈阳建筑大学学报（自然科学版），2005，21（5）：543-546.

[41] 杨洪. DAT-IAT 工艺处理宾馆废水的研究. 江苏环境科技，2005，18（2）：17-18.

[42] 黄慎勇，赵忠富，刘波，等. 深圳盐田污水处理厂的设计及运行. 西南给排水，2007，29（3）：1-4.

[43] 王乐，缪焕权，周业勤. 大沥污水处理厂 UN ITANK 工艺的调试运行. 中国给水排水，2008，24（2）：92-94.

[44] 赵庆建，赵立军，马放，等. 鄂尔多斯市污水处理厂工程设计. 工业水处理，2006，26（6）：69-72.

[45] 韩静，田珊珊. 二段生物接触氧化法处理城市污水. 中国水运，2007，5（6）：95-96.

[46] 王星星，王艳飞. 沈阳中远颐和小区污水处理及回用工程简介. 环境科学与管理，2007，32（7）：96-98.

[47] 赵立军，刘金玲，黄远征，等. 石家庄市民航机场综合污水处理工程简介. 中国给水排水，2000，26（5）：50-51.

[48] 黄霞，桂萍，范晓军，等. 膜生物反应器废水处理工艺的研究进展. 环境科学研究，1998，11（1）：40-44.

[49] 魏源送，郑祥，刘俊新. 国外膜生物反应器在污水处理中的研究进展.工业水处理，2003，23（1）：1-7.

[50] 李凤亭，王亮，刘华，等. 膜生物反应器在水处理中的应用与新发展. 工业水处理，2005，25（1）：

10-13.
[51] 张捍民，张兴文，刘毅慧，等. 中水回用工程的 MBR 系统设计. 中国给水排水，2002，28（11）：65-68.
[52] 李彦斌，朱高雄，张亮，等. MBR 工艺处理机场污水并回用. 中国给水排水，2005，21（1）：91-92.
[53] 董良飞，Marc Boehler，Hansruedi Siegrist，王利平. MBR 处理高海拔地区厕所污水并回用. 中国给水排水，2007，23（18）：102-105.
[54] 齐兵强，王占生. 曝气生物滤池在污水处理中的应用. 中国给水排水，2000，26（10）：5-8..
[55] 乔晓时，许云闳，全燮. BIOFOR 曝气生物滤池用于城市污水处理. 中国给水排水，2004，20（7）：83-85.
[56] 李耿，罗伟，庞艳. 生物曝气滤池治理医院污水实例及运行管理. 环境科学与管理，2008，33（2）：98-102.
[57] 黄绪达，王琳. 青岛市麦岛污水处理厂扩建工程设计. 中国给水排水，2007，33（9）：31-35 .
[58] 罗艳丽，徐世兵，夏永志. BAF 法在雅山污水处理厂的应用. 环境工程，2007，25（4）：86-89.
[59] 闵毅梅. 日本净化槽技术在中国的推广前景. 污染防治技术，2003，16（4）：74-76.
[60] 田娜，朱亮，张志毅，等. 高效生活污水处理装置——高性能合并处理净化槽. 环境污染治理技术与设备，2004，5（5）：84-86.
[61] 杨林梅，石虹. 半地埋式一体化生活污水处理设备工程应用. 能源基地建设，2000，5：58-59.
[62] 卢少勇，张彭义，余刚，等. 人工湿地处理农业径流的研究进展. 生态学报，2007，27（6）：2627-2635 .
[63] Vymazal J，Brix H，Cooper P F，et al. Constructed wetlands for wastewater treatment in Europe. Leiden：Backhuys Publishers，1998.
[64] Karathanasis A D，Potter C L，Coyne M S. Vegetation effects on fecal bacteria，BOD and suspended solid removal in construfted wetlands treating domestic wastewater. Ecological Engineering. 2003，20（2）：157-161.
[65] 曹向东，穆瑞林，胡国光，等. 德国百乐克（BIOLAK）工艺的设计和运行. 中国给水排水，2000，26（9）：6-8.
[66] 张昕宇，于文龙，于树生，等. 关于百乐克工艺设计和运行中的若干体会. 内蒙古供水，2005，（1）.
[67] 金隆旭，陈红. 一种新的活性污泥法水处理工艺——百乐克（Biolak）工艺在深圳市成功应用. 工程设计与建设，2005，37（3）：53-57.
[68] 亓化亮，杨圣华，陈学民，等. Biolak 工艺处理造纸、柠檬酸混合废水. 中国给水排水，2004，20（8）：82-84.

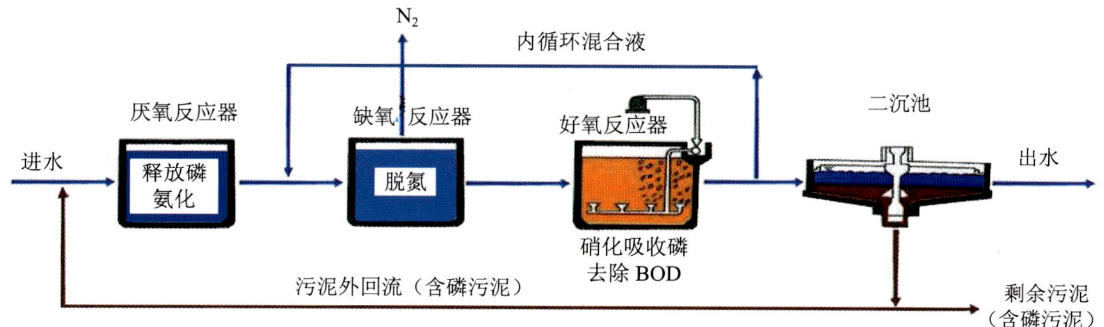

图 5-1　传统 A^2/O 工艺流程

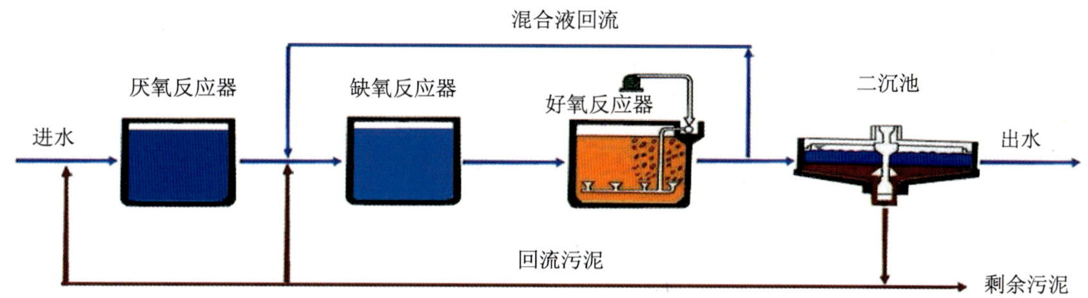

图 5-2　改进的 A^2/O 工艺流程

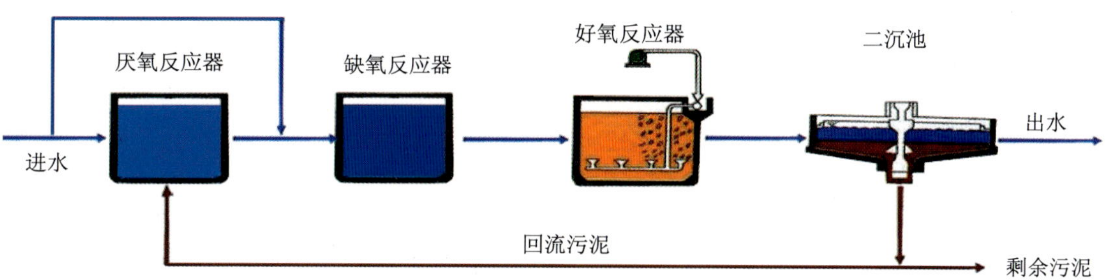

图 5-3　分点进水倒置 A^2/O 工艺流程图

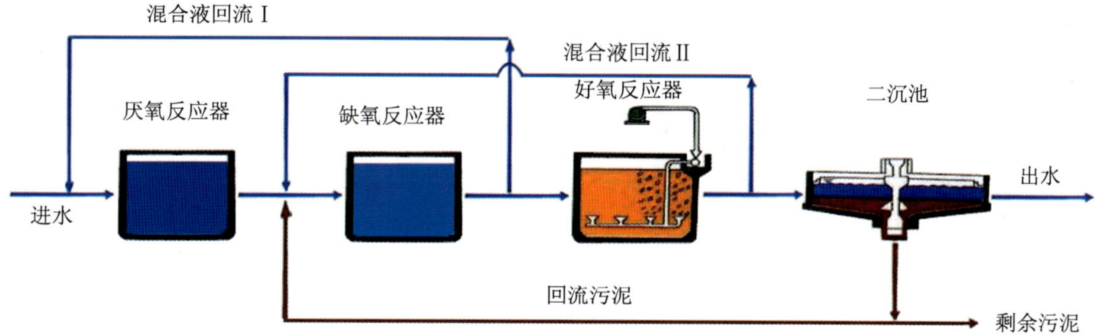

图 5-4　UCT 工艺流程图

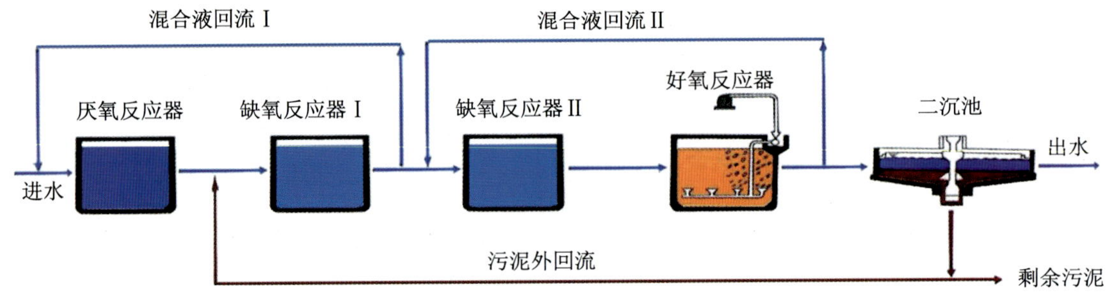

图 5-5　MUCT 工艺流程图

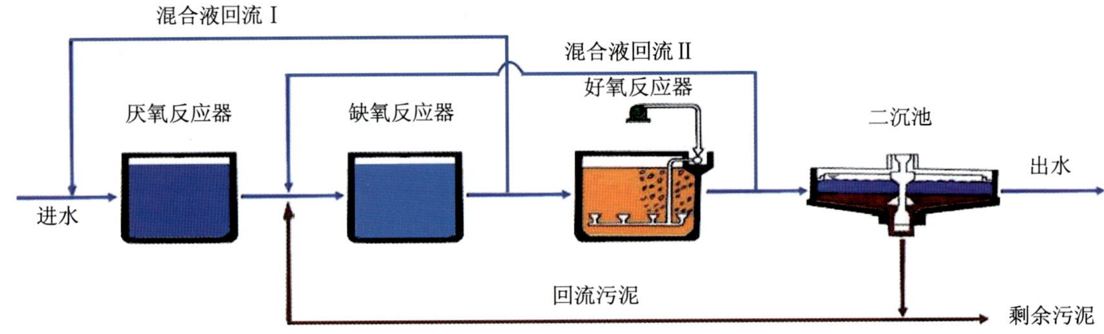

图 5-6　VIP 工艺流程图

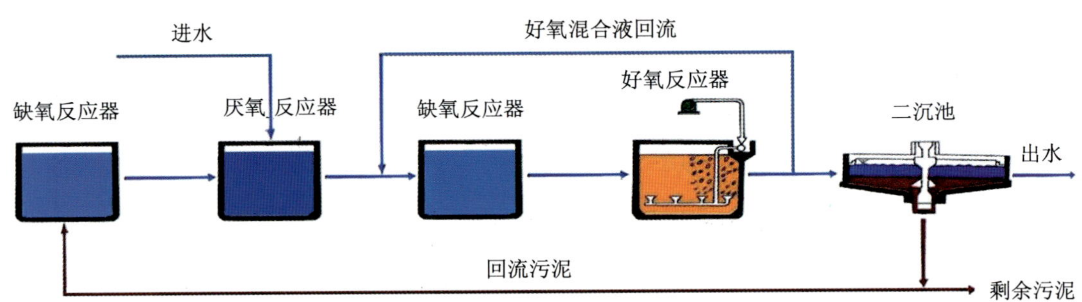

图 5-7　Johannesburg 工艺流程图

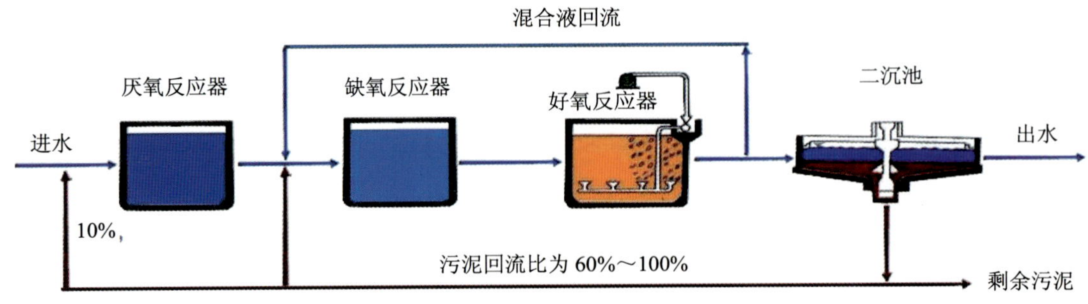

图 5-9　江门市文昌沙水质净化厂改进型 A^2/O 工艺流程

图 6-1　最早的氧化沟 Pasveer Oxidation Ditch

图 6-2　运行中的 Carrousel 氧化沟

图 6-4　Carrousel 2000 氧化沟

图 6-5　Carrousel 3000 氧化沟

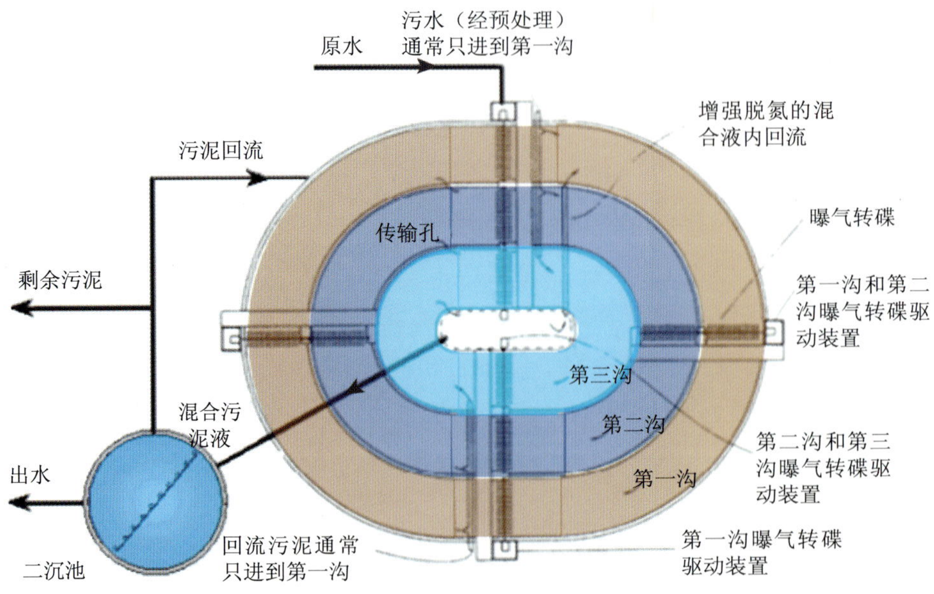

图 6-6　Orbal 氧化沟工艺示意图

图 6-9　世界上最小的氧化沟处理系统

图 6-14　荷兰 Leidsche Rijn 污水处理厂实景

图 6-16　荷兰 Leidsche Rijn 使用的带吸水管的表面曝气机

图 6-22　重庆市荣昌县安富镇污水处理厂实景

图 6-23　安富镇处理厂的一体化氧化沟

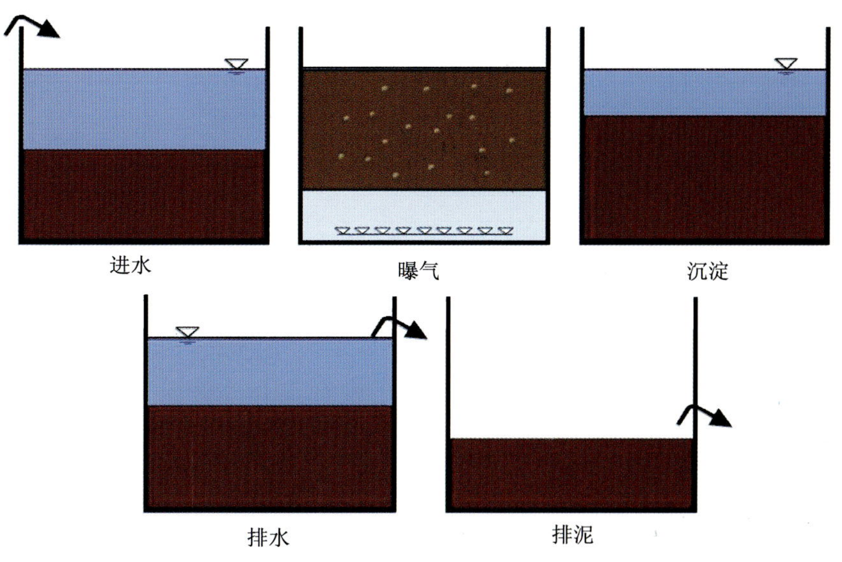

图 7-1　SBR 反应池工作过程示意

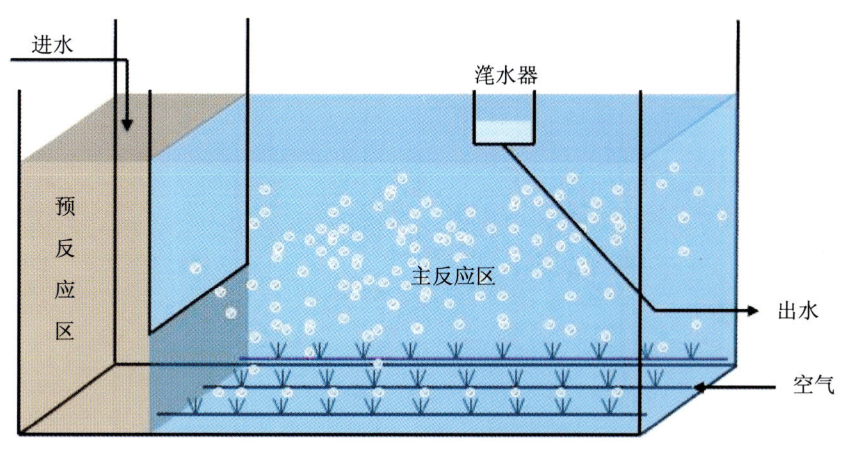

图 7-8　CASS 反应池构造简图

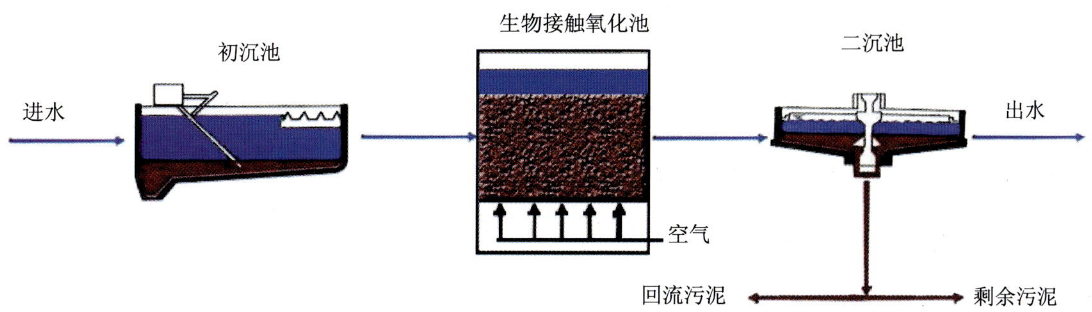

图 8-1　生物接触氧化法基本工艺流程

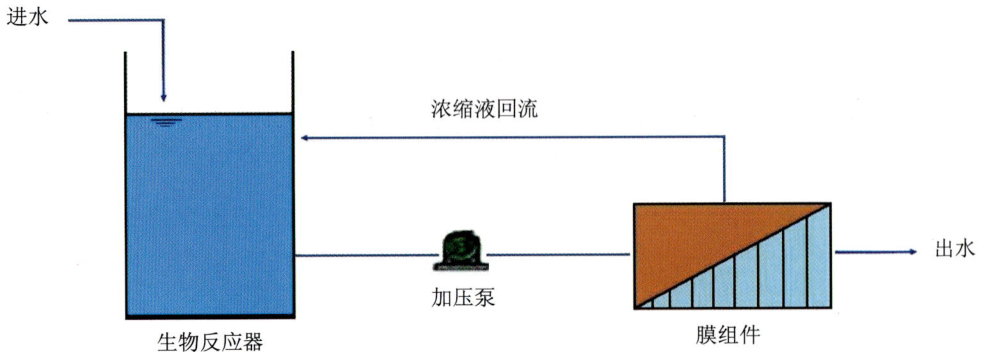

图 9-2　分置式膜生物反应器示意图

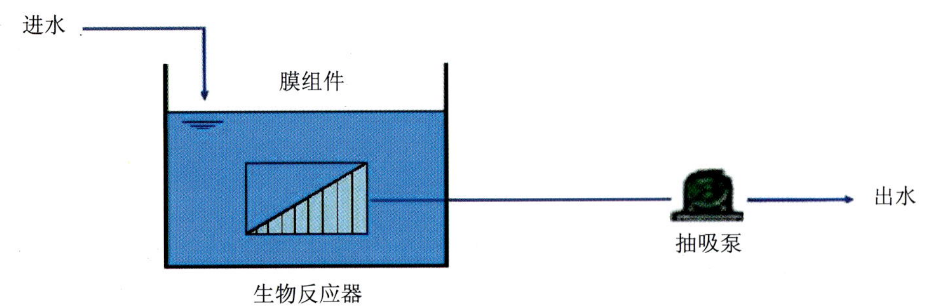

图 9-3　一体式膜生物反应器示意图

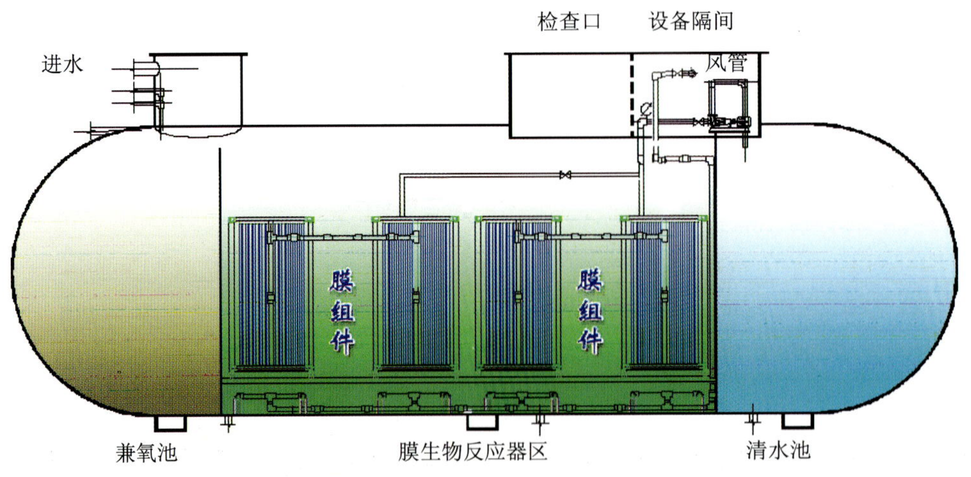

图 9-7　智能型 MBR 生活污水处理及回用一体化设备结构示意图

图 9-9 金达莱园区示范工程实景图

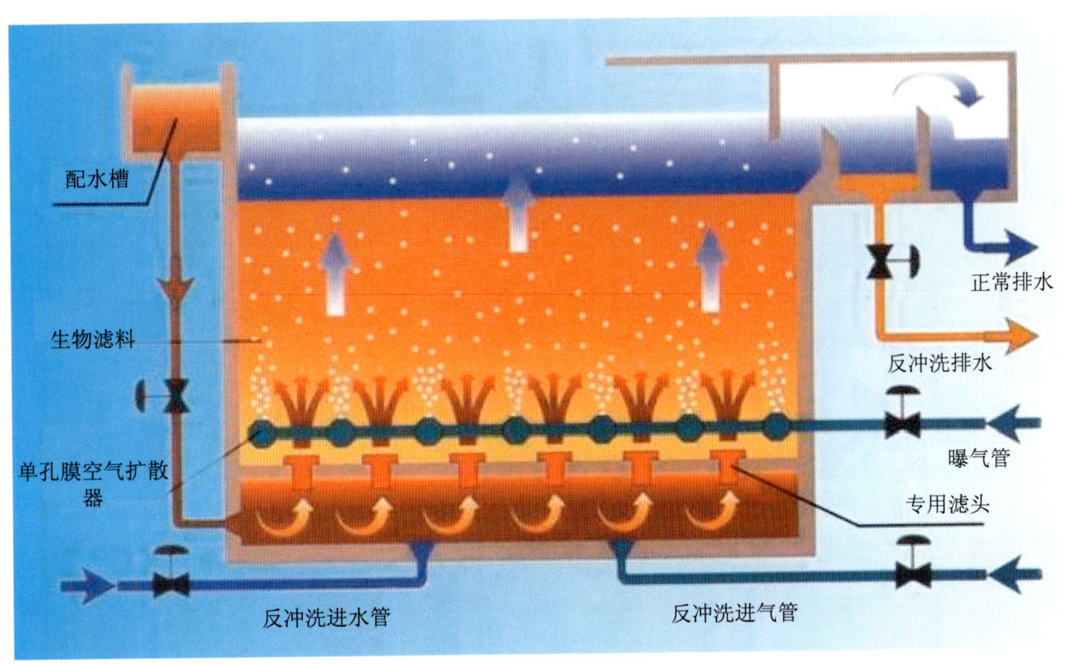

图 10-1 曝气生物滤池的结构示意图

图 10-5　大连马栏河污水处理厂

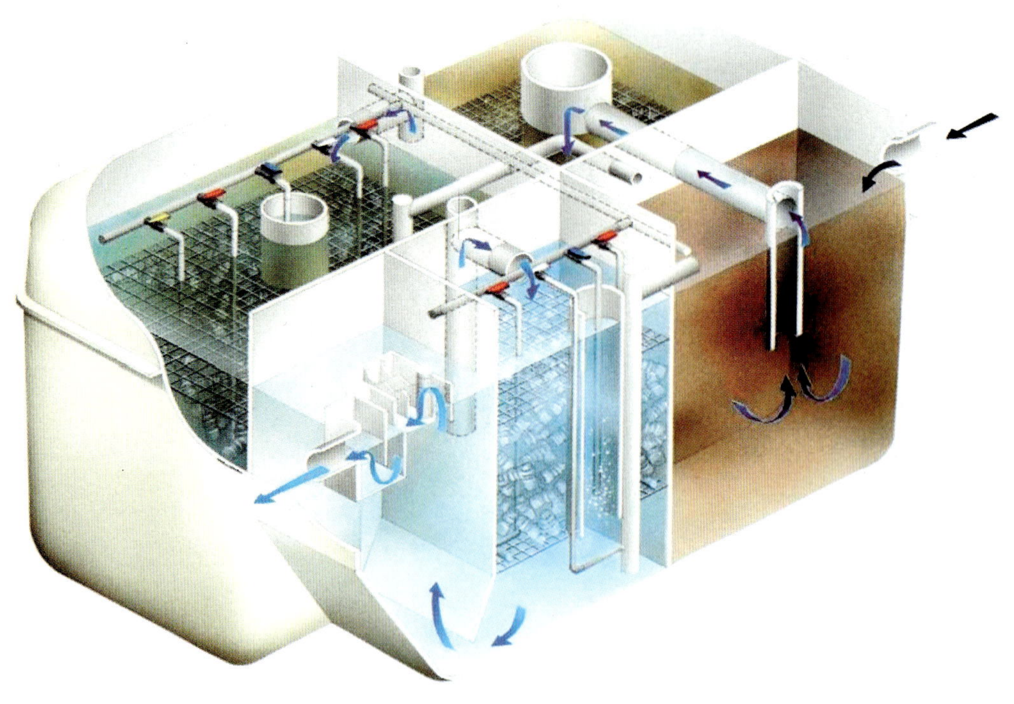

图 11-1　合并处理净化槽结构示意图

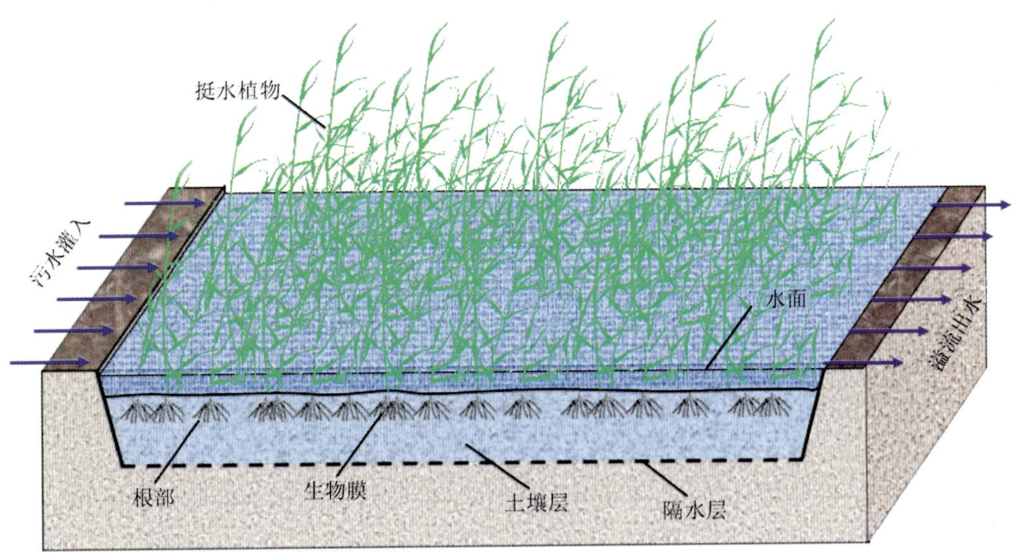

图 12-1　自由表面流人工湿地

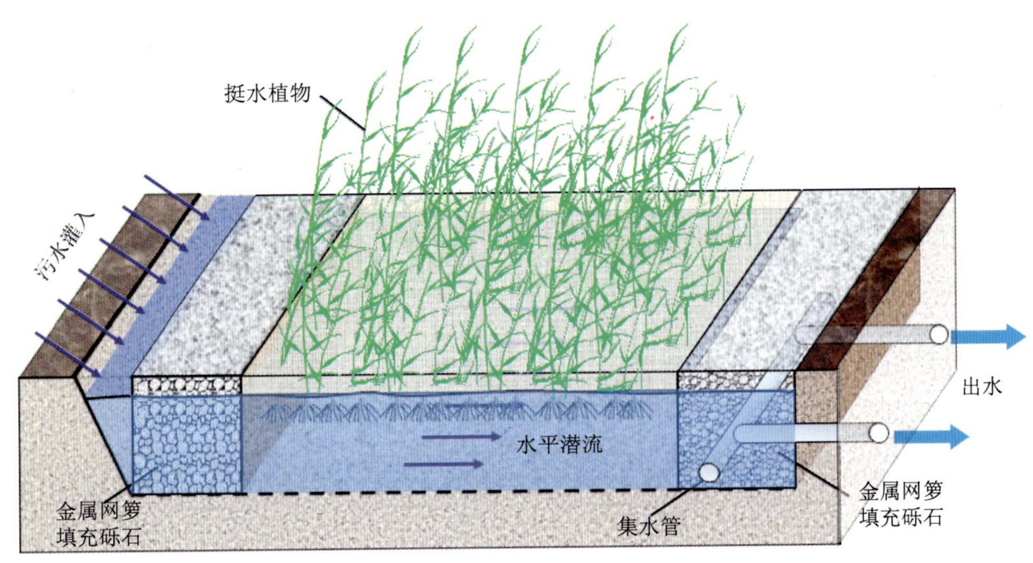

图 12-2　水平潜流人工湿地

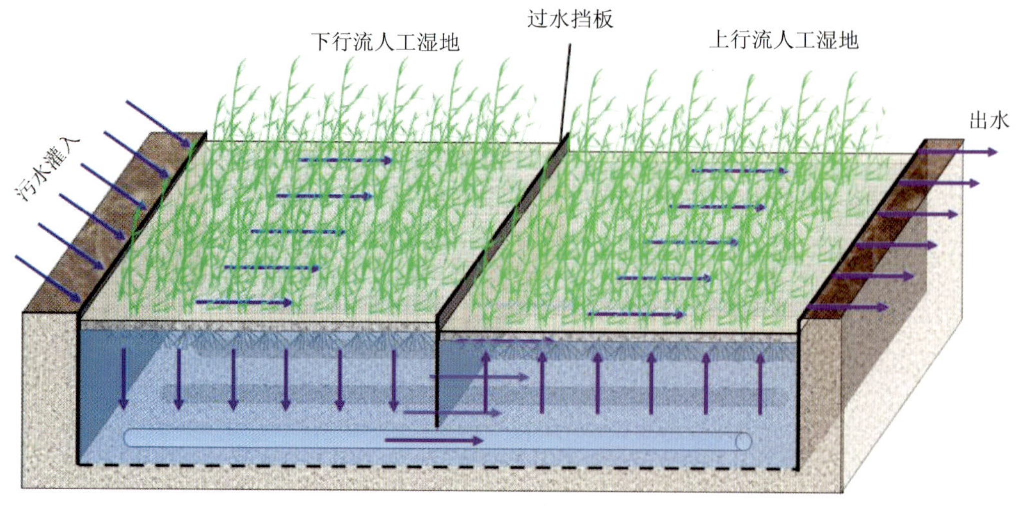

图 12-3　复合垂直潜流人工湿地

图 12-4　应用于城市生活小区水体水质改善的人工湿地

图 12-5　具有景观作用的人工湿地系统

图 12-6　重庆市荣昌县新峰场镇人工湿地生活污水处理系统概况

图 12-8　新峰场镇潜流人工湿地填料床布置

图 12-9　人工湿地系统中种植的景观性植物

图 12-11　运行中的人工湿地实景

图 12-12　海林农场人工湿地污水处理工程鸟瞰效果图

图 12-14　金鱼藻

图 12-15　莲

图 12-16　香蒲

图 12-17　芦苇

图 13-1　运行中的 Biolak 综合池

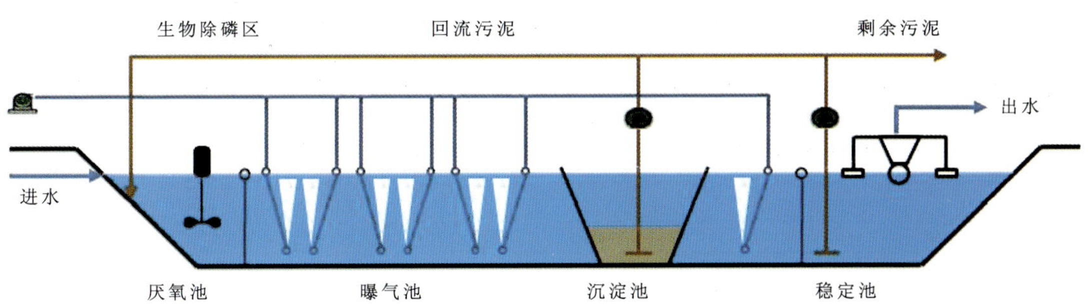

图 13-3　Biolak 工艺结构示意图

图 13-4　山东省招远市污水处理厂 Biolak 池实景

图 13-6　深圳龙田污水处理厂 Biolak 池实景